Über die Festigkeit der gewölbten Böden und der Zylinderschale.

Im Auftrag des Schweizerischen Vereins von Dampfkessel-Besitzern herausgegeben

von

E. Höhn
Oberingenieur

Mit 97 Abbildungen im Text und 21 Zahlentafeln

Springer-Verlag Berlin Heidelberg GmbH

ISBN 978-3-642-98553-9 ISBN 978-3-642-99368-8 (eBook)
DOI 10.1007/978-3-642-99368-8

Vorwort.

In den letzten Jahren sind Brüche von gewölbten Böden, mit denen Kesselmäntel abgeschlossen werden, in vermehrter Zahl festgestellt worden; mehrere schwere Explosionen im Ausland wurden dadurch verursacht. Diese Ereignisse mußten dazu veranlassen, der Bodenfrage erneut näher zu treten. Der Schweizerische Verein von Dampfkessel-Besitzern, der sich schon früher einmal mit ihr befaßt hat,*) leistet in der vorliegenden Druckschrift einen weiteren Beitrag zu ihrer Lösung.

Den Firmen A.-G. der Maschinenfabriken Escher Wyß & Cie., Zürich, Buß Aktiengesellschaft, Basel-Pratteln, Gebrüder Sulzer A.-G., Winterthur, A.-G. Kesselschmiede Richterswil, Richterswil und der Werkstätte der S.B.B. sind wir für das Entgegenkommen, das sie bei unseren Arbeiten gezeigt haben, Dank schuldig. Die Firmen Julius Pintsch, Aktiengesellschaft (Berlin) und das Borsigwerk Oberschlesien haben uns 2 elliptische Böden kostenlos abgetreten, was wir auch an dieser Stelle mit Dank anerkennen. Die Messungen sind von Herrn Dr. Huggenberger ausgeführt worden. Die Kosten fallen zu Lasten der Kassa des Vereins.

Der Unterzeichnete hat es für nötig erachtet, erst die geometrischen Verhältnisse von Korbbogen und Ellipse, soweit diese als Erzeugende für Böden in Frage kommen, gründlich abzuklären und dann erst auf die Frage der Berechnung von Böden einzutreten; diese wird auf empirischem Weg zu lösen gesucht. Mit der Bearbeitung des kausalen Zusammenhanges der Meßergebnisse, die wir an den Böden und Zylindermänteln festgestellt haben, und der Theorie der elastischen Schale ist unser wissenschaftlicher Mitarbeiter, Hr. Dr. sc. techn. A. Huggenberger, betraut worden. Dieser Aufsatz erscheint daher in zwei Teilen, dem ersten, für den der Unterzeichnete, und dem zweiten, für den Hr. Dr. Huggenberger verantwortlich ist.

Zürich, im Juni 1927.

E. Höhn, Oberingenieur.

---

*) Jahresbericht 1923. Druckschrift: Festigkeit elektrisch geschweißter Hohlkörper.

Inhaltsverzeichnis.

I. Teil.

II. Teil.

Fortsetzung siehe Seite 222.

I. Die geometrischen Eigenschaften der Böden.

1. Bezeichnungen.

p Betriebsdruck in kg/cm².

s Blechdicke in cm.

R Wölbungshalbmesser des Korbbogens oder großer Krümmungsradius der Ellipse, bis zur halben Blechdicke gemessen.

r Krempenhalbmesser des Korbbogens oder kleiner Krümmungshalbmesser der Ellipse, bis zur halben Blechdicke gemessen.

ρ'' ρ' Gelegentliche Bezeichnung an Stelle von R und r für die Ellipse.

a Halbmesser des zylindrischen Ansatzes eines Bodens, bis halbe Blechdicke gemessen.

b Bodentiefe, gleicherweise.

$k = a : b$ das Tiefenverhältnis eines Bodens.

K Zugfestigkeit des Blechs in kg/cm².

x Sicherheitsfaktor.

z Verhältnis des geschwächten Blechs zum vollen Blech.

$_1$, $_2$ Richtung des Meridians bzw. des Umfangs (Ringrichtung, Breite), $_3$, Richtung senkrecht zur mittleren Bodenfläche.

e und i außenseitig und innenseitig (z. B. R_i und r_i).

σ durch Messung gefundene Spannung (z. B. σ_{e1}, σ_{e2}).

σ' durch Rechnung ermittelte Spannung (Membranspannung).

σ_B, σ'_B Spannung im Scheitel.

τ Schubspannung.

2. Allgemeines.

Die Böden, die zum Abschluß von Zylindermänteln dienen, sind fast ausnahmslos Umdrehungskörper. In der vorliegenden Druckschrift sollen Halbkugel-, elliptische und Korbbogen-Böden besprochen werden; wir behalten uns vor, später auf ebene gekrempte Böden zurückzukommen. Bevor man den Fragen der Festigkeit von Böden näher tritt, ist es nötig, sich mit der Geometrie ihrer Erzeugenden abzugeben.

Die Herstellung von Böden mit flacher Wölbung und enger Krempe ist einfacher als diejenige tiefer Böden. Halbkugelböden werden daher höchst selten verwendet. Am gebräuchlichsten ist der Korbbogenboden mit geringer Tiefe. Die Anwendung des Zirkels erleichtert die Arbeit am Zeichnungstisch und in der Kesselschmiede. Bemerkenswerte Festigkeitseigenschaften haben jedoch dem elliptischen Boden ebenfalls zur Verwendung im Kesselbau verholfen.

3. Die Ellipse.

Sie ist eindeutig gegeben durch ihre Halbachsen a und b. Hieraus können berechnet werden

kleinster Krümmungshalbmesser $r = b^2 : a$ (1)

größter " $R = a^2 : b$ (2)

und das Verhältnis $r : R = b^3 : a^3 = 1 : k^3$ (3)

Der Krümmungshalbmesser für einen beliebigen Punkt folgt aus

$$\rho = a^2 b^2 \left(\frac{x^2}{a^4} + \frac{y^2}{b^4}\right)^{\frac{3}{2}} \tag{4}$$

(aus Hütte I entnommen), wobei die Koordinaten x und y vom Mittelpunkte aus gemessen werden (auf die Wiedergabe anderer Angaben über die Ellipse verzichten wir und verweisen auf die Lehrbücher).

Die Ellipse besitzt gegenüber dem Korbbogen als besondere Eigenschaft diejenige steter Zunahme des Krümmungshalbmessers von $x = a$ bis $x = o$, was sie als Erzeugende für Böden besonders geeignet macht. Wir kommen hierauf zurück.

Ein Schnitt durch einen elliptischen Boden ist in Abb. 2 dargestellt.

4. Der Korbbogen.

Ein Korbbogenboden läßt sich im Schnitt in Abb. 1 erkennen; er setzt sich aus zwei Halbmessern zusammen (eine symmetrische Hälfte betrachtet); an der Übergangsstelle ist die Tangente gemeinsam. Korbbogen und Ellipse von gleichen Verhältnissen werden durch gleiche Rechtecke eingerahmt; Länge $2a$, Höhe b. Im Gegensatz zur Ellipse ist der Korbbogen nicht eindeutig durch diesen

Rahmen bestimmt; innerhalb desselben sind unendlich viele Korbbogen denkbar, wobei der Krempenhalbmesser von 0 bis b, der Wölbungshalbmesser von R_2 bis ∞ ansteigt. Für die Verwendung bei der Bodenkonstruktion ist der Korbbogen der zweckmäßigste, bei dem der Krempenhalbmesser möglichst groß, der Wölbungshalbmesser möglichst klein wird, das Verhältnis $r:R$ somit einen Höchstwert annimmt; ihn herauszufinden ist unsere nächste Aufgabe. Wir bezeichnen das Tiefenverhältnis

$$a : b = k$$

Aus Abb. 1 folgt

$$ME = R - r,\quad MO = R - b = R - a : k,\quad OE = a - r$$

$$\sin x = \frac{a - r}{R - r} \tag{5}$$

$$\cos x = \sqrt{1 - \sin^2 x} \tag{6}$$

$$b = R - (R - r) \cos x \tag{7}$$

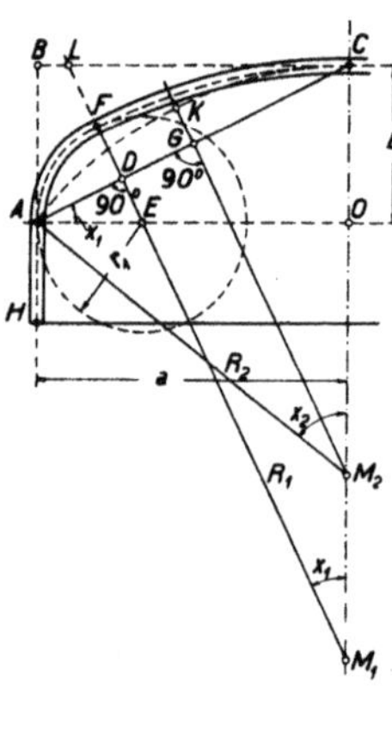

Abb. 1.
Schnitt durch einen Korbbogenboden.

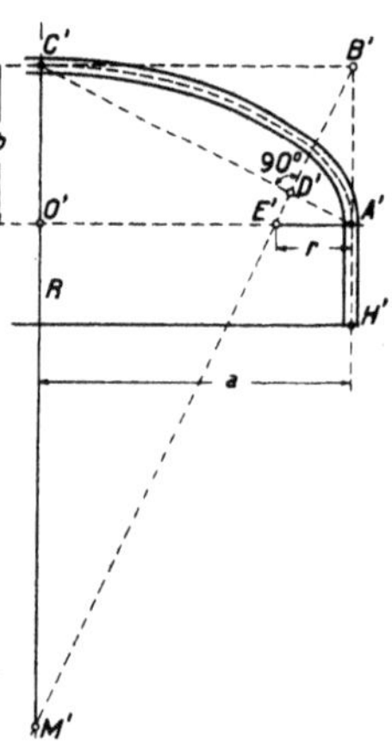

Abb. 2.
Schnitt durch einen elliptischen Boden.

Gleichungen (5) bis (7) sind allgemein gültig und nicht an einem Sonderwert von x gebunden.

R und r sind veränderlich, ebenso Winkel x; die Winkel bei D sind im allgemeinen keine rechte; der Fahrstrahl MF, der den Übergang von Wölbung zur Krempe kennzeichnet, kann beliebige Winkel x zwischen den Werten $x = 0$ und $x = x_2$ mit der Umdrehungsachse einschließen.

Allgemein ist

$$\overline{OE}^2 + \overline{MO}^2 = \overline{ME}^2$$

$$(a - r)^2 + \left(R - \frac{a}{k}\right)^2 = (R - r)^2 \qquad \text{und hieraus}$$

$$r = \frac{2\frac{a}{k}R - a^2 - \left(\frac{a}{k}\right)^2}{2(R-a)} \qquad R = \frac{2ar - a^2 - \left(\frac{a}{k}\right)^2}{2\left(r - \frac{a}{k}\right)} \quad \text{(8) und (9)}$$

oder mit Berücksichtigung der trigonometrischen Funktionen

$$r = \frac{R(\cos x - 1) + \frac{a}{k}}{\cos x} \qquad R = \frac{a - r + r \sin x}{\sin x}$$

$$r = \frac{\frac{a}{k}\sin x + a\cos x - a}{\sin x + \cos x - 1} \tag{10}$$

$$R = \frac{\frac{a}{k}\sin x + a\cos x - \frac{a}{k}}{\sin x + \cos x - 1} \tag{11}$$

$$\frac{r}{R} = \frac{\sin x + k\cos x - k}{\sin x + k\cos x - 1} \tag{12}$$

(Andere Gleichungen zur Berechnung von r und R jedoch nicht mit allgemeiner Gültigkeit sind unter (21) und (22) angegeben.)

Die Funktion (12) ist durch eine Schar von Sinuskurven dargestellt, Abb. 3; sie gehen von einem Koordinatenanfangspunkt mit den Werten $r:R = 0$ und $x = 0$ aus; jedem Wert von k ist eine Kurve beigeordnet; in Abb. 3 sind die Kurven für $k = 2$ und $k = 3$ gezeichnet.

Eine Parallele zur Abszissenachse schneidet in jeder Kurve zwei Punkte heraus, deren Abszissen mit x' und x'' bezeichnet werden sollen. Diesen Punkten von Abb. 3 entsprechen in Abb. 1 zwei Stellungen des Fahrstrahls MF, bei welcher dieser die Winkel x' und x'' mit der Umdrehungsachse einschließt. Für den Höchstwert einer Kurve (Abb. 3) besteht jedoch bloß eine Stellung des Fahrstrahls, es ist die durch M_1F in Abb. 1 gekennzeichnete.

Jedem Punkt einer beliebigen Kurve von Abb. 3 entspricht ein bestimmter Wert von $R:a$. Der Wert dieses neuen Verhältnisses sei n, so folgt

$$R = na \qquad \text{und aus Gleichung (12)}$$

$$n = \frac{r}{a}\,\frac{\sin x + k\cos x - 1}{\sin x + k\cos x - k} \tag{13}$$

Diese Gleichung läßt die Korbbögen erkennen, die zu den Endstellungen des Fahrstrahls MF (Abb. 1) gehören.

Am Koordinatenanfangspunkt von Abb. 3 ($x = 0$, $r : R = 0$) wird $n = \frac{r}{a} \frac{0 + k - 1}{0 + k - k} = \infty$, und weil $0 < a < \infty$, so muß der Wert von $R = \infty$ sein; in diesem Fall ist der Boden im Scheitel eben; der Krempenhalbmesser r, der $\neq 0$ ist, wird $= b$. Für den zweiten Fußpunkt der Kurve mit der Abszisse $x = x_2$ verschwindet $r : R$ ebenfalls. Weil der zweite Teil des obigen Produktes, derjenige welcher die trigonometrischen Werte enthält, $\neq 0$ ist, muß im ersten Teil $r = 0$ werden, die Krempe also verschwinden. Der Boden geht dann in eine hohle Kugelkalotte über, die mit scharfem Winkel an den Mantel anschließt, wie in Abb. 1 für $M_2 A$ als Fahrstrahl gezeichnet. Dann ist

$$R_2^2 = a^2 + \left(R_2 - \frac{a}{k}\right)^2$$

$$a^2 + \left(\frac{a}{k}\right)^2 = 2 R_2 \frac{a}{k}$$

$$R_2 = \frac{1}{2}\left(k a + \frac{a}{k}\right) = \frac{a}{2} \frac{k^2 + 1}{k} \qquad (14\text{a})$$

$$\sin x_2 = \frac{a}{R_2} = \frac{2k}{k^2 + 1} = \frac{2ab}{a^2 + b^2} \qquad (14\text{b})$$

$$\text{somit } n = R_2 : a = \frac{k^2 + 1}{2k}$$

Wir werden später sehen, daß Winkel $x_2 = 2 x_1$

Beispiel: $a : b = k = 2$ $\quad n = 5 : 4 = 1{,}25$ und $R_2 = 1{,}25\, a$

$\sin x_2 = 4 : 5 = 0{,}8$ $\quad x_2 = 53^0\, 07'\, 49''$.

Wichtig ist die Kenntnis der Lage der Kurvenscheitelpunkte (Abb. 3); hierfür bilden wir für Gleichung (12) den Differentialquotienten und setzen diesen $= 0$. Die Gleichung

$$f(x) = \frac{r}{R} = \frac{\sin x + k \cos x - k}{\sin x + k \cos x - 1} \qquad (12)$$

ist ein gebrochener Ausdruck der Form $f(x) = \varphi(x) : \psi(x)$. Gemäß den Regeln der Differentialrechnung entspricht einem aus einer neuen Funktion $u'(x) = \psi \varphi' - \varphi \psi' = 0$ gefundenen Wert ein Extremum der Funktion $f(x)$.

$$\varphi' = \cos x - k \sin x \qquad \psi' = \cos x - k \sin x$$

$$u'(x) = (\sin x + k \cos x - 1)\,\varphi' - (\sin x + k \cos x - k)\,\psi' = 0$$

und da $\varphi' = \psi'$ wird

$$\sin x + k \cos x - 1 = \sin x + k \cos - k,$$

woraus $k = 1$, das heißt $a = b$.

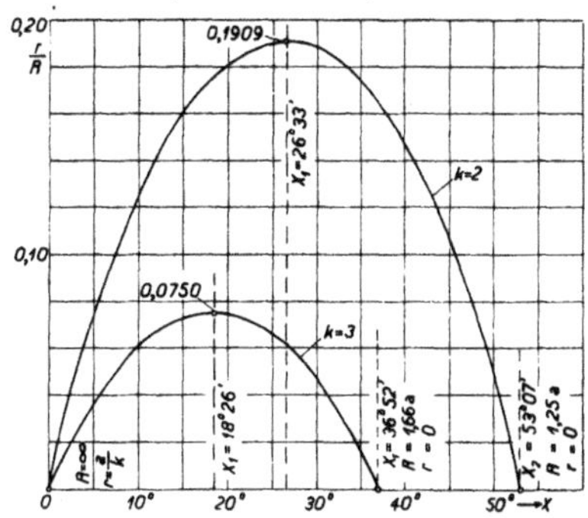

Abb. 3.
Verhältnis von $r : R$ des Korbbogens gemäß Gleichung

$$\frac{r}{R} = \frac{\sin x + k \cos x - k}{\sin x + k \cos x - 1}$$

in Funktion des Winkels x.

Dies ist der Fall des Halbkugelbodens $(r = R)$; aus unserer Rechnung ergab sich eine allgemein richtige Lösung der Aufgabe. Um im besondern noch die Lage der Scheitel der Kurven (Abb. 3) kennen zu lernen, erinnern wir uns daran, daß einem Maximum von $f(x)$ ein Minimum des Nenners $\psi(x)$ entsprechen muß, d. h. es wird

$$\psi' = \cos x - k \sin x = 0$$

und $u''(x) = -\psi''(x) > 0$. Da beide Bedingungen erfüllt sind, ergibt sich

$$k = \operatorname{cotg} x \tag{15}$$

Wir beachten, daß im rechtwinkligen Dreieck $A\,O\,C$ der Abb. 1 die Kotangente dargestellt wird durch den Quotienten $OA : OC = a : b$. Der Gleichung (15) wird genügt, sofern Winkel $O\,A\,C = C\,M_1\,F$, er sei mit x_1 bezeichnet. Wächst somit Winkel x von 0 bis x_1, wobei der Fahrstrahl MF senkrecht zur Diagonale $A\,C$ zu stehen kommt, so wächst der Wert des Verhältnisses $r : R$ für ein bestimmtes k von 0 bis zu einem Maximum, wobei $k = \operatorname{cotg} x_1$. Wächst Winkel x weiter, so nimmt, wie Abb. 3 zeigt, der Wert der Verhältnisses $r : R$ wieder ab und verschwindet für $x = x_2$, also für die Stellung $M_2\,A$ des Fahrstrahls (Abb. 1). Dabei muß man sich vor Augen halten, daß r und R ihre absoluten Werte ändern, in der Weise, daß $R = \infty$ für $x_0 = 0$ und $r = 0$ für $x = x_2$. Der Wölbungsmittelpunkt M rückt also aus dem Unendlichen bis M_1 und weiter, um bei M_2 stehen zu bleiben. Die Lage von M_1 bzw. M_2 ist durch den Wert von k bedingt. Z. B. ist für $k = 2$ $R_2 = \overline{M_2 A} = 5/4\ a$, wie wir gesehen haben.

k aus Gleichung (15) in Gleichung (12) eingeführt, ergibt

$$\frac{r}{R}\,max = \frac{sin^2 x_1 + cos^2 x_1 - cos\, x_1}{sin^2 x_1 + cos^2 x_1 - sin\, x_1} = \frac{1 - cos\, x_1}{1 - sin\, x_1} \qquad (16)$$

Im Hinblick auf Abb. 1 ist

$$sin\, x_1 = \frac{a - r_1}{R_1 - r_1} \qquad cos\, x_1 = \frac{R_1 - b}{R_1 - r_1} \qquad (17)$$

$$sin\, x_1 = \frac{b}{\sqrt{a^2 + b^2}} \qquad cos\, x_1 = \frac{a}{\sqrt{a^2 + b^2}} \qquad (18)$$

Diese Werte in Gleichung (16) eingesetzt, ergeben

$$\frac{r}{R}\,max = \frac{b - r_1}{R_1 - a} = \frac{\sqrt{a^2 + b^2} - a}{\sqrt{a^2 + b^2} - b} \qquad (19)$$

Wegen $\sqrt{a^2 + b^2} = \frac{a}{k}\sqrt{k^2 + 1}$ folgt

$$\frac{r}{R}\,max = \frac{\frac{a}{k}\sqrt{k^2 + 1} - a}{\frac{a}{k}\sqrt{k^2 + 1} - \frac{a}{k}} = \frac{\sqrt{k^2 + 1} - k}{\sqrt{k^2 + 1} - 1} \qquad (20)$$

Unter den unendlich vielen bei gegebenem Verhältnis k möglichen Korbbögen genügt der zweckmäßigste der Gleichung (20). Dann und nur dann ist der Fahrstrahl ($M_1 F$), der den Übergang der Wölbung zur Krempe kennzeichnet und beide Krümmungsmittelpunkte enthält, senkrecht zur Diagonalen ($A\,C$) im Rechteck $a \times b$ gerichtet.*) Mit Berücksichtigung der Gleichung (18) gelten dann die Gleichungen

---

*) Über die geometrische Beschaffenheit der Erzeugenden von Böden liegen schon Veröffentlichungen vor:

Dr. Otte, Zeitschrift des Bayerischen Revisionsvereins, München, 1925, S. 237.

Ingenieur A. Justus, ebenda, 1925, S. 63.

Beide Verfasser erleichtern sich die Aufgabe wesentlich. Der erstgenannte nimmt z. B. ohne weiteres als gegeben an, der oben bezeichnete Fahrstrahl, der beide Krümmungsmittelpunkte enthält, sei senkrecht zur Diagonalen im Rechteck a $\times$ b gerichtet. Hr. Justus erweitert das Thema zwar durch den Hinweis darauf, daß unendlich viele Korbbögen

$$r = \frac{a^2 + b^2 - a\sqrt{a^2 + b^2}}{a + b - \sqrt{a^2 + b^2}} = a\,\frac{k^2 + 1 - k\sqrt{k^2 + 1}}{k^2 + k - k\sqrt{k^2 + 1}} \qquad (21)$$

$$R = \frac{a^2 + b^2 - b\sqrt{a^2 + b^2}}{a + b - \sqrt{a^2 + b^2}} = a\,\frac{k^2 + 1 - \sqrt{k^2 + 1}}{k^2 + k - k\sqrt{k^2 + 1}} \qquad (22)$$

Beispiele: Größte Werte für $r:R$

k	1	2	2,5	3	3,5	4
$\frac{r}{R}\,max$	1	0,1910	0,1138	0,0750	0,0531	0,0394

Damit sind die Scheitelordinaten der Kurven in Abb. 3 ihrer Größe nach bekannt, die Lage jedoch noch nicht.

Es wurde bewiesen, daß für $(r:R)$ max der Fahrstrahl $M_1 F$ (Abb. 1), der die Trennung von Wölbung und Krempe kennzeichnet, auf $A\,C$ senkrecht steht; Schnittpunkt in D. Auch der Strahl $M_2\,G$, welcher den Sektor $A\,M_2\,C$ und somit den Winkel x_2 hälftet, ist senkrecht zu $A\,C$ gerichtet, Schnittpunkt in G. Mithin ist $x_2 : 2 = x_1$ wegen $G\,M_2 \parallel D\,M_1$. Die Kurven von Abb. 3 sind daher symmetrisch zur Scheitel-Ordinate.

5. Konstruktion des Korbbogens.

Der Korbbogen mit dem zweckmäßigsten Verhältnis von $r:R$, bei dem also der Fahrstrahl $M_1\,F$, Abb. 1, senkrecht zu A C gerichtet ist, wird nach Hütte III (Gewölbe) ermittelt, indem man zuerst die Lage von F bestimmt. F liegt im Schnittpunkt von zwei Strahlen, die die Winkel $B\,C\,A$ und $B\,A\,C$ hälften. Die Senkrechte auf $A\,C$ schneidet die Krümmungsmittelpunkte E und und M_1 heraus.

innerhalb dieses Rechteckes möglich seien, und daß die Erzeugende unerwünschte Grenzformen annehmen könne. Der maximale Wert des Verhältnisses $r:R$ wird gesucht, die Lösung jedoch nicht in allgemeiner Form gegeben. Übrigens lag die vorliegende geometrische Untersuchung im Zeitpunkt der Veröffentlichung des Hrn. Justus bereits vor.

Beide Verfasser gelangen zum Ergebnis, daß die sog. „Gütezahl" $r:R$ beim Korbbogen höher wird als bei der Ellipse. Geometrisch läßt sich dagegen nichts einwenden, daß aber der Schluß gezogen wird, der Korbbogenboden sei dem elliptischen aus diesem Grund überlegen, ist ein Irrtum. Auf die besonderen Verhältnisse bei der Ellipse wird auch gar nicht eingetreten.

Man kann, etwas umständlicher, die Lage von D auch berechnen (die Zeiger 1 werden in den folgenden Ausdrücken weggelassen)

$$\overline{AD} = r \cos x \qquad \overline{CD} = R \sin x$$

$$\overline{AD} : \overline{CD} = \frac{r}{R} \operatorname{cotg} x = \frac{r}{R} k \qquad \overline{AD} + \overline{CD} = \sqrt{a^2 + b^2}$$

$$\overline{CD} = \sqrt{a^2 + b^2} : \left(1 + \frac{r}{R} \frac{a}{b}\right) \tag{23}$$

r und R können auch aus Gleichung (21) und (22) unmittelbar berechnet werden.

Der Strahl $M_1 L$, Abb. 1, geht neben Punkt B vorbei, im Unterschied von der Ellipse hinsichtlich des Punktes B'. Ellipse und Korbbogen mit nämlichen k schneiden sich in einem Punkt über dem Halbmesser a, wegen $R < \rho''$ und $r > \rho'$.

6. Der Korbbogen in Vergleich gestellt mit der Ellipse.

Wir beschränken uns bei dieser Betrachtung auf das Notwendige. Unter Korbbogen verstehen wir künftig denjenigen mit dem günstigsten Verhältnis von $r : R$, ermittelt aus Gleichung (20). Für die Ellipse sei dieses Verhältnis vorübergehend mit $\rho' : \rho''$ bezeichnet, die Berechnung erfolgt aus Gleichung (3). Die so berechneten Werte von $r : R$ bzw. von $\rho' : \rho''$ des Korbbogens und der Ellipse werden in Abb. 4 als Ordinaten über k Werten als Abszissen aufgetragen. Der gemeinsame Punkt beider Kurven mit der Ordinate 1 entspricht dem Halbkreis ($r = R$). Die der Ellipse zugehörige Linie liegt unter derjenigen des Korbbogens. Wir ersehen daraus, daß der Korbbogen bei gleichen k Werten höhere Werte $r : R$ aufweist als die Ellipse.

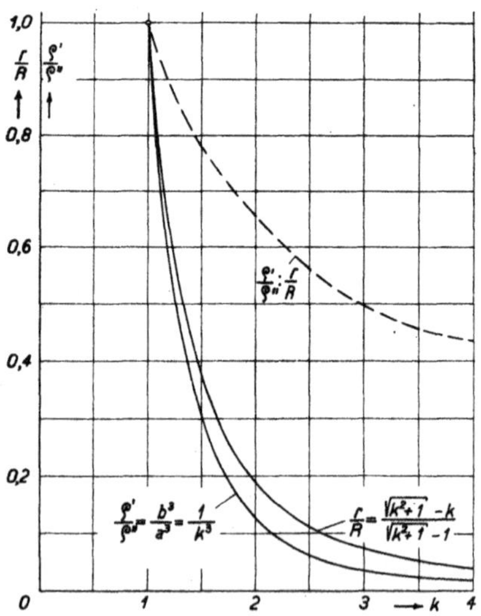

Abb. 4.
Werte $\rho' : \rho''$ der Ellipse und $r : R$ des Korbbogens für gleiche Tiefenverhältnisse k.

Der Ordinatenunterschied $\left(\frac{1}{k_3} - \frac{\sqrt{k^2+1}-k}{\sqrt{k^2+1}-1}\right)$ wächst rasch bis zum Höchstwert 0,0808, der ungefähr über der Abszisse $k = 1{,}5$ liegt. Nachher nimmt der Unterschied langsam ab, wie folgt:

$k =$	1,4	1,5	1,6	2	2,5	3
Unterschied	0,0804	0,0808	0,0795	0,065	0,0495	0,03785

Der Quotient $(\rho' : \rho'') : (r : R)$ der Krümmungsverhältnisse für Ellipse und Korbbogen, für verschiedene k ausgerechnet und aufgetragen, ergibt die gestrichelte Kurve; sie kennzeichnet die Abnahme des Krümmungsverhältnisses bei der Ellipse.

Sollen diese Verhältnisse weiter untersucht werden, so kann man Böden vergleichen, die einmal die gleiche Scheitelwölbung aufweisen, z. B. $R = \rho'' = 1\ m$, das andere Mal gleiche Krempenkrümmung, z. B. $r = \rho'$, ebenfalls $= 1\ m$. Abb. 5 läßt erkennen:

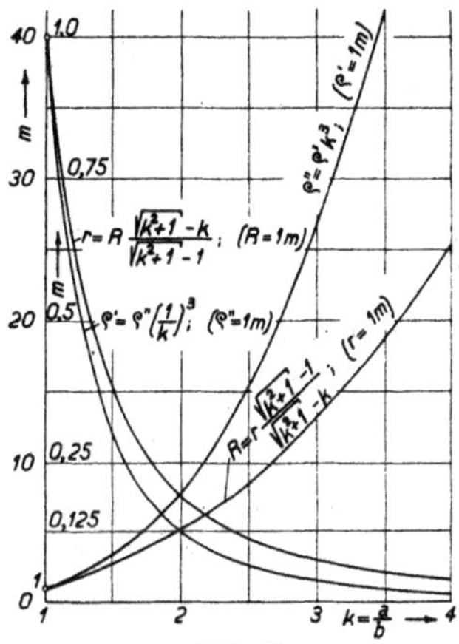

Abb. 5.
Verhältnisse bei Ellipse und Korbbogen Fallende Kurven: Nämliche Wölbung im Scheitel, veränderliche Krempenkrümmung. Steigende Kurven: Nämliche Krümmung in der Krempe, veränderl. Scheitelwölbung.

1. Eine Ellipse unterscheidet sich von einem Korbbogen mit gleichem Krempenradius ($r = \rho' = 1\ m$, ansteigende Kurven) durch die raschere Zunahme der Scheitelwölbung mit zunehmendem k.

2. Bei gleicher Scheitelwölbung ($R = \rho'' = 1\ m$, abfallende Kurven) unterscheidet sich mit zunehmendem k die Ellipse vom Korbbogen durch rascher abnehmende Krümmung in der Krempe; ein maximaler Unterschied wird indessen für $k = rd\ 1{,}5$ erreicht.

Wird somit die Eignung von Ellipse und Korbbogen als Erzeugende für Böden auf Grund des Krümmungsverhältnisses $r : R$ bzw. $\rho' : \rho''$ abgeschätzt, so ist die Ellipse in gleicher Bodentiefe im Nachteil.

Nun wäre es aber ein Irrtum, die Zweckmäßigkeit von Ellipse und Korbbogen bloß nach den Werten der Krümmungsverhältnisse zu be-

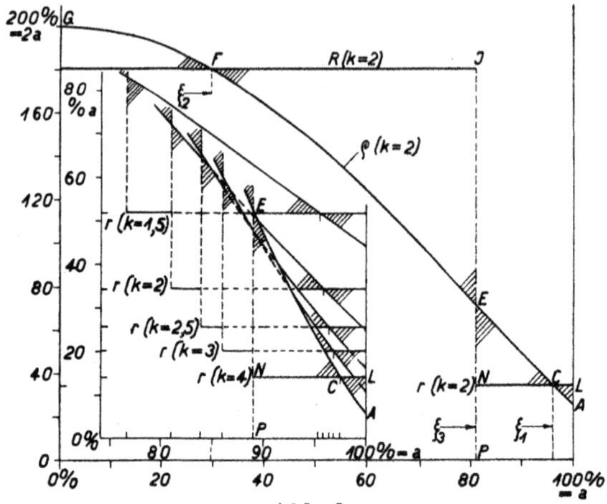

Abb. 6.
Krümmungshalbmesser bei Korbbogen und Ellipse über zugehörigen Teilen der Halbachse a.

urteilen. Der Ellipse kommt die besondere Eigenschaft zu, daß der Krümmungshalbmesser s t e t i g zunimmt von der Krempe bis zum Scheitel, wogegen der Korbbogen an einer Stelle einen Krümmungssprung aufweist. Dieser läßt sich in Abb. 6 bei NJ erkennen; die Krümmungshalbmesser sind als Ordinaten aufgetragen; die Abszissenachse wird durch die Halbachse a gebildet. Dagegen ist die Änderung der Krümmung bei der Ellipse stetig, wie Kurve AEG zeigt. Für Ellipse und Korbbogen ist in diesem Beispiel gemeinsam $k = 2$.

Die Kurven von Abb. 6 sind folgendermaßen berechnet: Die Länge der Abszissenachse $= a$ wird $= 1$ angenommen und in 100 Teile eingeteilt. Auch die Ordinaten, also diejenigen von ρ, R und r, sollen in Teilen von a ausgedrückt werden.

ρ wird aus Gleichung (4), Seite 5 berechnet; x und y nehmen auf die Mittelpunktsgleichung der Ellipse

$$\frac{x^2}{a^2} + \frac{y^2}{b^2} = 1 \tag{24}$$

Bezug. x ist ein Teilwert von a, somit

$$x = \xi a \qquad 0 < \xi < 1 \tag{25}$$

Aus der Mittelpunktsgleichung der Ellipse folgt

$$y = \frac{b}{a}\sqrt{a^2 - x^2} = b\sqrt{1 - \xi^2}$$

Die Werte für x und y in Gleichung (4) eingesetzt, ergibt

$$\rho = \frac{1}{ab}\left[\xi^2 (b^2 - a^2) + a^2\right]^{\frac{3}{2}} \tag{26}$$

Mit $b = 1 : k$ wird für die Ellipse

$$\rho = \frac{a}{k^2} \left[\xi^2 (1 - k^2) + k^2\right]^{\frac{3}{2}} = a\, \rho_o \tag{27}$$

Diese Gleichung ist bequemer zu handhaben als Gleichung (4). Für Zahlentafel I ist $a = 1$, für Abb. 6 = 100 %.

Für den Korbbogen ist der Zusammenhang von r und R mit a und b durch die Gleichungen (21) und (22) gegeben. Für $b = 1 : k$ wird

$$r = a \frac{k^2 + 1 - k\sqrt{k^2 + 1}}{k^2 + k - k\sqrt{k^2 + 1}} = a\, r_o \tag{28 a}$$

$$R = a \frac{k^2 + 1 - \sqrt{k^2 + 1}}{k^2 + k - k\sqrt{k_2 + 1}} = a\, R_o \tag{28 b}$$

Dabei entspricht $r : R$ der Gleichung (20). Für Zahlentafel I ist $a = 1$, für Abb. 6 = 100 %.

In den Schnittpunkten C und F, Abb. 6, wird $\rho = r$ bzw. $= R$. Gleichung (26) erlaubt, die Abszissen ξ_1 und ξ_2 dieser Punkte zu berechnen.

$$\xi_1 = \sqrt{\frac{(r\, a\, b)^{\frac{2}{3}} - a^2}{b^2 - a^2}} = \sqrt{\frac{\left(\frac{r\, k^2}{a}\right)^{\frac{2}{3}} - k^2}{1 - k^2}} \tag{29 a}$$

$$\xi_2 = \sqrt{\frac{(R\, a\, b)^{\frac{2}{3}} - a^2}{b^2 - a^2}} = \sqrt{\frac{\left(\frac{R\, k^2}{a}\right)^{\frac{2}{3}} - k^2}{1 - k^2}} \tag{29 b}$$

und mit $a = 1$ (100 % für Abb. 6)

$$\xi_1 = \sqrt{\frac{\sqrt[3]{r^2\, k^4} - k^2}{1 - k^2}} \qquad \xi_2 = \sqrt{\frac{\sqrt[3]{R^2\, k^4} - k^2}{1 - k^2}} \tag{29 c}$$

Gesucht wird noch die Abszisse x_3 bzw. ξ_3 des Krümmungssprunges, Abb. 6, d. h. der Abstand des Punktes F, Abb. 1, von der Umdrehungsaxe,

$$x_3 = R \sin x$$ und wegen Gleichung (18)

$$x_3 = R \frac{b}{\sqrt{a^2 + b^2}} = \frac{b\sqrt{a^2 + b^2} - b^2}{a + b - \sqrt{a^2 + b}}$$

$$= a \frac{\sqrt{k^2 + 1} - 1}{k^2 + k - k\sqrt{k^2 + 1}} = a\, \xi_3 \tag{30}$$

Zahlentafel I.

Geometrische Verhältnisse bei Korbbogen und Ellipse für ein wachsendes Tiefenverhältnis k, für $a = 1$.

k	1	1,5	2	2,5	3	4	Tiefenverhältnis und max. Krümmungsverhältnis
$\frac{r^*}{R}$	1	0,3772	0,1910	0,1138	0,0750	0,0394	
ξ_1	—	0,954	0,959	0,964	0,968	0,975	ξ_1 = Abszisse des Punktes $\rho = r$
ξ_2	—	0,308	0,294	0,279	0,266	0,244	ξ_2 = Abszisse des Punktes $\rho = R$
ξ_3	0,707	0,768	0,809	0,838	0,860	0,890	ξ_3 = Abszisse d. Krümmungsprung. d. Korbbogens
R_0	1	1,384	1,809	2,258	2,721	3,671	Größe d. Wölbunghalbmessers a. Korbbogen
r_0	1	0,522	0,345	0,257	0,204	0,145	Größe d. Krempenhalbmessers a. Korbbogen
ρ_0	1	0,827	0,726	0,655	0,600	0,520	Krümmungshalbmesser der Ellipse am Krümmungssprung d. Korbbogens
$\rho_0 - r_0$	0	0,306	0,381	0,398	0,396	0,376	am Krümmungssprung des Korbbogens
$\rho : r$	1	1,585	2,103	2,549	2,938	3,596	am Krümmungssprung des Korbbogens

$$* \; \frac{r}{R} = \frac{\sqrt{k^2+1} - k}{\sqrt{k^2+1} - 1}$$

Die Werte von ρ_0, r_0 und R_0 der Zahlentafel I, mit a vervielfacht, geben die wahren Werte von ρ, r und R. Das nämliche gilt für die Abszisse $x_3 = a\,\xi_3$ des Krümmungssprunges. Die Tafel nimmt auf ein veränderliches Tiefenverhältnis k Rücksicht. Zeichnerisch ist die Aufgabe in Abb. 6 links behandelt, unter Beschränkung auf die Verhältnisse an der Krempe und unter Verdoppelung des Maßstabes. Zwischen den Punkten C und A ist $\rho < r$, zwischen C und E ist $\rho > r$; beim Krümmungssprung ist $(\rho - r)$ = dem Unterschied $\overline{EP} - \overline{NP}$. Die betreffenden Werte sind endlich in Abb. 7 als Ordinaten aufgetragen, dazu das Verhältnis $\rho : r$, hier jedoch alles für die Abszisse ξ_3, d. h. für die Stelle am Krümmungssprung. Gerade die Kurve $\rho : r$ stellt die Vorzüge der Ellipse vor dem Korbbogen ins Licht, sie kann als Gegenbild zur gestrichelten Kurve $(\rho' : \rho'') : (r : R)$ von Abb. 4 gelten. Erfahrungsgemäß wachsen die Spannungen der Krempe eines Bodens mit abnehmender Größe der Krümmung. Kurve $\rho : r$ von Abb. 7 zeigt, in welchem Maß der Krümmungshalbmesser der Ellipse denjenigen des Korbbogens am Krümmungssprung des letztgenannten übersteigt, d. h. an der Stelle, zu welcher die Abszisse ξ_3 von Abb. 6 und Tafel I gehört. Von ξ_1 bis ξ_3 ist die Zunahme des Unterschiedes nahezu verhältnisgleich, wie Abb. 6 zeigt. Wir werden später sehen, daß für den Korbbogen die Stelle des Spannungshöchstwertes für die Krempe zwischen den Abszissen ξ_1 und ξ_3 liegt, jedoch nahe an ξ_1. An dieser Stelle ist der Krümmungshalbmesser bei der Ellipse mit nämlichem k-Wert somit größer als beim Korbbogen. Man vergleiche die Ausführungen von Kap. 4. Die Überlegenheit der Ellipse verbessert sich mit zunehmendem k. Dies läßt darauf schließen, daß elliptische Böden etwas weniger tief sein können als korbbogenförmige, bei nämlicher Blechdicke und Beanspruchung durch Spannungen.

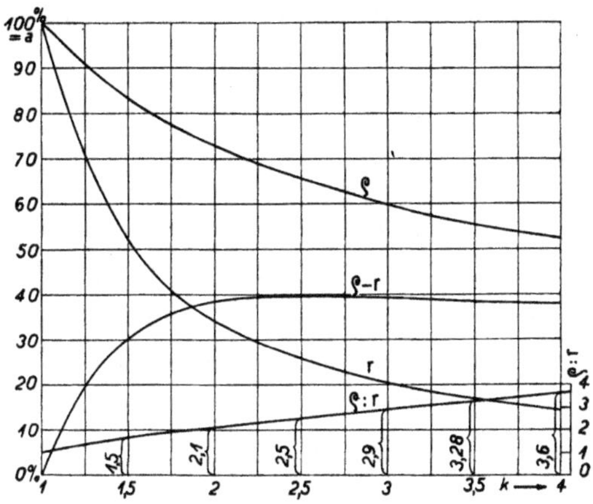

Abb. 7.
Verhältnisse von Ellipse und Korbbogen für die Stelle des Krümmungssprunges beim Korbbogen für $a = 1$.

Die Abb. 4 bis 7 und die Tafel I lassen erkennen, daß die oft gehörte Ansicht, ein Tiefenverhältnis mit dem Wert $k = 2$ sei das zweckmäßigste, weder für Ellipse noch Korbbogen bestehen kann. Weder in der Kurve $\frac{\rho'}{\rho''} : \frac{r}{R}$ von Abb. 4 noch $\rho : r$ von Abb. 7 erreicht die zur Abszisse $k = 2$ gehörende Ordinate einen extremen Wert.

7. Zusammenfassung.

Zu gegebenen Halbachsen a und b ist nur eine Ellipse, sind jedoch unendlich viele Korbbögen möglich. Unter diesen zeichnet sich ein Korbbogen dadurch aus, dass sein Krümmungsverhältnis ($r : R$) den Höchstwert erreicht; der Zusammenhang mit dem Tiefenverhältnis ($k = a : b$) ist dann gegeben durch die Gleichung $\frac{r}{R} = \frac{\sqrt{k^2+1} - k}{\sqrt{k^2+1} - 1}$ und nur dann ist der Strahl, der die Krümmungsmittelpunkte miteinander verbindet, senkrecht zur Diagonalen im Rechteck $a \times b$ gerichtet.

Werden Ellipse und Korbbogen als Erzeugende eines Bodens in Vergleich gestellt und wird die Eignung nach dem Wert des Krümmungsverhältnisses abgeschätzt, so ist in Betracht zu ziehen, daß dieser Wert bei nämlichem Tiefenverhältnis bei der Ellipse kleiner ausfällt als beim Korbbogen. Bei einer solchen Schätzung ist die Krümmung in der Krempe ihrer Größe nach jedoch mit zu berücksichtigen.

2. Die Beanspruchung eines Bodens.

1. Die Verformungen von Mantel und Boden.

Ein zylindrischer Mantel erfährt bei Innendruck eine kleine Längenänderung und hauptsächlich eine Zunahme im Durchmesser, wie in Abb. 9 für B gezeigt.

Ein aus zwei gewölbten Böden zusammengesetzter Hohlkörper, Abb. 8, strebt bei der Verformung durch Innendruck der stabilsten Form zu, derjenigen der Hohlkugel. Dabei werden die Stellen bei A nach einwärts geschoben.

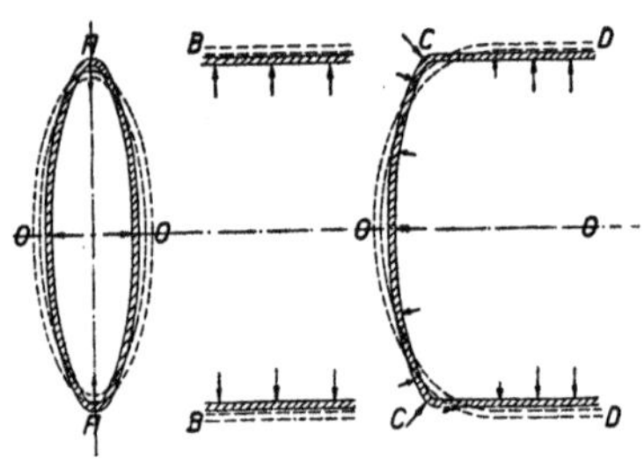

Abb. 8—10.
Verformungen an Mantel u. Boden.

Wird ein gewölbter Boden an einen Zylindermantel angefügt, so sind die Dehnungen der Ränder beider Hohlkörper einander entgegengerichtet. Dabei ist das Ganze bestrebt, in die stabilste Form überzugehen. Der beste Boden wäre ein solcher, dessen Randdurchmesser bei der Verformung zunehmen würde wie der Mantelrand. Bei einem langgestreckten Ellipsoid, dessen Längsachse mit der Mantelachse zusammenfällt, wäre dies bis zu einem gewissen Maß der Fall. Ein Halbkugelboden hat am Rand nur die halbe Ringspannung des Mantels, der Spannungsverlauf muß daher an der Übergangsstelle unregelmäßig werden. Noch schlechter gestaltet sich der Spannungszustand bei gewöhnlichen Böden; der Scheitel wird bei der Verformung erheblich nach außen, die Krempe wird nach innen geschoben, wie in Abb. 10 gezeigt.

2. Die Krempe.

a) **Bemerkung über den Spannungszustand.** Wie sich ein Boden an der Krempe bleibend verformt, zeigen die Abb. 11 und 12 (der Druckschrift: Festigkeit elektrisch geschweißter Hohlkörper entnommen, 1923, Abb. 34 u. 45).*) Die ursprüngliche Form ist gestrichelt gezeichnet, die ververänderte durchgezogen. Bei der Veränderung des Bodens von Abb. 11 war der Innendruck zuletzt 74 at, bei demjenigen von Abb. 12 59 at. Die strichpunktierten Linien sind Ellipsenbögen; die Räume bis zum Boden-Umriß sind durch Strichelung ausgefüllt. Es hat sich gezeigt:

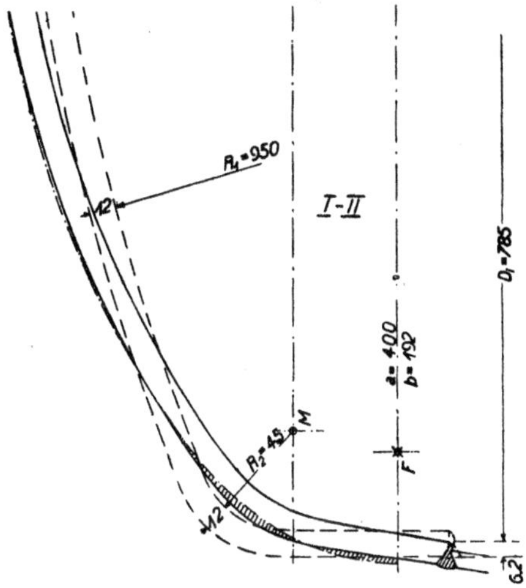

Abb. 11.
Schnitt durch einen bleibend verformten Boden (II).

1. Der ursprüngliche korbbogenförmige Meridian wird verändert, er nähert sich einem Ellipsenbogen.**) Halbachsenverhältnis der Ellipse $k \sim 2$.
2. Der Scheitel wird nach außen getrieben, seine Wölbung vermindert.
3. Die Krempe wird zurückgetrieben, ihre Krümmung erweitert.

Die bleibenden Formänderungen erfolgen bei dieser Verformung stets in gleicher Richtung wie die federnden; man kann daraus auf die Art der Spannungen, die an dem nicht überanstrengten Boden auftreten, Schlüsse ziehen.

*) Berlin, Julius Springer.

**) Diese Erscheinung ist schon von Diegel festgestellt worden; sie ist beschrieben in der Forschungsarbeit Nr. 2, M, Verein deutscher Ingenieure, 1920.

Der Halbmesser einer Ringfaser aussen an der Krempe, in senkrechter Richtung zur Umdrehungsachse gemessen, sei r_e in spannungslosem Zustand und r'_e in gespanntem. Die Verkürzung ist dann

$$-\varepsilon_{e2} = \frac{2\, r_e\, \pi - 2\, r'_e\, \pi}{2\, r_e\, \pi} = \frac{r_e - r'_e}{r_e} \tag{31}$$

Die dieser Außenfaser hinsichtlich des Blechs gegenüberliegende Innenfaser wird ebenfalls verkürzt, weil sich die Punkte, die dieser angehören, in der nämlichen Richtung bewegen. Auch der Größe nach ist diese Bewegung beidemal fast gleich. Die Verkürzung der Innenfaser

$$-\varepsilon_{i2} = \frac{r_i - r'_i}{r_i} \tag{32}$$

kann mit großer Annäherung gleich $-\varepsilon_{e2}$ gesetzt werden. Der Größe nach wird $-\varepsilon_{e2}$ durch Messung festgestellt.

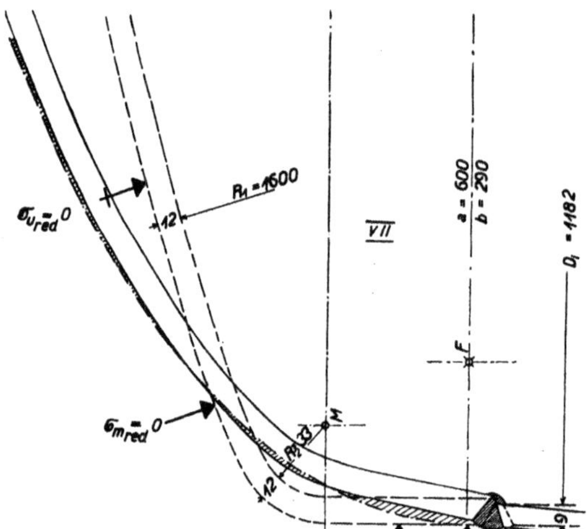

Abb. 12.
Schnitt durch einen bleibend verformten Boden (VII).

Im Meridian wird das Blech in der Krempe aufgebogen; eine Meridianfaser außen wird verkürzt; dabei erleidet diese Faser Druckspannungen; dies wird durch die Abb. 11 u. 12 veranschaulicht. An der Innenseite dagegen wird eine Meridianfaser gestreckt; dieser müssen Zugspannungen innewohnen. Wir haben es im Meridianschnitt demnach mit Biegung zu tun. Das Schema der an der Krempe in die Erscheinung tretenden Spannungen ist folgendes

	Meridian	Umfang (Ring)
außenseitig	$-\sigma_{e1\,red}$	$-\sigma_{e2\,red}$
innenseitig	$+\sigma_{i1\,red}$	$-\sigma_{i2\,red}$

Die außenseitigen red. Spannungen sind von uns an vielen Böden durch Messung ermittelt worden und können als bekannt gelten; es sei auf Kap. 4 verwiesen. Von den innenseitigen Spannungen können die Ringspannungen nach Größe und Richtung als bekannt vorausgesetzt werden, wie oben begründet wird; die Meridianspannungen kennt man nur der Richtung nach. Der innenseitige Spannungszustand ist durch folgende Gleichungen gekennzeichnet, wobei die dritte Hauptspannung ihres geringen Wertes halber vernachlässigt werden kann.

Krempe innen, Meridian:

$$\sigma_{i1\,red} = + \sigma_{i1} - \upsilon\,(- \sigma_{i2}) = \sigma_{i1} + \upsilon\,\sigma_{i2} \tag{33}$$

Krempe innen, Umfang:

$$\sigma_{i2\,red} = - \sigma_{i2} - \upsilon\,(+ \sigma_{i1}) = -(\sigma_{i2} + \upsilon\,\sigma_{i2}) \tag{34}$$

In Worten heißt das: Die reduzierte Spannung im Meridianschnitt innenseitig, die eine Zugspannung ist, wird vermehrt durch die Druckwirkung im Ringschnitt; die Spannung im Ringschnitt innenseitig, die eine Druckspannung ist, wird vermehrt durch die Zugspannung im Meridianschnitt.

b) **Schubspannungen.** Bei dem durch Gleichungen (33) und (34) gekennzeichneten Spannungszustand müssen an der Innenseite der Krempe Schubspannungen in die Erscheinung treten, wie durch Abb. 13 bis 15 veranschaulicht. An beiden Seiten der Krempe werden kleine Würfel so herausgeschnitten, daß die Diagonalen mit den Hauptspannungsrichtungen 1 u. 2 zusammenfallen. An der Krempen-Außenseite bestehen Druckspannungen in beiden Richtungen; an der Innenseite Druck in der Ring-, dagegen Zug in der Meridianrichtung. Die Würfel erleiden Gestaltänderungen wie in den Abbildungen in gestrichelten Linien angedeutet; namentlich werden beim Würfel Abb. 14 (innen) die Winkel an den Kanten geändert.

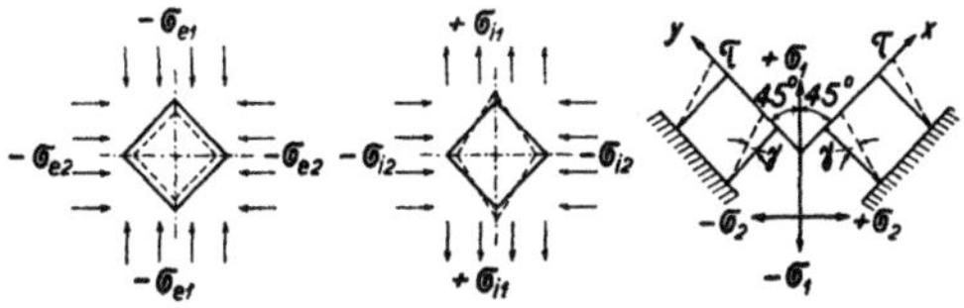

Abb. 13—15.
Spannungszustand an der Krempe, außen (*e*) und innen (*i*).

Diese Erscheinung beweist das Vorhandensein von Schubspannungen. Höchstwerte treten, wie aus der Festigkeitslehre bekannt, in den Ebenen auf, die unter 45^0 gegen die Hauptspannungen ($\sigma_1\ \sigma_2\ \sigma_3$) geneigt sind. Dies ist in Abb. 15 angedeutet.

Der Größe nach lassen sich die Schubspannungen ermitteln durch die Aufzeichnung der Mohrschen Spannungskreise. Abb. 16 und 17. Hierzu müssen die Hauptspannungen $\sigma_1\ \sigma_2\ \sigma_3$ bekannt sein. σ_{e1} und σ_{e2} an der Krempe-Außenseite können aus Messungen ermittelt werden. σ_3 ist senkrecht zur Ebene, gebildet aus den Richtungen von σ_1 und σ_2, gerichtet. In dieser Richtung wirkt vom Gefäßinnern her der Flüssigkeitsdruck. Innenseitig ist daher $-\sigma_{3i} = p$. Außen sinkt die Wirkung von p auf o. Außen besteht somit zweiachsiger, innen dreiachsiger Spannungszustand (meistens ist σ_3 als Größe geringer Ordnung vernachlässigbar, in Abb. 17 jedoch berücksichtigt).

Zur Aufzeichnung des Mohrschen Spannungskreises für die Krempe außen greifen wir als Beispiel die Spannungen, ermittelt an der Krempe von Boden 8 ($r:R = 0{,}0813$, Abb. 27, Zahlentafel IV) heraus. An der meistbeanspruchten Stelle ist

Red. Hauptspannung $\sigma_{e1\,red} = -860$ kg/cm²
" " $\sigma_{e2\,red} = -721$ "

Berechnet gemäß Gleichung (45) und (46), wobei $\upsilon = 0{,}3$, werden die

Hauptspannungen $\sigma_{e1} = -1184$ kg/cm²
" $\sigma_{e2} = -1076$ "

Der Mohrsche Spannungskreis, Abb. 16, läßt die Größe sowohl der Spannungen σ in beliebiger Richtung zu den Hauptspannungen als auch der zugehörigen Schubspannungen τ erkennen. Die Größe einer Spannung ist nach Mohr

$$\sigma' = \frac{\sigma_1 + \sigma_2}{2} + \frac{\sigma_2 - \sigma_1}{2} \cos 2\varphi \tag{35}$$

sie hängt von der Größe des Winkels φ, den ihre Richtung mit der Hauptspannung $-\sigma_{e2}$ bildet, ab; dasselbe trifft zu für die Größe der Schubspannung.

$$\tau' = \frac{\sigma_1 - \sigma_2}{2} \sin 2\varphi \tag{36}$$

Diese erreicht den Höchstwert bei $\varphi = 45^0$, dann ist $\tau =$ Größe des Halbmessers des Spannungskreises.

Der Abb. 16 ist zu entnehmen, daß die Schubspannungen, die an der Krempe außen wegen der Verschiedenheit von $-\sigma_{e1}$ und $-\sigma_{e2}$ auftreten, äußerst gering sind; sie werden der Größe nach durch den Halbmesser des Kreises mit M_{12} als Mittelpunkt dargestellt; sie fallen der Lage nach in die Tangentialebene und bilden Winkel von 45^0 mit den Hauptspannungsrichtungen (für andere Böden als Nr. 8 wären diese Schubspannungen noch geringer). Die Schubspannungen, die wegen der Verschiedenheit von $-\sigma_{e1}$ und σ_{e3} bzw. $-\sigma_{e2}$ und σ_{e3}, wobei σ_{e3} den Wert o besitzt, entstehen, werden durch die Halbkreise ermittelt, die die Endpunkte von $-\sigma_{e1}$ und $-\sigma_{e2}$ mit 0 verbinden; hierbei werden diese Spannungen als einachsige betrachtet. Die größte Schubspannung wird dem Wert nach durch den Halbmesser des Kreises von M_{23} aus dargestellt; die Schubspannungen bilden Winkel von 45^0 zu den Hauptspannungen $-\sigma_{e1}$ und $-\sigma_{e2}$.

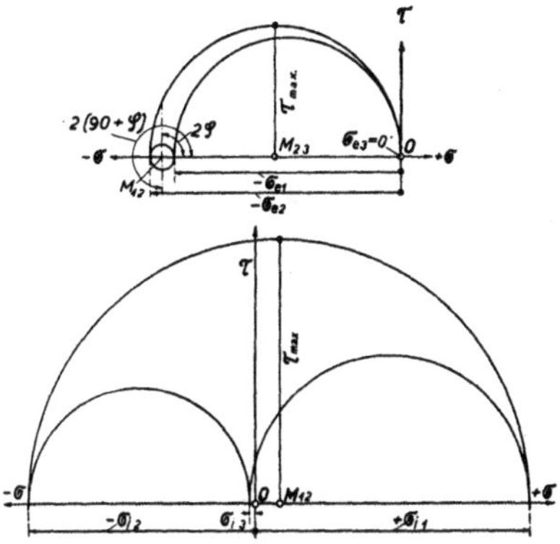

Abb. 16. Oben: Schubspannungen an der Krempe außenseitig.
Abb. 17: Unten: Schubspannungen an der Krempe innenseitig.

Die Schubspannungen an der Innenseite der Krempe sind der Größe nach weit verschieden von denen an der Außenseite; dies gibt überhaupt die Veranlassung, den Schubspannungen näher zu treten. Für die Innenseite ist der Spannungszustand, wie wir oben sahen, dreiachsig.

$\sigma_{i3} = -p$, wie oben ausgeführt (unser Beispiel — 24 kg/cm²).

Die Ringspannung $-\sigma_{i2}$ kann nach früherem $= -\sigma_{e2}$ gesetzt werden mit genügender Annäherung (Beispiel — 1076 kg/cm²).

Die Meridianspannung $+\sigma_{i1}$ ist unbekannt und übersteigt dem

Absolutwert nach (wegen größerer Dehnung) — σ_{e1} (Schätzung für das Beispiel 10 %, so daß $+\sigma_{i1} = 1{,}1 \cdot 1184 = +1300$ kg/cm²).

Mit diesen Werten für σ ergibt sich in der Mohrschen Darstellung Abb. 17, daß die größte Schubspannung durch die Verschiedenheit der Spannungen σ_{i1} (positiv) und σ_{i2} (negativ) entsteht und den Höchstwert

$$\tau_{max} = \frac{\sigma_{i1} - (-\sigma_{i2})}{2} = \sim \frac{1300 + 1076}{2} = 1190 \text{ kg/cm}^2$$

erreicht. Sie ist dargestellt durch den Halbmesser des Kreises von M_{12} aus. Sie liegt an der Innenseite der Krempe und ist unter 45° zu $+\sigma_{i1}$ und $-\sigma_{i2}$ geneigt. Der Beweis des Vorhandenseins erheblicher Schubspannungen an der Innenseite der Krempe ist damit erbracht.

Ohne einer der verschiedenen Theorien über die Bruchgefahr den Vorzug zu geben, erkennen wir, daß der Spannungszustand an der Krempeninnenseite gefährlicher ist als sonst irgendwo am Boden. Die günstigsten Bedingungen für das Auftreten eines Bruches werden da erreicht, wo σ und τ, oder beide zusammen in irgend einer Verbindung den größten möglichen Wert erreichen. Wir werden das hier gewonnene Urteil sofort in einer weiteren Untersuchung bestätigt finden.

Die Anhänger der Bruchgefahrtheorie der größten Schubspannungen haben noch Erklärungen dafür abzugeben, daß Brüche fast nie die Einwirkung von Schubspannungen aufweisen, weder in der Beschaffenheit der Bruchflächen noch im Verlauf der Bruchlinie. Die Erfahrung lehrt, daß Brüche von der Innenseite der Krempe ausgehen und ringförmig verlaufen, nicht etwa gemäß der Stellung der Strecklinien unter 45° dazu. Daher erscheinen die Meridianspannungen an der Innenseite der Krempe als die Träger der Bruchgefahr.

Wir können diesen Gegenstand nicht verlassen, ohne darauf hinzuweisen, daß dünne Bleche weniger hohe Biegungs- und mithin Schubspannungen erleiden als dicke. Auch sehr dünnes Blech, solches von wenigen mm Dicke, vermag am Druckbehälter hohen Innendruck auszuhalten.

c) **Die Anstrengung des Materials an der Krempe.** Nach Huber wird die Anstrengung (A) des Materials gemessen durch die Summe jener Teile der spezifischen (bezogenen) Formänderungsarbeit, welche durch reine Gestaltänderung (A_g) und durch reine Volumenvergrösserung (A_p) bedingt ist.

$$A = A_p + A_g \tag{37}$$

$$A_p = \frac{(m-2)}{6\,m\,E}\,(\sigma_x + \sigma_y + \sigma_z)^2 \tag{38}$$

$$A_g = \frac{1}{12\,G}\,[(\sigma_x - \sigma_y)^2 + (\sigma_y - \sigma_z)^2 + (\sigma_z - \sigma_x)^2] + \frac{1}{2\,G}\,(\tau_{xy}^2 + \tau_{yz}^2 + \tau_{zx}^2) \tag{39)*}$$

Der Schub-Elastizitätsmodul

$$G = \frac{m\,E}{2\,(m+1)} = 827\,000 \text{ mit } m = 10:3$$

und $E = 2\,150\,000$.

Mit σ_1, σ_2, σ_3 als Hauptspannungen wird aus Gleichung (39) nach Hencky**)

$$\sigma_1^2 + \sigma_2^2 + \sigma_3^2 - \sigma_1\sigma_2 - \sigma_2\sigma_3 - \sigma_1\sigma_3 = \sigma_p^2 \tag{40}$$

worin σ_p die Elastizitätsgrenze (Proportionalitätsgrenze) für den einachsigen Spannungszustand. Diese Gleichung bedeutet im rechtwinkligen Koordinatensystem mit den Achsen σ_1, σ_2, σ_3 einen Kreiszylinder mit dem Radius $\sigma_p\sqrt{2/3}$, während die Achse gleiche Winkel mit den positiven Koordinatenrichtungsn einschließt ($54^0\ 40'$). Die Zylinderachse fällt in der Abb. 18 von rechts oben (erster Quadrant des Achsenkreuzes $\sigma_1\,\sigma_2$) nach links unten (dritter Quadrant), sie durchsticht die Bildebene im Punkt O. Die Achsen der Schnittellipse bilden gleiche Winkel mit σ_1 und σ_2, Länge der kleinen Halbachse $\sigma_p\sqrt{\frac{2}{3}}$, der grossen $\sigma_p\sqrt{2}$. Alle Spannungszustände die, im σ_1, σ_2, σ_3 Koordinatensystem als Punkte dargestellt, auf der Kreiszylinderfläche liegen, entsprechen den Zuständen an der Elastizitäts- oder an der Plastizitätsgrenze, je nachdem man mit σ_p die Elastizitäts- oder Plastizitätsgrenze bezeichnet. Die Punkte inner-

---

*) Aus Föppl, Drang und Zwang I, „Bruchgefahr", übernommen.

**) Zeitschrift für angewandte Mathematik und Mechanik (Berlin, V.D.I.-Verlag, August 1924).

halb des Kreiszylinders entsprechen dem vollkommen elastischen Gebiet, oder dem Gebiet bis zur Elastizitätsgrenze. Punkte außerhalb des Kreiszylinders repräsentieren unmögliche Spannungszustände. Die Schnittellipse begrenzt das elastische Gebiet des ebenen Spannungszustandes. — Diese Verhältnisse sind heute nicht nur theoretisch geklärt, sondern der Nachweis ihrer Richtigkeit ist durch das Experiment weitgehend erbracht.*)

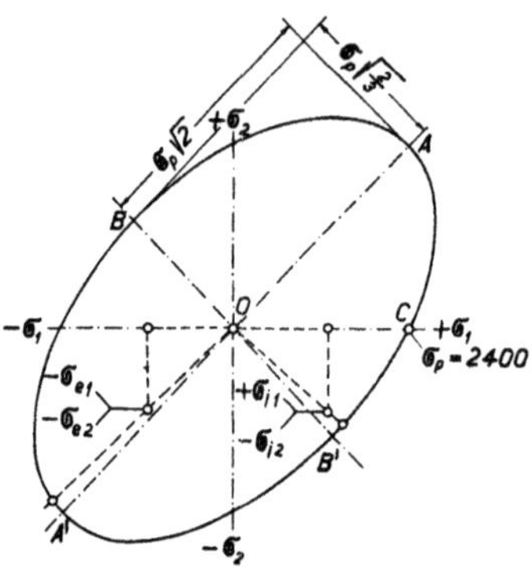

Abb. 18.
Räumliche bzw. ebene Darstellung der Grenzwerte nach Huber-Hencky, für Schmiedeisen.

An der Krempe eines gewölbten Bodens außen sind σ_{e1} und σ_{e2} negativ; der Punkt, der diesen Spannungszustand kennzeichnet, liegt somit im dritten Quadranten des Koordinatenkreuzes $\sigma_1\ \sigma_2$, Abb. 18. Für die Krempe innenseitig ist σ_{i1} positiv, σ_{i2} negativ; der Punkt liegt daher im vierten Quadranten. Bei der Kleinheit von $-\sigma_{i2}$ kann dieser Wert vernachlässigt werden. Die Punkte für σ_e und σ_i liegen beide in der Ebene der Schnittellipse.

In Abb. 18 sind, unserem früheren Beispiel entsprechend, die Punkte eingezeichnet

	aussen	innen
Spannungszustand	$-\sigma_{e1} = -1184$ kg/cm²	$+\sigma_{i1} \approx +1300$ kg/cm²
	$-\sigma_{e2} = -1076$ „	$-\sigma_{i2} = -1076$ „

Dabei ist die Grenze des elastischen Gebietes, d. h. die Ellipse von Abb. 18 der Größe nach so gewählt, daß die Proportionalitätsgrenze (= Länge von $O\,C$ auf der σ_1 Achse) = 2400 kg/cm², gewöhnlichem Flußeisen entsprechend. Man zieht vom Koordinaten-Anfangspunkt aus durch jeden der zwei so erhaltenen Punkte Strahlen bis zum Schnitt mit der Ellipse; die Länge eines jeden ist das Maß für die Proportionalitätsgrenze bzw. für den Eintritt des Materials in den plastischen Zustand an dem betreffenden Punkt der Krempe. Wir stellen fest: Der Abstand des Punktes, der den Spannungs-

*) Prof. Roš und Ingenieur Eichinger, Zürich: Versuche zur Klärung der Bruchgefahr (1926, Zürich, Orell-Füssli).

zustand an der Krempe außen ($-\sigma_{e1}$, $-\sigma_{e2}$) kennzeichnet, von der Proportionalitätsgrenze mißt 53 % des ganzen Abstandes von 0 aus, für die Krempe innenseitig ($+\sigma_{i1}$, $-\sigma_{i2}$) bloß 13 %.

Nach Professor Roš und Ingenieur Eichinger gilt die Huber-Henckysche Darstellung der Anstrengung des Materials nicht nur innerhalb seiner Proportionalitäts- sondern bis zur Bruchgrenze. Im plastischen Gebiet nimmt die Poissonsche Konstante m den Wert 2 an. Diese Versuche wurden bei Zimmertemperatur des Materials gemacht; wie sich dasselbe in dieser Hinsicht bei erhöhter Temperatur verhält, ist meines Wissens durch Versuche noch nicht abgeklärt.

Daß die Krempe innenseitig stark beansprucht sein muß, zeigt auch folgende einfache Überlegung. Die Mittelfläche trennt einen Boden in zwei Teile, von denen der äußere das größere Volumen besitzt als der innere; insbesondere wächst dieser Unterschied an der Krempe mit abnehmendem Halbmesser. Auf der Innenseite steht somit weniger Material zur Aufnahme der Spannungen zur Verfügung.

d) **Biegungsspannungen.** Die Beurteilung des geraden Stabes hinsichtlich seiner Biegungsfestigkeit ist jedem Ingenieur geläufig. Das Problem ist insofern einfach, als es sich um den einachsigen Spannungszustand handelt. Es ist mathematisch gelöst; namentlich kann die Lage der neutralen Achse genau eingeschätzt werden. Die Bernouilli-Naviersche Annahme, daß die Spannungen nach einem Gradliniengesetz verteilt sind, ist mit dem Hookschen Spannungsgesetz verträglich.

Beim Stab mit starker Krümmung weichen die Verhältnisse schon erheblich ab. Die Verteilung der Spannungen nach einem Gradliniengesetz ist in Frage gestellt (gradlinige Risse mit der Nadel quer zur Mittellinie von krummen Stäben, die bleibend gebogen werden, nehmen S-Form an).

Noch schwieriger gestaltet sich die Beurteilung der Biegungsspannungen, die an einem Boden auftreten, insbesondere an dem so verwickelten Gebilde des Korbbogenbodens. Durch Messung sind die Gesamtspannungen σ_{e1}, σ_{e2} außen bekannt. Einen Anteil daran bilden die gleichmäßig über die Bodendicke verteilten Normalspannungen σ_{01}, σ_{02}, einen anderen die Biegungsspannungen σ_{h1}, σ_{h2}. Wenn es auch noch gelingt, diese hinsichtlich der Außenseite auseinanderzuhalten, so gehört zur Beurteilung des Zustandes an der Innenseite noch die Kenntnis der Lage der neutralen Fläche, d. h. derjenigen, in der die Biegungsspannungen $= 0$ sind. Diese wird von verschiedenen Autoren als in der Mitte zwischen Außen- und Innenfläche des Bodens liegend angenommen. Diese Voraussetzung trifft aber nicht genau zu. Beim geraden Balken mit symmetrischem Querschnitt liegen die neutralen Fasern in der Symmetrieebene, diese teilt den Abstand der äußersten Fasern in zwei Hälften mit gleicher Materialverteilung. Schon beim Stab mit starker Krümmung ist die Materialverteilung hinsichtlich der neutralen Fläche nicht mehr symmetrisch, auch wenn die Querschnittsfläche, die den Krümmungsmittelpunkt enthält, an und für sich symmetrisch ist. Bei einem Kranhaken mit rechteckigem Querschnitt z. B. liegen die neutralen Fasern zwischen dem Querschnittsschwerpunkt und dem Krümmungsmittelpunkt.*) Die Spannungen sind nicht mehr nach einem Gradliniengesetz verteilt, ihr Verlauf ist hyperbolisch.

Beim Boden ist der Spannungszustand der dreiachsige. Das Material ist, wie wir gesehen haben, unsymmetrisch hinsichtlich der Mittelfläche verteilt. Für die Krempe erreichen die Spannungen den größten Wert an der Innenseite, im Unterschied zum geraden Stab, bei dem sie symmetrisch verteilt sind. Der Verlauf der Spannungen auf einem Meridian ist wellenförmig.

3. Baustoff.

Im Rahmen dieses Kapitels sollen noch einige Bemerkungen über das Verhalten des Materials von Böden gemacht werden.

Änderungen der Eigenschaften von Kesselblech zu seinem Nachteil werden verursacht durch:

Unrichtige thermische Behandlung, worunter hauptsächlich Überhitzung des Bleches zu verstehen ist.

Kaltverformung bei der Bearbeitung, wozu auch diejenige in Blauwärme gehört.

---

*) Föppl, Vorlesungen über technische Mechanik, Bd. 3, Stäbe von starker Krümmung.

Die Fehler unrichtiger thermischer Behandlung können meistens durch nachträgliches Glühen bei richtiger Temperatur wieder gut gemacht werden, als solche wird ca. 920 ° angesehen.

Unter Kaltverformung sind alle Verformungen zu verstehen, die innerhalb der Glühtemperatur des Eisens (etwa 550°) vor sich gehen und bei denen die Streckgrenze überschritten wird. Hiezu gehören Kaltscheren, Kaltbiegen und -schmieden, Anrichten in Blauwärme usw. Hat die Kaltverformung bei Zimmertemperatur stattgefunden, so werden ihre Wirkungen verschlimmert, wenn nachträglich das Eisen, was bei Dampfkesseln immer der Fall ist, einige Zeit auf 100—300 ° erhitzt wird. Dann tritt ein, was man Alterung nennt, jedoch nur bei weichem Eisen. Sie macht sich in einem starken Abfall der Kerbzähigkeit (ungefähr von 25 mkg/cm^2 auf 3 mkg/cm^2) bemerkbar, ohne daß Festigkeit, Streckgrenze und Dehnung eine wesentliche Änderung erfahren. Der Zugversuch gibt demnach über diese Materialverschlechterung keinen Aufschluß. Altern tritt auch auf bei längerer Lagerung bei Zimmertemperatur, jedoch nur nach einer stattgefundenen Überschreitung der Streckgrenze bei der Kaltreckung des Eisens. In diesen Bemerkungen kann die Erklärung dafür gefunden werden, daß bei ein und demselben Kessel der eine Boden bricht, der zweite nämliche hält.

Eine weitere Materialveränderung kann Rekristallisation genannt werden. Sie besteht aus einer Vergröberung der Gefügestruktur und ist ebenfalls mit einer Änderung der Kerbzähigkeit verbunden und zwar nur bei einem Material, das eine Kaltreckung über die Streckgrenze hinaus erfahren hat. Dieses nachteilige Kornwachstum vollzieht sich bei Temperaturen zwischen 500 und 800°, fällt also für Kesselböden nicht in Betracht.

Die sog. Laugenbrüchigkeit, d. h. die erhöhte Neigung des Eisens zum Brechen in Anwesenheit von Natronlauge in betriebenen Kesseln ist ein heute sozusagen noch nicht abgeklärter Begriff.

Eine Erscheinung, die sich bei Böden, die im Betrieb gestanden haben, zeigt, ist die Ermüdung des Materials. Man hat festgestellt, daß Böden, die öfterem Spannungswechsel ausgesetzt sind, brechen, während solche von gleicher äußerer Form, bei denen der Innendruck weniger schwankt, keine Mängel aufweisen. Die Böden der

Kessel der feuerlosen Lokomotiven bilden ein sprechendes Beispiel hierfür; man beachte die Ausführungen von Kapitel 5.

Endlich ist noch auf den Unterschied von dünnem Blech und dickem mit bezug auf Zähigkeit aufmerksam zu machen. Dünnes Blech erreicht meistens eine höhere Proportionalitätsgrenze und höhere Kerbzähigkeit als dickes.

Zusammenfassung.

Die Krempe eines gewölbten Bodens wird bei innerem Überdruck außenseitig auf Druck beansprucht, innenseitig auf Druck im Ringschnitt, auf Zug im Merdianschnitt. In diesem herrschen somit Biegungsspannungen.

An der Innenseite treten Spannungen von erheblichem Maß in die Erscheinung, außen sind sie kleiner. Bei dünnem Blech sind die Biegungs- und mithin die Schubspannungen geringer als bei dickem. Bei dünnem Blech ist das Material meistens zäher als bei dickem.

Für das Material an der Innenseite einer Krempe ist die Proportionalitätsgrenze erheblich früher erreicht als für dasjenige an der Außenseite unter sonst gleichen Umständen. Bruchgefahr tritt dort früher ein als irgendwo sonst an einem gewölbten Boden. Die Erfahrung lehrt, daß Krempenbrüche stets von der Innenseite ausgehen und ringförmig verlaufen. Durch entsprechende Formgebung des Bodens und durch ausreichende Wanddicke ist auf die Verminderung der Meridianspannungen hinzuwirken.

Die Lage der hinsichtlich der Biegungsspannungen neutralen Fläche ist zur Zeit noch nicht genügend abgeklärt; für die Bestimmung der Spannungen an der Innenseite eines Bodens besteht daher noch eine gewisse Unsicherheit. Der Spannungszustand an einem Boden weicht vollständig ab von demjenigen des auf Biegung beanspruchten geraden Stabes; bei diesem liegt einachsiger, beim Boden im Meridianschnitt zweiachsiger oder genau genommen dreiachsiger Spannungszustand vor.

3. Die Versuche von Bach und Baumann und von Siebel und Körber.

1. Die Versuche von Bach und Baumann.*)

Über die äußere Form der Versuchsböden enthält Zahlentafel II die nötigen Angaben. Die Erzeugende ist

bei 6 Böden eine Ellipse, bzw. ein Quadrat davon;
bei 6 „ ein Korbbogen, aus 2 Kreisbögen zusammengesetzt;
bei 4 „ ein Korbbogen, bestehend aus 3 Kreisbögen (Klöpfer).

Diese letzten können an vorliegender Stelle weiter nicht berücksichtigt werden, da zunächst nur einfache Formen untersucht werden sollen.

Der Zylindermantel, in den die Böden eingenietet waren, hat 130,0 cm Lichtweite; die Einspannung ist eine sehr feste. Die Bodentiefe ist verschieden bei den zwei Gruppen, die wir betrachten; bei den elliptischen Böden ist $b \sim 33$ cm, bei den korbbogenförmigen ~ 23 cm. Bei den elliptischen ist $k \sim 2$ und $r:R = 0{,}121$ bis $0{,}135$, bei den korbbogenförmigen ist $k \sim 2{,}8$, $r:R = 0{,}0616$ bis $0{,}088$. Um die nämliche Spannung im Scheitel zu erreichen, lassen die elliptischen Böden schon wegen der größern Tiefe einen höhern Flüssigkeitsdruck zu als die korbbogenförmigen. Dies kommt in Abb. 40 zum Ausdruck.

Zur Herstellung der Böden scheint bei jeder Gruppe ein und dieselbe Matrize gedient zu haben. Dagegen beträgt die Bodendicke 1,5 cm, 2 cm und 2,5 cm und ist jeweils einem Paar auch äußerlich gleichartiger Böden gemeinsam. Die Versuche sind daher in erster Linie dazu geeignet, den Einfluß der Bodendicke bei sonst gleicher äußerer Bodenbeschaffenheit klar zu stellen.

Um zu einem Urteil über das Verhalten dieser Böden zu gelangen, haben die Forscher den Flüssigkeitsdruck so lange gesteigert, bis sich deutlich Zunderabspringen bemerkbar machte, was zuerst an der Krempe beobachtet werden konnte. Ungefähr zu gleicher Zeit treten Strecklinien an der Krempe in

*) Versuche über die Widerstandsfähigkeit und die Formänderung gewölbter Kesselböden von C. Bach. Forschungsarbeit Heft 270, V. D. I. Verlag, Berlin.

Zahlentafel II.

Versuche von Bach und Baumann.

	Boden	p at	s cm	R cm	r cm	a cm	b cm	$\frac{a}{b}$	$\frac{r}{a}$	$\frac{r}{R}$	σ'_B kg/cm²
Ellipsen	1	42	1,55	125,3	16,9	64,2	32,9	1,95	0,263	0,135	1697
	2	43	1,58	125,2	16,9	64,2	32,9	1,95	0,263	0,135	1704
	5	66	1,97	129.8	15,7	64,1	31,7	2,02	0,245	0,121	2175
	6	62	1,95	127,2	16,2	64,0	32,3	1,98	0,253	0,128	2022
	9	85*	2,47	126,9	16,1	63,7	32,0	1,99	0,253	0,127	2183*
	10	85*	2,47	125,2	16,4	63,7	32,4	1,97	0,258	0,131	2152*
Korbbögen	3	12	1,50	130,7	11,5	64,2	23,7	2,75	0,179	0,088	527
	4	10	1,48	130,7	7,3?	64,2	23,9	2,68	0,113?	0,0558?	441
	7	24	2,02	131,0	9,2	64,0	22,4	2,85	0,143	0,0705	778
	8	23	2,04	131,0	9,35	64,0	22,3	2,87	0,145	0,0714	738
	11	30	2,45	131,2	8,1	63,8	22,4	2,85	0,127	0,0616	803
	12	26	2.47	131,2	8,5	63,8	22,9	2,78	0.133	0,0649	690

* 85 at ist Annahme. Bei 83 at zeigte sich noch kein Zunderabspringen.

die Erscheinung, ein Zeichen dafür, daß das Material die Streckgrenze erreicht hat oder im Begriff ist, sie zu überschreiten. In der Zahlentafel II ist der zugehörige Flüssigkeitsdruck unter p angegeben. Es darf vorausgesetzt werden, daß der Zunder abspringt, sobald an der Stelle, der er anhaftet, die Dehnung oder Verkürzung einen gewissen Absolutbetrag erreicht, und daß dieser bei allen Böden gleich sei, so daß die Krempenspannungen also praktisch gleich hoch werden.

Wir haben die Spannungen, die im Scheitel der Böden unter der Wasserpressung p auftreten (Membranspannungen), in die Zahlentafel II eingesetzt. Zur Ausrechnung dient die nämliche Formel $\sigma'_B = p\,R : 2\,s$ für elliptische wie Korbbogenböden. Diese Spannungen werden in einer spätern Abbildung (40) als Ordinaten aufgetragen; die Abszissenachse ist nach der Blechdicke eingeteilt. Der Grund, daß die eine Punktgruppe höher als die andere liegt, auch bei gleicher zugehöriger Blechdicke, ist bereits erwähnt: Form und namentlich Tiefe sind bei beiden Gruppen verschieden. Es sei auf die weitern Ausführungen am Schluß von Kap. 6 verwiesen.

Die Versuche von Bach und Baumann haben zur sog. Godesberger Formel zur Berechnung gewölbter Böden, die eingenietet werden, geführt, sie lautet

$$s = \frac{R\,p\,z}{200\,\frac{K}{x}} + 2 \qquad \text{(mm)} \qquad (41)$$

hierin bedeutet

K Festigkeit von Flußstahl nach Werkstoffvorschriften, in kg/mm²; obere zulässige Grenze 47 kg/mm². Obere Grenze für Kupfer 22 kg/mm².

R Wölbungshalbmesser beim korbbogenförmigen bzw. Krümmung am Scheitel beim elliptischen Boden, in mm.

p Druck in kg/cm², x Sicherheitszahl $= 4$.

z ist ein Beiwert, um welchen die aus der gewöhnlichen Bodenformel $s = p\,R : 2\,\sigma$ gefundene Wanddicke vergrößert wird.

$z \sim 3{,}5$ bei $r = D : 15$, $z = 2{,}2$ bei $r = D : 10$, $z = 1$ bei $r = R$; man vergleiche Abb. 19.

Der Godesberger Bestimmung zufolge kann für die Ellipse $z = 1{,}3$ angenommen werden, sofern die (außen gemessene) Bodenhöhe h mindestens 0,25 D beträgt, d. h. für $k = 2$, $\frac{r}{R}$ ist dann 0,125. Für den Korbbogen wird empfohlen: r soll nicht kleiner gewählt werden als $D : 10$, R nicht größer als D. Mit diesen Grenzwerten ist, ohne Berücksichtigung der Blechdicke, $r : R = 0{,}10$ und $k = 2{,}63$. Die Tragweite dieser Empfehlung kann in Abb. 34 abgeschätzt werden. In Abb. 19 steigt der Wert von z bei der Abszisse $D : 15$ asymptotisch, was zu beachten ist.

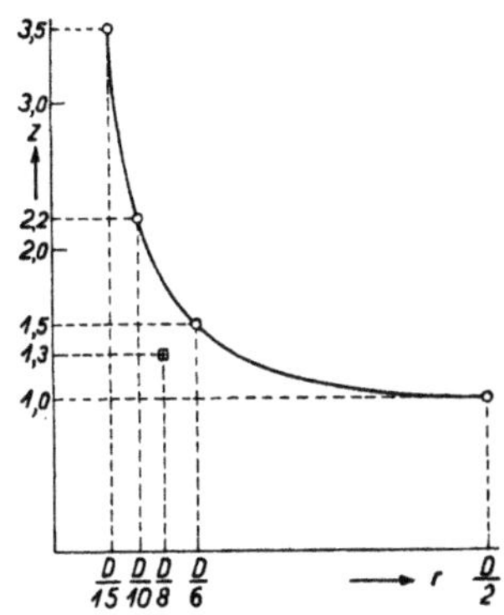

Abb. 19.
Beiwert z der Godesberger Formel in Funktion von D.

2. Die Versuche von Siebel und Körber.

Diese Versuche sind am Kaiser-Wilhelm-Institut für Eisenforschung in Düsseldorf ausgeführt worden,*) sie erstrecken sich über zwei Versuchsreihen, über jede liegt ein Bericht vor. Die Art der verwendeten Böden ist folgende:

Reihe I (Bericht I) 9 Vollböden, davon 1 Halbkugelform, 1 elliptisch, 1 flach, 1 über den Zylindermantel genietet, die andern Korbbogenböden. Dazu 11 Böden mit Mannlöchern. Dicke der Böden 2,0 bis 2,2 cm.

Reihe II (Bericht II) 4 Vollböden, gleich beschaffen wie 4 Vollböden aus Bericht I, Blechdicke jedoch 3,50 bis 3,56 cm. Dazu 8 Mannlochböden.

Angaben über die äußere Form von 7 Vollböden der Reihe I und sämtlicher Vollböden (4) der Reihe II sind in Zahlentafel III, S. 40 und 41, (R, r, a und b werden bis zu halber Blechdicke gemessen) enthalten. Die Lichtweite des Zylindermantels, in den die Böden eingenietet sind, mißt in allen Fällen 130,0 cm, wie bei den Versuchen von Bach. Die Böden sind sehr fest eingespannt.

An diesen Böden wurden nicht nur die federnden und bleibenden Formänderungen gemessen, sondern vor allem auch die Oberflächendehnungen und die Krümmungsänderungen. Die hiezu benützten Geräte werden beschrieben (wird bei den Dehnungsmessungen der Spitzenabstand 7,0 cm, so erscheint dieser reichlich groß für die genaue Erfassung von örtlichen Dehnungen; das nämliche gilt für den Abstand von 5,0 bei den Instrumenten für die Messung der Krümmungsänderung. Bei den letztgenannten sind zwei Spitzen fest, eine dritte außenliegende beweglich; zwei Punkte des Bodens werden bei der Messung somit festgehalten).

---

*) Erich Siebel und Friedrich Körber, Versuche über die Anstrengung und die Formänderungen gewölbter Kesselböden mit und ohne Mannloch bei der Beanspruchung durch innern Druck. I. und II. Bericht (59 und 60).

Erich Siebel und Anton Pomp, Der Zusammenhang zwischen der Spannungsverteilung und der Fließlinienbildung an Kesselböden mit und ohne Mannloch bei der Beanspruchung durch innern Druck (62).

Erich Siebel u. Friedrich Körber, Modellversuche an Kesselböden (73). 1926, Verlag Stahleisen, Düsseldorf.

Gemessene Dehnungen und reduzierte Spannungen sind verhältnisgleiche Größen; die Spannungen ergeben sich nach den bekannten Formeln (45) und (46) im spätern Kapitel.

Soweit es sich um Oberflächen-Spannungen handelt, sind die Höchstwerte für Wölbung und Krempe in Zahlentafel III der vorliegenden Abhandlung aufgenommen worden, jedoch nur für Vollböden. Wir werden diese Ergebnisse bei der Auswertung unserer eigenen Messungen (Abb. 34) mit benützen. Die Feststellung der Forscher, daß bei Vollböden stets an zwei Stellen Höchstspannungen auftreten, Zugspannungen in der Wölbung und Druckspannungen in der Krempe stimmt mit den Ergebnissen der Zürcher Versuche überein.

Siebel und Körber ermitteln auch die Spannungen an der Innenseite der Böden. Dabei wird die Rechnung in gleicher Weise durchgeführt wie für einen geraden Stab.

Die Düsseldorfer Versuche mit Mannlochböden sind unseres Wissens die ersten dieser Art. Bei diesen war die höchste Spannung stets am Mannlochrand feststellbar. Im Bericht I ist darüber folgendes ausgeführt, was am Schluß von Bericht II bestätigt wird: „Die rings um das Mannloch verlaufenden Randspannungen stiegen auf dem höchsten Punkt des Mannlochrandes auf den drei- bis vierfachen Wert der Wölbungsspannungen des entsprechenden Vollbodens an und erreichten damit Werte, bei denen für Mannlochböden, die nach den bestehenden Vorschriften berechnet sind, von einem Sicherheitsgrad kaum noch die Rede sein kann. Die ermittelten hohen Spannungen stehen im Einklang mit den Ergebnissen der Versuche von E. Preuß*) mit durchlochten Zugstäben, bei denen am Lochrand Spannungserhöhungen auf den zwei- bis dreifachen Wert der im Mittel vorhandenen Spannungen festgestellt wurden. Bei den gelochten Schalen machen sich zudem noch ungünstig wirkende Biegungsbeanspruchungen bemerkbar. Die Spannungsverteilung wird weiterhin durch die elliptische Mannlochausbildung stark beeinflußt, so daß die Spannungen auf der langen Mannlochachse diejenigen auf der kurzen um etwa 50 % über-

---

*) Z. V. D. I. 56 (1912), S. 1780 und Forschungsarbeiten auf dem Gebiete des Ingenieurwesens, Heft 126 (1912).

treffen. Die Mannlochkrempe vermag diesen Spannungssteigerungen wegen ihrer spannungstechnisch ungünstigen Konstruktion nicht entgegenzuwirken. Abhilfe steht auch nicht zu erwarten durch das bei den Vollböden zur Verbesserung der Bodenkonstruktion gewählte Verfahren, den Hauptkrempenradius zu vergrößern. Letztere Maßnahme beeinflußt nur die Krempenspannung in günstiger Weise, ist aber auf die hier in Betracht kommenden Wölbungsspannungen fast ohne jeden Einfluß. Die neueren hohen Bodenformen verhalten sich deshalb hinsichtlich der Mannlochrandspannungen lange nicht so günstig, wie dies aus dem Vergleich der entsprechenden Vollböden zu erwarten wäre. Es dürften deshalb alle nach den bisherigen Grundlagen berechneten Mannlochböden bei Betriebsdruck am Mannlochrand *bis an die Fließgrenze* beansprucht sein.

Wenn wir trotzdem von Unglücksfällen, die auf die Spannungsverhältnisse am Mannlochrand zurückzuführen waren, verschont geblieben sind, so hat dies vornehmlich folgende Ursachen:

1. Die ringförmig um das Mannloch gelegene Zone der höchsten Spannungen ist schmal und klein im Durchmesser. Es wird infolgedessen nur ein verhältnismäßig geringer Anteil der gesamten Bodenfläche hoch beansprucht.
2. Der Mannlochrand vermag bei etwaiger Beanspruchung über die Fließgrenze ungehindert nachzugeben *und eine stabilere Form anzunehmen.*

Nichtsdestoweniger dürfte die geschilderte hohe Beanspruchung durchaus unzulässig und zumal bei seitlich angeordnetem Mannloch gefährlich sein, da in diesem Falle die Höchstspannung in der Hauptkrempe durch den Einfluß des Mannlochausschnittes wesentlich steigt. Es müssen deshalb Wege gesucht werden, um dieser Anstrengung des Materials zu begegnen. Folgende Maßnahmen dürften hierfür in Betracht kommen:

1. Die Vermeidung der Annäherung des Mannlochs an die Krempe.
2. Eine allgemeine Erhöhung der Wandstärke.
3. Eine Erhöhung der Wandstärke am Mannlochrand, wie sie sich z. B. bei den zugekümpelten Hochdrucktrommeln ergibt.
4. Eine Versteifung des Mannlochrandes.

5. Eine Verkleinerung des Achsenverhältnisses der Mannlochellipse möglichst auf eins (kreisförmiges Mannloch).
6. Eine spannungstechnisch günstigere Gestaltung der Bodenform in der Nähe des Mannlochs.

In letzterer Hinsicht bieten die Formen den Wegweiser, die ein Mannlochboden unter hohem Druck von selbst annimmt. Es war meist ein leichtes, mit einem Boden doppelt so hohe Drücke aufzunehmen, wie sie beim Auftreten der ersten Fließerscheinungen vorhanden waren. Daß dies möglich war, ist in erster Linie der Gestaltsverfestigung des betr. Bodens zuzuschreiben. Die ursprüngliche Ellipsenform der Böden ist bei 55 bzw. 60 at Überdruck in der Umgebung des Mannlochs völlig verloren gegangen. Der Mannlochrand ist kegelförmig vorgestülpt.

Da nach diesen Erfahrungen ein hinsichtlich der auftretenden Spannungen günstiges Verhalten von Mannlochböden zu erwarten stand, die von vornherein in ähnlicher Weise gestaltet waren, wurden zwei Böden nach einer Form untersucht, die mit stark vorgestülpten Mannlochrändern hergestellt waren. Ein so ausgebildeter Boden zeigt in jeder Hinsicht günstigere Eigenschaften als der gleiche Boden mit normaler Mannlochausführung. Insbesondere ist hier der Höchstwert der Randspannungen im Vergleich mit einem solchen Boden auf fast die Hälfte gesunken, und Spannungsverteilung und Formänderungen nähern sich den bei den Vollböden gefundenen Verhältnissen.

Man wird stets mit einer starken Spannungserhöhung in der Umgebung des Mannlochs zu rechnen haben, und es wird hierauf bei der Berechnung der Böden Rücksicht zu nehmen sein.

Die Neigung zum Aufbiegen der Krempe war bei den Mannlochböden in verstärktem Maß vorhanden. In besonders unangenehmer Weise machte sich diese Erscheinung bei den Böden mit seitlichem Mannloch bemerkbar, wo sich die Wirkungen der Krempe und der Schwächung des Bodens durch das Mannloch addierten. Hier dürfte eine Verlegung der langen Mannlochachse in die Meridianrichtung, also eine Drehung des Mannlochs bisheriger Anordnung um 90°, Vorzüge bieten."

Die Ausführungen beweisen, daß bei der Berechnung eines Bodens berücksichtigt werden muß, ob ein Mannloch vorhanden sei und wie es angeordnet ist. Eine Erscheinung ist noch zu erwähnen, diejenige, daß die Nieten der Rundnähte bei höherm Druck undicht wurden, was der Verformung der Böden in der Krempe zuzuschreiben ist; diese verändert ihre Form bis zur Nietnaht.

Die Versuche von Siebel und Körber bringen äußerst wertvolle Beiträge zur Abklärung der Bodenfrage.

4. Versuche des Verfassers.

1. Die Versuchsböden.

Ein Urteil in der verwickelten Bodenfrage muß sich in erster Linie auf Versuche stützen. Diese Auffassung hat den Verfasser schon 1923 veranlaßt, Böden durch Messung der Oberflächendehnungen auf ihre Festigkeit zu untersuchen; es sei an die damalige Druckschrift „Festigkeit elektrisch geschweißter Hohlkörper" *) erinnert.

Heute sind von uns 10 Böden in dieser Weise untersucht worden, alles Vollböden, wie Zahlentafel IV, Seite 40, zeigt; Nr. 1 frühere Bezeichnung VII) und 2 (früher VIII) im Jahr 1923, die übrigen seither. Zwei Böden haben elliptischen Meridian (Nr. 2 und 10), die andern korbbogenförmigen. 4 Böden sind vermittels elektrisch geschweißter Rundnähte an die Mäntel angefügt (Nr. 1, 2, 4, 10), die andern sind eingenietet und gehören zu Dampfkesseln, die heute im Betrieb stehen (die Betriebsdrücke sind in Zahlentafel IV eingeklammert angegeben). An den Böden 9 und 10 ist neben der Oberflächendehnung auch die Verkrümmung festgestellt worden; hierüber wird im theoretischen Teil berichtet.

2. Die Messungen.

Zur Messung bedienten wir uns der Dehnungsmesser von Okhuizen und von Huggenberger, womit Längenänderungen der Größenordnung 1 : 1000 mm sicher erfaßt werden können. Die Instrumente sind mit einer festen und einer beweglichen Schneide

*) Berlin, Verlag Julius Springer, oder Zürich, beim Schweizerischen Verein von Dampfkessel-Besitzern.

versehen, die bewegliche wirkt auf ein Zeiger-Hebelwerk mit rund 1000facher Übersetzung.

Ist l der ursprüngliche Schneidenabstand und Δl die durch den Zeiger des Instrumentes angezeigte Längenänderung, so ist $\Delta l : l = \varepsilon$ die Dehnung. l ist 20 mm.

Die reduzierte Spannung ist der Dehnung verhältnisgleich wegen

$$\sigma_{red} = \varepsilon E \tag{42}$$

Reduzierte Spannung wird diejenige genannt, die im einachsigen Spannungszustand dem Absolutwert nach die nämliche Dehnung hervorruft wie im dreiachsigen Spannungszustand das Zusammenwirken der Hauptspannungen $(\sigma_1 \sigma_2 \sigma_3)$; sie ist in andern Worten die Spannung, welcher am Zugprobestab eine Dehnung von nämlichem Wert entspricht, wie durch Messung in einer der Hauptspannungsrichtungen an der Hohlkörperwand festgestellt.

$$\varepsilon_1 \text{ Körper} = \frac{1}{E} [\sigma_1 - \nu (\sigma_2 + \sigma_3)] \tag{43}$$

$$\varepsilon \text{ Stab} = \frac{1}{E} \sigma_1 = \frac{1}{E} \sigma \tag{44}$$

Um für die Dehnung am Körper einen Maßstab zu finden, werden beide ε-Werte einander gleich gesetzt; die entsprechende Spannung des Stabes wird dann mit σ_{red} bezeichnet.

Aus den Werten für σ_{red} werden diejenigen für σ aus den Gleichungen für ε_1, ε_2 und ε_3 ermittelt, die erste davon ist oben angeschrieben. Wird die dritte Hauptspannung $= 0$ gesetzt, so wird der Spannungszustand der ebene, und die Rechnung vereinfacht sich. Es wird

$$\sigma_1 = \frac{\sigma_{1\,red} + \nu \sigma_{2\,red}}{1 - \nu^2} \tag{45}$$

$$\sigma_2 = \frac{\sigma_{2\,red} + \nu \sigma_{1\,red}}{1 - \nu^2} \tag{46}$$

Der Gang der Rechnung ist der, daß man aus den Dehnungen erst die reduzierten Spannungen ermittelt (Gleichung 42) und aus diesen die Spannungen durch Anwendung dieser zwei Gleichungen. Dabei haben wir angenommen, $E = 2\,150\,000$ und $m = 10:3$ (Poissonsche Zahl) bzw. $\nu = 1 : m \approx 0{,}3$.

Zahlentafel III.

Versuche von Siebel und

	2	3	4	5	6	7	8	9	10	11	12	13	14
		p at	s cm	r^* cm	R^* cm	a^* cm	b^* cm	$\frac{a}{b}$	$\frac{r}{a}$	$\frac{r}{R}$	σ'_B kg/cm²	σ_B kg/cm²	$\frac{\sigma_B}{\sigma'_B}$
Bericht I	Halbkugel . . .	10	2,19	64,1	64,1	64,1	64,1	1,0	—	1,0	146	152	1,041
	Korbbogen A_I	10	2,07	14,0	92,0	64,0	32,5	1,97	0,2188	0,152	222	230	1,035
	„ B_I	10	2,17	19,6	105,0	63,9	32,5	1,97	0,307	0,1866	242	215	0,888
	„ C_I	10	2,00	19,5	118,0	64,0	30,5?	2,10?	0,310	0,1652	295	276	0,936
	Ellipse D_I	10	2,01	17,0	127,0	64,0	32,5	1,97	—	0,1338	316	460	1,266
	Korbbogen E_I**	10	2,11	14,0	131,0	64,0	25,5	2,51	0,219	0,1068	311	292	0,940
	„ F_I	10	2,07	5,0	171,0	64,0	16,5	3,88	0,078	0,0292	413	460	1,114
Bericht II	Korbbogen A_{II}	10	3,56	92,78	14,8	63,2	31,7	1,99	0,234	0,159	130	138	1,061
	Ellipse D_{II}	10	3,50	122,1	16,9	63,2	32,9	1,92	—	0,139	175	215	1,232
	Korbbogen E_{II}	10	3,55	131,8	14,8	63,2	24,7	2,56	0,234	0,112	185	230	1,241
	„ F_{II}	10	3,56	171,8	8,3	63,2	18,2	3,47	0,131	0,048	241	322	1,33

* Bis zur halben Blechdicke gemessen ** Normale in den Mantel eingenietete Konstruktion.

Zahlentafel IV.

Versuche des

1	2	3	4	5	6	7	8	9	10	11	12	13	14
Erzeugende und Art der Rundnaht	Boden	p at	s** cm	r^* cm	R^* cm	a^* cm	b^* cm	$\frac{a}{b}$	$\frac{r}{a}$	$\frac{r}{R}$	σ'_B kg/cm²	σ_B kg/cm²	$\frac{\sigma_B}{\sigma'_B}$
Korbbogen geschweißt	1 (VII)	12	1,2	3,9	160,6	60,2	14,3	4,21	0,065	0,0243	801	814	1,016
Ellipse geschweißt	2 (VIII)	24	s_K 1,0 s_B 1,2	10,15	77,6	39,4	20,0	1,97	0,257	0,130	931	1215	1,30
Korbbogen genietet . .	3	36 (25)	3,4	9,2	136,2	73,3	26,7	2,74	0,1255	0,0675	721	797	1,105
Korbbogen geschweißt	4	4 (1,9)	s_K 1,16	5,17	249,4	89,5	21,32	4,20	0,0578	0,0207	430	740	1,72
Korbbogen genietet . .	5	24 (16,5)	s_K 2,16 s_B 2,19	4,94	144,8	58,7	16,16	3,63	0,0842	0,0341	806	837	1,04
„	6	45 (34)	s_B 3,55	17,25	113,3	59,0	27,0	2,18	0,292	0,152	718	876	1,22
„	7	45 (34)	s_K 2,52 s_B 2,52	9,94	72,3	37,1	16,32	2,27	0,2683	0,1376	645	998	1,548
„	8	24 (10,5)	s_K 2,05 s_B 2,01	8,8	108,2	59,0	22,8	2,59	0,149	0,0813	646	656	1,015
„	9	32 (17)	s_K 2,64 s_B 2,62	25,0	139,0	73,4	33,4	2,20	0,341	0,1798	849	768	0,904
Ellipse geschweißt	10	30	s_K 1,27 s_B 1,19	9,56	80,0	39,4	19,4	2,03	0,242	0,120	1008	1121	1,11

*) Bis zur halben Blechdicke gemessen.
**) Obere Zahl: Blechdicke in der Krempe. Untere Zahl: Blechdicke im Scheitel.

Körber mit Vollböden. Zahlentafel III.

15	16	17	18	19	20	21	22	23	24	25	26	2
$\sigma_{W1\,red}$ kg/cm²	$\sigma_{W2\,red}$ kg/cm²	σ_{W1} kg/cm²	$\frac{\sigma_{W1}}{\sigma'_B}$	σ'_{K1} kg/cm²	$\sigma_{K1\,red}$ kg/cm²	$\sigma_{K2\,red}$ kg/cm²	σ_{K1} kg/cm²	$\frac{\sigma_{K1}}{\sigma'_{K1}}$	σ'_{K2}	σ_{K2}	$\frac{\sigma_{K2}}{\sigma'_{K2}}$	Boden
—	—	—	—	—	—	—	—	—	—	—	—	—
247	183	332	1,495	63,4	– 64,5	—172,0	—128,5	—2,02	33,8	—210	—6,2	A_I
280	161	361	1,490	152,2	0	—140	—46	—0,30	83,7	—154	—1,8	B_I
365	86	430	1,456	88,6	0	—238,8	—78,6	—0,89	48,7	—260	—5,4	C_I
—	—	—	(1,266)	—	—	—	—	—	—	—	—	D_I
365	247	482	1,55	62,3	—64,5	—258,0	—156	—2,50	33,2	—303	—9,1	E_I**
838	215	991	2,40	23,6	—709	—516	—950	—40,2	12,0	—750	—62,2	F_I
140	86	191	1,466	38,8	—64,5	—64,5	—92	—2,37	20,8	—92	—4,43	A_{II}
161	140	221	1,265	—	—	—	—	—	—	—	—	D_{II}
236	140	305	1,645	38,8	—107	—118	—158	—4,07	20,8	—165	—7,93	E_{II}
312	161	396	1,645	22,4	—269	—129	—338	—15,1	11,6	—230	—19,8	F_{II}

Verfassers. Zahlentafel IV.

15	16	17	18	19	20	21	22	23	24	25	26	2
$\sigma_{W1\,red}$ kg/cm²	$\sigma_{W2\,red}$ kg/cm²	σ_{W1} kg/cm²	$\frac{\sigma_{W1}}{\sigma'_B}$	σ'_{K1} kg/cm²	$\sigma_{K1\,red}$ kg/cm²	$\sigma_{K2\,red}$ kg/cm²	σ_{K1} kg/cm²	$\frac{\sigma_{K1}}{\sigma'_{K1}}$	σ'_{K2} kg/cm²	σ_{K2} kg/cm²	$\frac{\sigma_{K2}}{\sigma'_{K2}}$	Boden
1185	368	1425	1,79	38,3	—1650	—1360	—2260	—59	19,5	—2040	—104,5	1 (VII)
—	—	—	—	—	—	—	—	—	—	—	—	2 (VIII)
1208	375	1450	2,01	96,2	—670	—645	—949	—9,9	48,7	—930	—19,0	3
978	86	1142	2,66	18,2	—1204	—1246	—1728	—95	8,9	—1746	—195	4
1344	483	1635	2,03	53,8	—990	—918	—1390	—25,8	27,5	—1335	—48,6	5
930	408	1156	1,61	199,6	—380	—413	—554	—3,6	109,3	—579	—5,3	6
784	516	1031	1,60	163,8	—312	—307	—444	—2,7	88,7	—430	—4,8	7
956	301	1150	1,78	97,3	—860	—721	—1184	—12,2	51,5	—1076	—20,9	8
1208	387	1455	1,71	272	—526	—666	—796	—2,9	151,5	—904	—5,9	9
—	—	—	—	—	—	—	—	—	—	—	—	10

Die reduzierten Spannungen können den Spannungsplänen Abb. 20 u. f. entnommen werden, ihr Maßstab ist demjenigen der Dehnungen verhältnisgleich. $\sigma_{e1\,red}$ und $\sigma_{e2\,red}$ sind ein und derselben Stelle an der Bodenwand zugehörig, liegen also im Spannungsplan direkt übereinander und können dort abgegriffen werden. Abweichend von dieser Rechnungsweise werden die Scheitelspannungen aus Mittelwerten bestimmt gemäß

$$\sigma_B = \frac{\sigma_{e1\,red} + \sigma_{e2\,red}}{2} \cdot \frac{1}{0{,}7} \tag{47}$$

wobei 0,7 das Verhältnis der Spannung zur red. Spannung an der Kugelwand. Bei der Steigerung des Flüssigkeitsdruckes darf die Proportionalitätsgrenze an keiner Stelle der Wand überschritten werden.

Die Zuverlässigkeit der Ergebnisse wird in verschiedenen Richtungen beeinflußt. Derartige Mängel werden in der Regel mit der Meßtätigkeit in Zusammenhang gebracht oder bei den Instrumenten gesucht. (Der Bau der Meßgeräte und ihre Anwendung sowie das von uns geübte Meßverfahren sind im II. Teil, Abschnitt III, beschrieben). Ohne Zweifel kommen solche Fehler vor. Wir haben aber nicht unterlassen, die Dehnungsmesser innerhalb nützlicher Fristen auf ihre Richtigkeit zu prüfen. Als beste Prüfvorrichtung hat sich bis jetzt ein langer, kalibrierter Zugstab, in die Werder-Maschine eingespannt, erwiesen. Die Messungen selber sind gewissenhaft durchgeführt worden; Übung fehlte allerdings noch bei den ersten Böden. Wenn die Spannungspläne Unstetigkeiten aufweisen, so sind diese in recht vielen Fällen der ungleichförmigen Beschaffenheit der Böden zuzuschreiben. Auch maschinengeformte Böden sind häufig unregelmäßig gewölbt, dies zeigt sich im Verhalten der senkrecht zueinander gerichteten Spannungen $\sigma_{e1\,red}$ und $\sigma_{e2\,red}$ im Scheitel; theoretisch müssen diese einander gleich sein. Abweichungen sind aber oft festgestellt worden bei durchaus einwandfreier Messung.

Endlich ist die Bodendicke, obwohl von maßgebender Bedeutung, selten genau bekannt. Dies hat uns veranlaßt, Geräte herzustellen zur genauen Einmessung der Bodendicke auf einem Meridian; diese wurden von Boden 5 an in Gebrauch genommen. Mit ihrer Hilfe konnten wir feststellen, wie sich die Dicke eines Bodens auf einem Meridian ändert. Die Böden weichen in Form und Dicke mitunter erheblich von den Angaben der Zeichnungen ab. Will man verfahren, so wie wir es getan haben, die Spannungen durch Messung zu ermitteln, um sie mit den gerechneten Membranspannungen zu vergleichen, wie in Zahlentafel IV geschehen, so muß die Bodendicke genau bekannt sein, soll das Ergebnis zuverlässig werden. Fehler bei dünnen Böden haben größere Tragweite als bei dicken.

3. Die Dehnungen.

Die äußere Form der gemessenen Böden läßt sich aus den Abb. 20 bis 29 und Zahlentafel IV erkennen.

Die Werte der Dehnungen bzw. red. Spannungen zeigen wellenförmigen Verlauf. Die

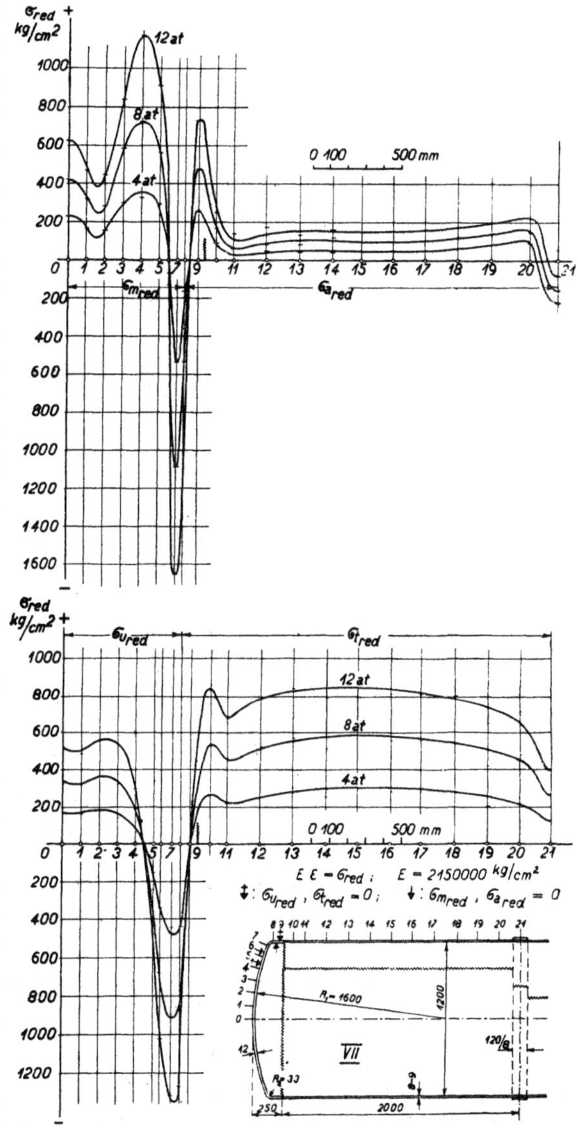

Abb. 20. Korbbogenförmiger Boden Nr. 1 eines Probebehälters (VII vom Jahr 1923) $p = 12$ at.

Welle nimmt ihren Anfang am Mantel in genügendem Abstand von der Übergangsstelle zum Boden, an einer Stelle, die dem verbiegenden Einfluß der Böden entrückt ist.

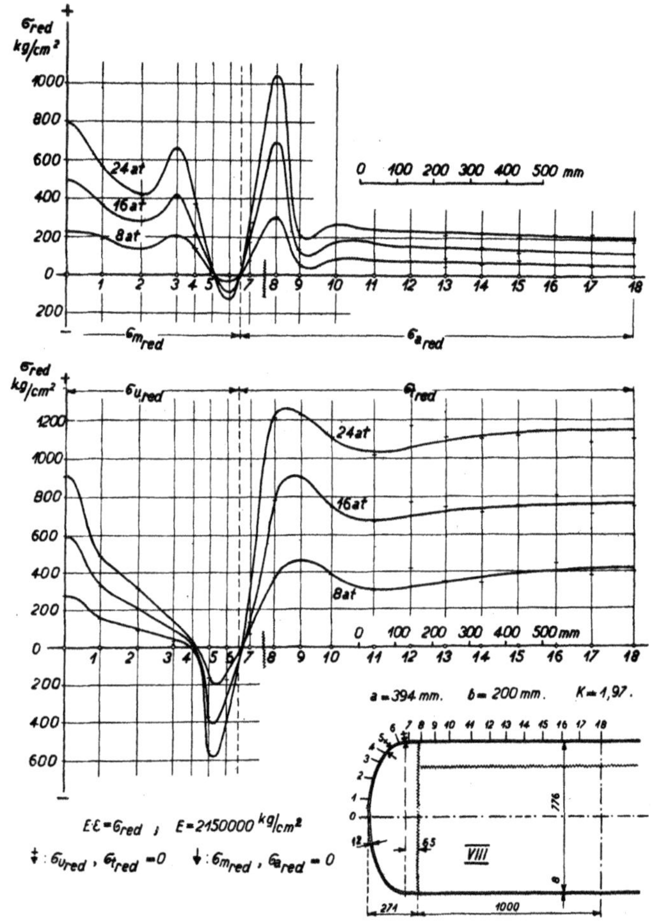

Abb. 21. Elliptischer Boden Nr. 2 eines Probebehälters (VIII vom Jahr 1923) $p = 24$ at.

Der Spannungsverlauf wird beherrscht durch Lage und Art der schärfsten Umbiegung beim Richtungswechsel der Erzeugenden vom Mantel zum Boden; an dieser Stelle oder in unmittelbarer Nähe erreichen die Spannungen extreme Werte. Sie sind abhängig vom kleinsten Krümmungshalbmesser und von der Art, wie die Krümmung bis zum Bodenscheitel zunimmt, also davon, ob dieser Uebergang stetig erfolgt wie bei der Ellipse oder sprungsweise wie

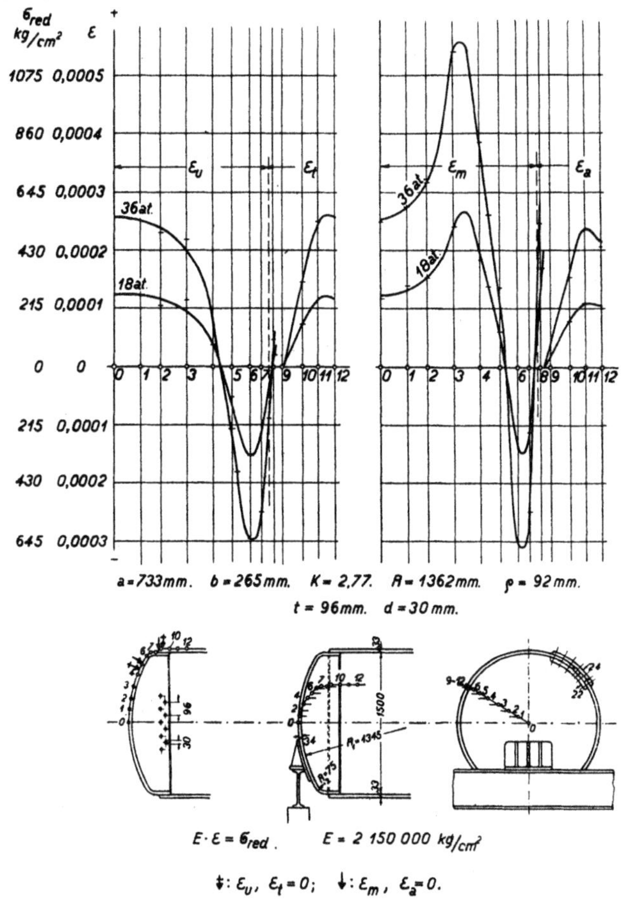

Abb. 22. Korbbogenförmiger Boden Nr. 3 eines Dampfkessels (der Druckschrift „Nieten und Schweißen der Dampfkessel" entnommen) $p = 36$ at (Betriebsdruck 25 at).

beim Korbbogen; auch die Größe der Wölbung am Scheitel ist von Einfluß. Kennzeichnende Beispiele sind:

Boden 4 mit kleinstem, Boden 9 mit größtem Krümmungsverhältnis $r : R$

Boden 3 mit kleinstem, Boden 9 mit größtem Krempen-Halbmesser,

Boden 2 und Boden 10 mit elliptischem Meridian.

Beim elliptischen Boden gibt es auf dem Meridian nur einen Krümmungssprung, denjenigen bei der Uebergangsstelle vom Mantel zum

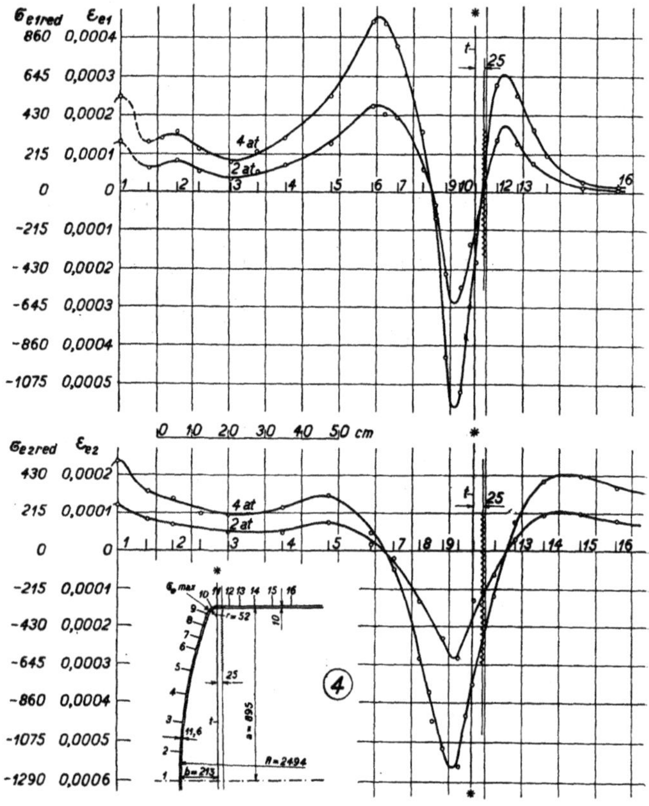

Abb. 23. Korbbogenförmiger Boden Nr. 4 eines Druckluftbehälters $p = 4$ at (Betriebsdruck 1,9 at). Die Geraden, die durch zwei Sterne bezeichnet sind, bedeuten hier und in spätern Spannungsplänen den Abschluß der Krempe; bei elliptischem Meridian die Lage der großen Halbachse.

Boden. Noch am Mantel erreicht die Spannungswelle ihre größte Erhebung (Abb. 21 u. 29). Ein zweiter Wellenberg liegt über dem Scheitel.

Zwei Krümmungssprünge weist dagegen der Korbbogen auf, an der Uebergangsstelle vom Mantel zur Krempe und an der-

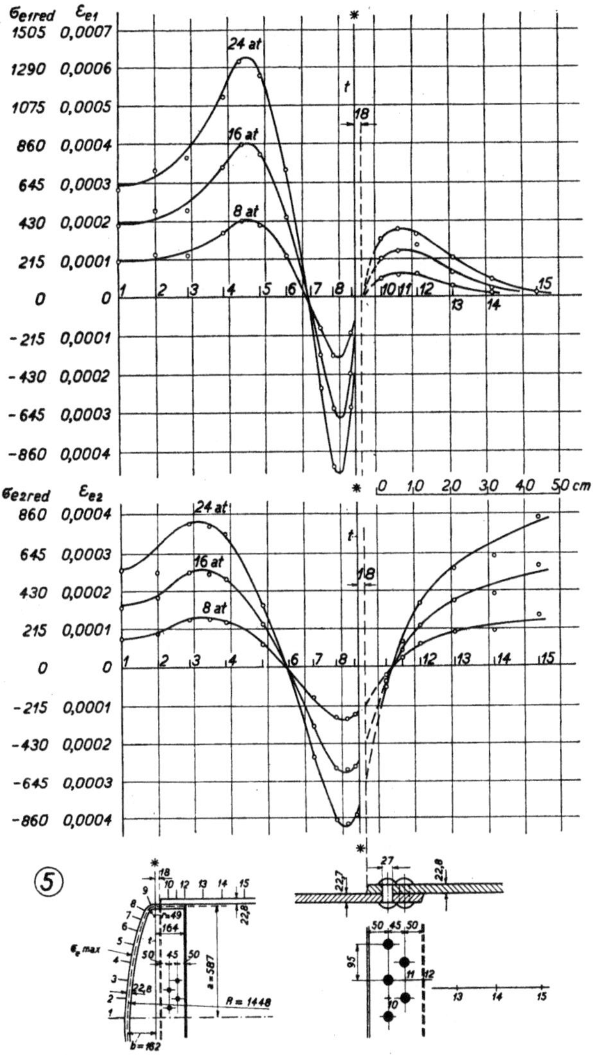

Abb. 24. Korbbogenförmiger Boden Nr. 5 eines Dampfkessels.
$p = 24$ at (Betriebsdruck 16,5 at).

jenigen von der Krempe zur Wölbung. Dem zweiten ist es offenbar zuzuschreiben, daß die Welle der Spannungen sich am höchsten über der Wölbung erhebt; man vergleiche die Spannungspläne der Korbbogenböden 1 sowie 6—9. Beim Bodenscheitel senkt sich die Welle, dies zeigt sich bei allen Korbbogenböden. Bei elliptischen dagegen wird der höchste Wert der Spannung im Scheitel selber erreicht.*)

Bei der Ellipse sind die Spannungen dem Meridian entlang somit besser verteilt als beim Korbbogen, namentlich bleiben sie

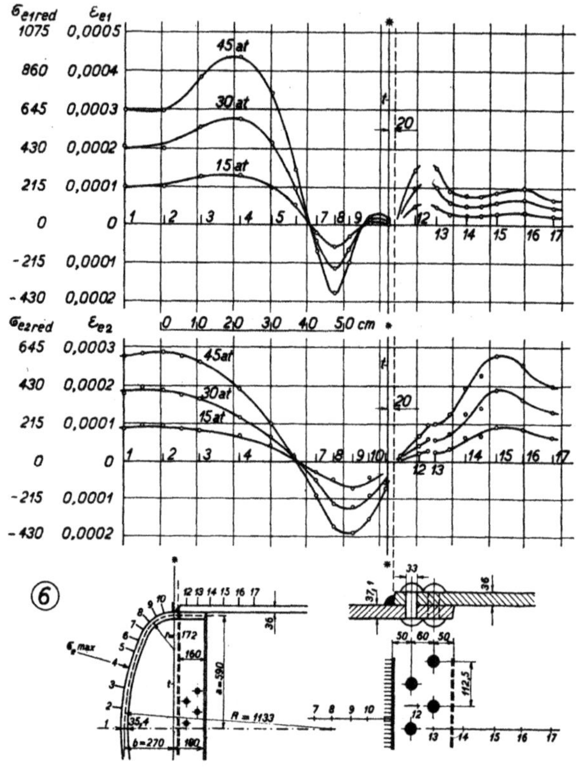

Abb. 25. Korbbogenförmiger Boden Nr. 6 eines Dampfkessels. $p = 45$ at (Betriebsdruck 34 at).

in der Krempe unter denjenigen eines Korbbogens mit nämlichen Werten a und b. Nur darf beim elliptischen Boden die Anschluß-

*) Dies gilt praktisch genau genug auch für Boden 10, Meridianschnitt. Siebel und Körber haben indessen beim elliptischen Boden D_{II}, der 3,5 cm Blechdicke mißt, festgestellt, daß das Spannungsmaximum unmittelbar neben dem Scheitel liegt. Beim Boden D_I mit der Blechdicke 2,0 cm war der Höchstwert der Spannungen im Scheitel selber.

stelle an den Mantel, d. h. die Rundnaht nicht etwa an die Stelle verlegt werden, über welcher die Spannungen den höchsten Wert annehmen; die Bruchgefahr würde sonst von der Krempe auf die Rundnaht übertragen. Dies gilt hauptsächlich für den Meridian.

Die Spannungswellen erreichen, wie die Abb. 20 bis 29 erkennen lassen, vier Höchstwerte, zwei über den Mantel, wovon die

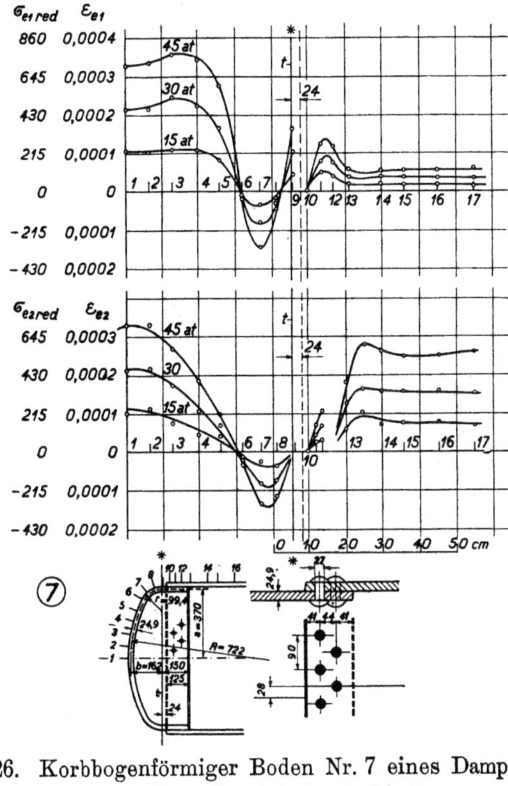

Abb. 26. Korbbogenförmiger Boden Nr. 7 eines Dampfkessels. $p = 45$ at (Betriebsdruck 34 at).

erste nur sehr schwach ist, und zwei über dem Boden. An diesen Stellen des Bodens übersteigen die wirklichen Spannungen die Membranspannungen, d. h. diejenigen, die für Teile eines Hohlkörpers, welchen Biegungsspannungen nicht innewohnen, berechnet werden können. (Zylindermantel, Hohlkugel, Hohlring.)

Die Meridian- und Ringspannungen an der Oberfläche verlaufen nicht synchron; in Scheitel und Krempe fallen indessen die Phasen zusammen. Anders verhält es sich mit den Innenspannungen.

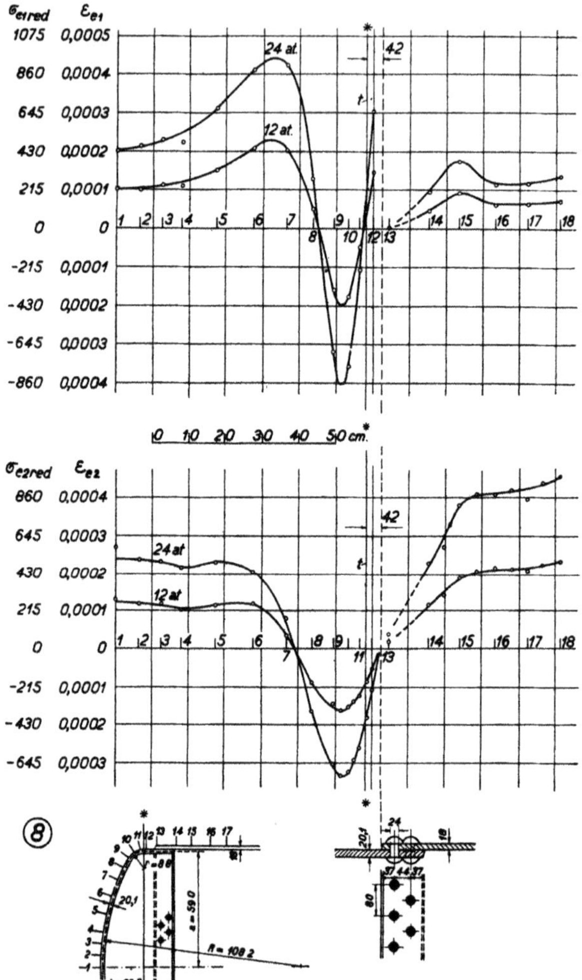

Abb. 27. Korbbogenförmiger Boden Nr. 8 eines Dampfkessels. $p = 24$ at (Betriebsdruck 10,5 at).

Die innenseitigen Ringspannungen folgen ziemlich genau denen der Oberfläche; die Meridianspannungen laufen an der Krempe denjenigen der Oberfläche entgegen. Im Scheitel sind alle Spannungen gleich gerichtet. Gefährlich werden die Innenspannungen an der Krempe, infolge hoher Inanspruchnahme des Materials durch Biegungs- und Schubspannungen. Die Vermutung darf ausgesprochen werden, daß zwischen Wellenerhebung und Wellenlänge ein Zusammenhang

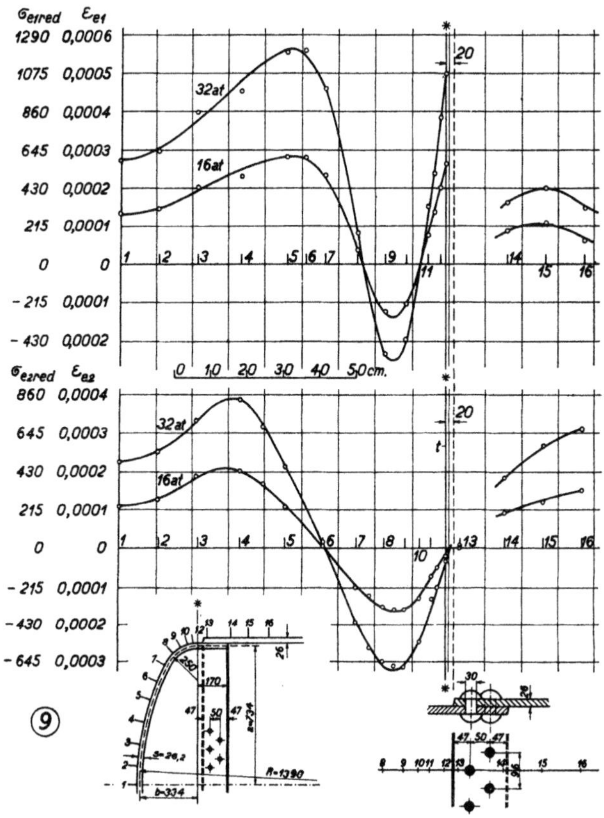

Abb. 28. Korbbogenförmiger Boden Nr. 9 eines Dampfkessels. $p = 32$ at (Betriebsdruck 17 at).

besteht, daraufhin deutet unter anderem die Höhe der Spannungen (σ_B) im Scheitel bei den verschiedenen Böden. In der Abb. 30 ist der Quotient $\sigma_B : \sigma_B'$ als Ordinate aufgetragen über Werten von $r : R$ als Abszissen, wobei σ'_B die Membranspannung bedeutet, entsprechend

$$\sigma'_B = \frac{p\,R}{2\,s} \tag{48}$$

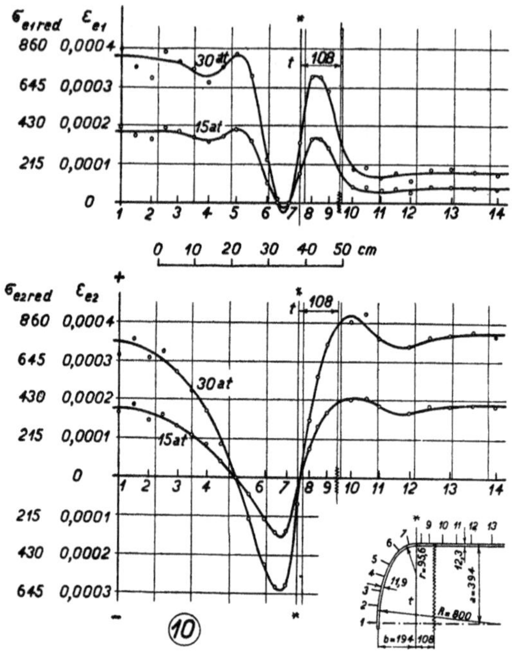

Abb. 29. Elliptischer Boden Nr. 10. $p = 30$ at.

Die Werte für σ_B und σ'_B entstammen den Zahlentafeln III und IV, Reihen 12 und 13. Die Zürcher Versuche sind durch runde Punkte, die Düsseldorfer durch Dreieckpunkte gekennzeichnet. Viereckpunkte bedeuten elliptische Böden. Erreicht am Bodenscheitel die wirkliche (durch Messung ermittelte) Spannung den Wert der Membranspannung, so ist $\sigma_B : \sigma'_B = 1$. Nun aber finden sich ganz erhebliche Abweichungen.

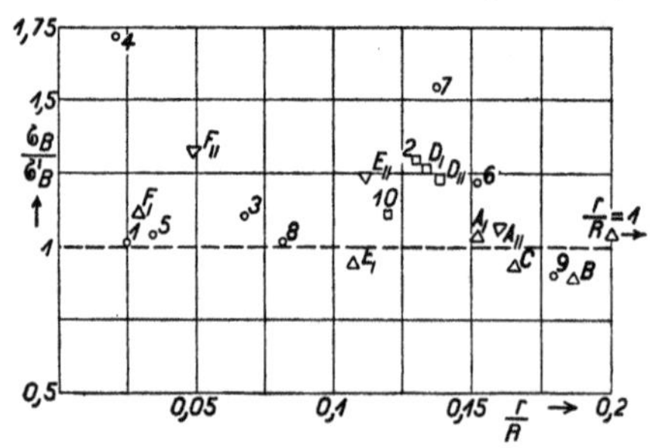

Abb. 30. Wirkliche (σ_B) und gerechnete (σ'_B) Spannungen für die Scheitel der Böden, bzw. Wert des Quotienten $\sigma_B : \sigma'_B$.

Zwei Punkte, mit 4 und 7 bezeichnet, liegen weit ab von der mittleren Ordinaten 1. Punkt 4 fällt nicht sehr in Betracht; der von Hand geschmiedete Boden 4 war etwas unregelmäßig geformt. Dagegen fand sich bei Boden 7 alles in Ordnung. Nun läßt der Spannungsplan dieses Bodens (Abb. 26) erkennen, daß der Spannungshöchstwert sehr nahe beim Scheitel liegt; die Spannungswelle konnte auf der kurzen Strecke nicht abklingen (dieser Spannungsverlauf sieht überhaupt demjenigen von elliptischen Böden ähnlich, was darauf hindeutet, daß der Krümmungsprung etwas ausgeglichen ist). Die Verhältnisse von Boden 9 (Abb. 28), damit in Vergleich gestellt, zeigen, daß hier im Gegenteil der Spannungshöchstwert so weit vom Scheitel absteht und bis dorthin so stark abklingen kann, daß am Scheitel die wirkliche (d. h. red.) Spannung unter die Membranspannung fällt, sodaß $\sigma_B : \sigma_B' < 1$ (Abb. 30). Daß die Werte für die elliptischen Böden (quadratische Punkte) über dem Membranwert 1 liegen, leuchtet ein; bis zum Scheitel findet eine stetige Zunahme der Krümmung statt. Jedenfalls behalten diejenigen, welche den Krümmungsverhältnissen eines Bodens nur nebensächliche Bedeutung beimessen, nicht recht. Wie wir sehen, hängt der Spannungsverlauf auf dem Meridian eines Bodens in empfindlicher Weise von der Art ab, wie der Meridian gekrümmt ist.

4. Ueber die äußere Form der untersuchten Korbbogenböden.

Für einen Korbbogenboden hat die Erzeugende die zweckmäßigste Form, für die der Quotient aus den beiden Krümmungshalbmessern r und R den Höchstwert erreicht, wie in Kapitel 1

Zahlentafel V.

Zweckmäßiger Wert $r' : R'$ für gegebene Werte a und b für die Korbbogenböden 4—9.

Boden	a cm	b cm	r cm	R cm	r'	R'	$\frac{r}{R}$	$\frac{r'}{R'}$
4	89,5*	21,32*	5,17*	249,4*	12,2	345,6	0,0207	0,0354
5	58,7	16,16	4,94	144,8	9,5	194,8	0,0341	0,0488
6	59,0	27,0	17,25	113,3	18,1	116,4	0,152	0,155
7	37,1	16,32	9,94	72,3	10,8	76,1	0,1376	0,1417
8	59,0	22,8	8,8	108,2	14,5	137,9	0,0813	0,1051
9	73,4	33,4	25,0	139,0	22,3	145,6	0,1798	0,1533

*) Bis halbe Blechdicke gemessen.

nachgewiesen. Der Zusammenhang wird dann durch Gleichung (20) gegeben. Wenn wir untersuchen wollen, ob der nämliche Zusammenhang auch bei den untersuchten Korbbogenböden besteht, so sind die Werte a und b als Grundmaße aufzufassen. Krempen- und Wölbungshalbmesser folgen dann aus den Gl. (21) und (22). In dieser Weise sind die Werte r' und R' der Tafel V berechnet worden, wogegen r und R durch Messung ermittelt sind. Hat der Boden die zweckmäßige Form, wie hier mehrmals besprochen, so wird der Wert $r' : R'$ der Tafel für den betr. Quotienten erreicht. Der Wirklichkeit entspricht aber der Wert von $r : R$ der Tafel. Wir erkennen daraus, daß die untersuchten Böden von der zweckmäßigen Form mit

$$\frac{r}{R} = \frac{\sqrt{k^2+1}-k}{\sqrt{k^2+1}-1}$$

mehr oder weniger abweichen; Boden 6 bildet eine Ausnahme. Leider trifft die nämliche Feststellung für sehr viele der heute hergestellten Böden zu, wie schon die Angaben von Preislisten beweisen. In den meisten Fällen ist der Meridian ohne weitere Überlegung aus zwei Kreisbögen zusammengesetzt worden. Es bleibt der Zukunft vorbehalten, daß die Verhältnisse besser werden.

Daß starkes Abweichen des wirklichen Wertes $r : R$ vom zweckmäßigen Wert für den betreffenden Boden ungünstige Spannungsverhältnisse zur Folge hat, zeigt die Lage von Punkt 9 in Abb. 34.

5. Lage der Dehnungs-Höchstwerte.

Die Zahlentafel VI enthält für die Korbbogenböden 4 bis 9 die Abszissen ξ_4 bis ξ_6 für die Dehnungs-Höchstwerte, nämlich

ξ_4 Abszisse für den Höchstwert der Dehnungen $+\varepsilon_{e1}$ für die Wölbung (Meridian),

ξ_5 Abszisse für den Höchstwert $-\varepsilon_{e1}$ für die Krempe (Meridian),

ξ_6 Abszisse für den Höchstwert $-\varepsilon_{e1}$ für die Krempe (Ringrichtung).

Alle diese Abszissen sind auf a bezogen; die wahre Länge ergibt sich aus $\xi \cdot a$. Von Bedeutung sind die Abszissen ξ_5 der Höchstwerte der Krempendehnungen, diese fallen praktisch zusammen mit den Höchstwerten der Krempenspannungen (ξ_5 und ξ_6 haben fast nämliche Werte; die Höchstwerte von $-\sigma_{e1\,red}$ und $-\sigma_{e2\,red}$ sind nur sehr wenig gegeneinander verschoben). Wir wollen nun die Werte ξ_5 mit denjenigen von ξ_1 vergleichen; ξ_1 ist gemäß Abb. 6 die Abszisse der Stelle, an der r des Korbbogens $= \rho$; ρ ist der Krümmungshalbmesser der Ellipse. Für die Berechnung von ξ_1 dient die dem Kap. 1 entnommene Gleichung

$$\xi_1 = \sqrt{\frac{\left(\frac{r k^2}{a}\right)^{\frac{2}{3}} - k^2}{1 - k^2}} \qquad (29)$$

für r, a und b sollen die gemessenen Werte eingesetzt werden, obwohl diese von den theoretisch richtigen (bzw. zweckmäßigen) etwas abweichen. Die Tafel zeigt, daß alle Werte ξ_1 größer sind als ξ_5, das heißt $(\xi_1 - \xi_5) > 0$. Die Stelle, wo $r = \rho$ (Abszisse ξ_1) steht weiter von der Umdrehungsachse ab als diejenige, an der das Spannungsmaximum an der Krempe auftritt (Abszisse ξ_5).

Zahlentafel VI.

Abszissen (bezogen auf a) der Orte größter Dehnungen für die Korbbogenböden 4—9.

ξ_4 Wölbung (Meridian), ξ_5 und ξ_6 Krempe (Meridian und Umfang).

Boden	ξ_4	ξ_5	ξ_6	ξ_1	$\xi_1 - \xi_5$	$\rho_{(5)}$ cm	r cm	$\rho_{(5)} - r$ cm
4	0,668	0,989	0,993	0,999	0,010	8,09	5,17	2,92
5	0,603	0,978	0,978	0,997	0,019	6,78	4,94	1,84
6	0,498	0,907	0,944	0,966	0,059	26,61	17,25	9,36
7	0,420	0,908	0,933	0,970	0,062	16,4	9,94	6,5
8	0,707	0,961	0,966	0,999	0,038	15,2	8,8	6,4
9	0,634	0,944	0,948	0,947	0,003	25,7	25,0	0,7

Man kann nun weiter den Nachweis leisten, daß die Ellipse an einer Stelle mit ξ_5 als Abszisse flacher gewölbt ist als der Korbbogen, gleiche Werte für a und b vorausgesetzt. Der Krümmungshalbmesser der Ellipse folgt aus Gleichung (27) von Kap. 1, er soll für die Abszisse ξ_5 ermittelt werden, der entsprechende Krümmungshalbmesser sei mit $\rho_{(5)}$ bezeichnet

$$\rho_{(5)} = \frac{a}{k^2}\left[\xi_5^2(1-k^2)+k^2\right]^{\frac{3}{2}}$$

Die Werte $\rho_{(5)}$ sind in Zahlentafel VI aufgenommen, daneben diejenigen für r. Es stellt sich heraus, daß in allen Fällen $(\rho_5 - r) > 0$, was zu beweisen war. Da die Krempenspannung um so höher ansteigt, je geringer der Halbmesser der Krempe ist, so werden beim elliptischen Boden geringere Krempenspannungen zu erwarten sein. Dies stimmt mit der Beobachtung.

6. Zusammenfassung.

Die Spannungen eines Bodens zeigen wellenförmigen Verlauf auf einem Meridian. Die Wellenerhebungen stehen im Zusammenhang mit der äußern Form eines Bodens, wahrscheinlich auch die Wellenlängen. Die höchste durch Messung ermittelbare Zugspannung kommt bei einem Korbbogenboden außerhalb des Scheitels vor, bei einem elliptischen Boden im Scheitel.

Die Art, wie der Meridian eines Bodens gekrümmt ist, ist von großem Einfluß auf den Spannungsverlauf auf dem Meridian.

Die heute verwendeten Korbbogenböden sind nicht immer zweckmäßig geformt; sie weisen nicht nur geringe Tiefe auf, sondern bei nämlicher Tiefe auch unzweckmäßige Krümmungsverhältnisse. Abweichungen der gelieferten Böden von den Angaben der Zeichnungen kommen häufig vor.

5. Statistik über gebrochene Böden von Dampfkesseln.

1. Veranlassung.

Bei der Schwierigkeit der Aufgabe, gewölbte Böden auf ihre Festigkeit zu berechnen, erscheint es von Wert, Feststellungen aus der Praxis in den Kreis der Betrachtung zu ziehen. Hiezu hat sich der Verfasser bei den Dampfkessel-Ueberwachungsstellen von Deutschland, Frankreich, Oesterreich und dem Saargebiet nach den Böden erkundigt, die wegen Krempenbrüchen ausgewechselt werden mussten. Die Anfragen wurden nach einheitlichem Schema gemacht. In zuvorkommender Weise ist uns meistenteils entsprochen worden; den betreffenden Stellen sei hiefür unser verbindlicher Dank ausgesprochen. Diese Statistik wird durch Böden schweizerischer Kessel ergänzt. Sie macht keinen Anspruch darauf, umfassend zu sein; man hätte ja auf der ganzen Welt Umfrage halten müssen. Sie gewährt jedoch einen Einblick in das, was sich in wenigen Ländern innerhalb kurzer Zeit in dieser Sache zugetragen hat. Durch sie wird die Notwendigkeit, das Bodenproblem einer Lösung entgegenzuführen, ins hellste Licht gerückt. Die Tatsache, daß innerhalb 4—6 Jahren in wenigen Ländern des europäischen Kontinentes weit über 300 Böden wegen angebrochener Krempen ausgewechselt werden mußten, ist dazu geeignet, solche Fachleute zu bekehren, die bisher der Bodenfrage nur geringe Bedeutung beigemessen haben. Zu den ausgewechselten Böden kommen noch mehr als ein Dutzend solcher, welche wegen Krempenbrüchen Explosionen verursacht haben, hinzu (wir haben darauf verzichtet, die betr. Statistik mit Angaben über die Verluste von Menschenleben oder über angerichtete Sachschaden zu erweitern).

2. Ausgewechselte Böden.

a) Statistik des Verfassers. Zu unserer Kenntnis sind bis zur Drucklegung dieses Kapitels 344 Böden gelangt, die wegen Krempenbrüchen in den letzten 4—6 Jahren ausgewechselt werden mussten. Der Platz fehlt dazu, Angaben im einzelnen zu machen; die Zusammenfassungen geben ein genügend genaues Bild.

Zahlentafel VII.

Böden, die wegen Krempenbrüchen ausgewechselt werden mußten, nach ihren Krümmungsverhältnissen ($r:R$) zusammengestellt.

%	Anzahl	$\frac{r}{R}$	p_{max} at	p_{min} at	s_{max} cm	s_{min} cm	σ'_{Bmax} kg/cm²	σ'_{Bmin} kg/cm²	a_{max} cm	a_{min} cm	Alter (Jahre) grösstes	Alter (Jahre) kleinstes
1,2	4	$\leq$ 0,015	15	8	2,6	1,8	638,5	535,5	89,1	77,0	7	2
10,5	36	$\leq$ 0,020	16	5,5	3,45	1,4	653	561,0	124,3	54,2	19	7
32,0	110	$\leq$ 0,025	18	8	2,9	1,8	712	423,5	99,0	59,05	29	3
27,6	95	$\leq$ 0,030	15	9	2,6	1,7	653,5	458,5	94,85	59,1	35	6
6,1	21	$\leq$ 0,035	16	10	2,4	1,5	660	491	93,85	56,7	20	5
13,4	46	$\leq$ 0,040	16	8	2,8	1,5	635	362,5	88,8	52,55	37	2
4,3	15	> 0,040	20	8	2,3	1,1	620	418	89,3	58,15	16	3
4,9	17	Abmessungen nicht genügend bekannt.										
100,0	344											

Zahlentafel VIII.

Böden, die wegen Krempenbrüchen ausgewechselt werden mußten, nach der Wanddicke geordnet.

%	Anzahl	s cm	$\frac{r}{R}$ max	$\frac{r}{R}$ min	p_{max} at	p_{min} at	σ'_{Bmax} kg/cm²	σ'_{Bmin} kg/cm²	Alter (Jahre) höchstes	geringstes
7,5	26	$\leqq 1,5$	0,12820	0,01632	13	5,5	650	508	15	3
32,6	112	$\leqq 2,0$	0,04790	0,01246	18	8	690	377	37	2
43,9	151	$\leqq 2,5$	0,05025	0,01446	20	8,6	712	362,5	30	4
9,3	32	$\leqq 3,0$	0,03635	0,01175	18	12	649,5	465,5	20	5
2,6	9	$> 3,0$	0,01950	0,01670	16	13	653	615	9	7
4,1	14	Abmessungen nicht genügend bekannt.								
100,0	344									

In Zahlentafel VII sind die Böden nach ihren Werten von $r:R$ (wobei r und R bis zur halben Blechdicke gemessen werden) geordnet, in Zahlentafel VIII nach der Blechdicke. Der Dampfdruck, dem die Böden unterlagen, die Membranspannung σ'_B, die die Rechnung gemäß Gleichung (48), S. 51, ergibt, sowie das Alter sind in den Zusammenstellungen angegeben.

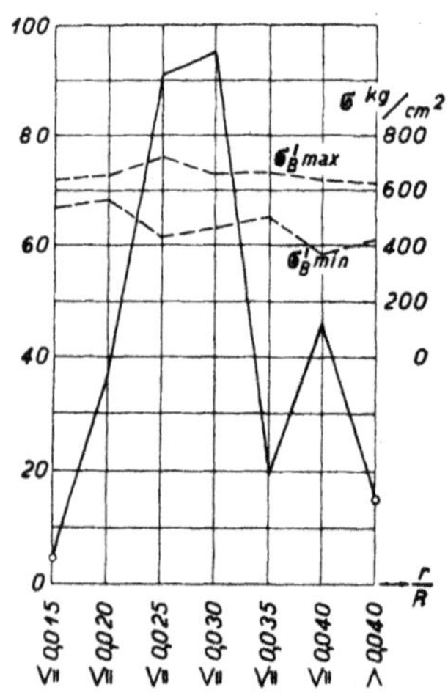

Abb. 31. Zahl der ausgewechselten Böden, nach den Krümmungsverhältnissen ($r:R$) geordnet.

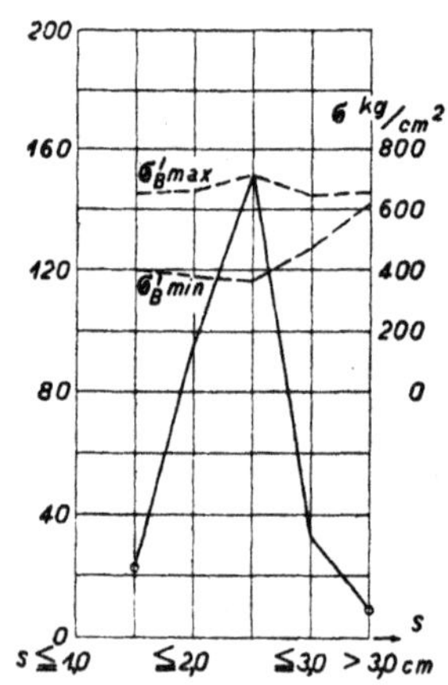

Abb. 32. Zahl der ausgewechselten Böden nach der Blechdicke (s) geordnet.

Leider waren die Angaben über die Bodentiefe lückenhaft, so daß das Tiefenverhältnis (k) nicht genügend berücksichtigt werden konnte. Böden, welche, ohne Brüche aufzuweisen, ausgewechselt worden sind, weil der gleich geformte zweite Boden der nämlichen Trommel gebrochen ist, sind berücksichtigt; ihre Zahl mag $^1/_4$ der ganzen erreichen. Zur bessern Veranschaulichung der Statistik dienen Abb. 31 und 32, denen die Zahlen der Tafeln VII und VIII zugrunde liegen (ein kleiner Unterschied liegt vor, weil die Zahlentafeln etwas später zusammengestellt worden sind, als die Abbildungen gezeichnet).

b) Statistik des Zentralverbandes der Preussischen Dampfkessel-Ueberwachungsvereine. Während die obige Statistik bearbeitet wurde, erschien ohne Vorwissen des Verfassers als erste Veröffentlichung des genannten Zentralverbandes ein Aufsatz von Obering. Ebel (M'Gladbach): Ergebnisse einer Statistik über Krempenbrüche an unverankerten, flachgewölbten Kesselböden (Selbstverlag des genannten Verbandes, Halle a. d. Saale). In dieser Statistik ist das Material der meisten preussischen Vereine verarbeitet.

Zahlentafel IX.

Böden, die wegen Krempenbrüchen ausgewechselt werden mußten, nach ihren Krümmungsverhältnissen ($r:R$) zusammengestellt.

Auszug aus der Statistik des Zentralverbandes der Preußischen Dampfkessel-Überwachungsvereine.

%	Anzahl	$\frac{r}{R}$	p_{max} at	p_{min} at	s_{max} cm	s_{min} cm	σ'_{Bmax} kg/cm²	σ'_{Bmin} kg/cm²	a_{max} cm	a_{min} cm	Alter (Jahre) grösstes	Alter (Jahre) kleinstes
4,6	9	$\leqq$0,020	15	10	3,3	1,8	653	490,5	108,35	59	29	9
21,7	43	$\leqq$0,025	15	8,5	3,25	1,5	653,3	427	93,85	58,85	30	9
29,8	59	$\leqq$0,030	16	8	2,6	1,65	653,5	462,5	88,95	59,1	40	5
21,7	43	$\leqq$0,035	15	12	2,6	0,85	644	453	78,75	64,575	20	5
12,1	24	$\leqq$0,040	14	6	2,4	1,4	659,5	280	88,85	49,3	37	10
3,5	7	> 0,040	18	12	2,5	1,9	706	411	93,85	53,5	19	5
6,6	13	Abmessungen nicht genügend bekannt.										
100,0	198											

Zahlentafel X.

Böden, die wegen Krempenbrüchen ausgewechselt werden mußten, nach der Wanddicke geordnet.

Auszug aus der Statistik des Zentralverbandes.

%	Anzahl	s cm	$\frac{r}{R}$ max	$\frac{r}{R}$ min	p_{max} at	p_{min} at	σ'_{Bmax} kg/cm²	σ'_{Bmin} kg/cm²	Alter (Jahre) grösstes	Alter (Jahre) kleinstes
3,5	7	$\leq$ 1,5	0,03598	0,02351	12	6	602,5	280	33	19
43,4	86	$\leq$ 2,0	0,04320	0,01922	15	8	659,5	377	40	6
43,0	85	$\leq$ 2,5	0,04521	0,01989	18	8,5	706	398	30	5
3.1	6	$\leq$ 3,0	0.03475	0,02451	15	12	638	453	20	9
2,5	5	> 3,0	0,02175	0,01854	15	13	653	650	10	9
4,5	9	Abmessungen nicht genügend bekannt.								
100,0	198									

Die Gesamtzahl der gemeldeten Schäden erstreckt sich auf 112 Kesselanlagen, worunter 17 Kessel von feuerlosen Lokomotiven, insgesamt 198 beschädigte Böden von 109 Kesseln. Die Böden sind sehr eingehend behandelt, die Statistik des Zentralverbandes bringt von jedem Boden Zahlen und Angaben, deren Kenntnis wichtig erscheint. Einen Einblick in die Ergebnisse dieser Statistik gewähren die Zahlentafeln IX und X. Abbildungen würden ganz ähnlich aussehen wie die bereits gebrachten Abb. 31 und 32.

3. Explosionen.

Diese sind in der Zahlentafel XI zusammengefaßt. Sie gelangten zur Kenntnis des Verfassers durch die mitteleuropäische Fachliteratur und greifen bis auf ungefähr 8 Jahre zurück. Außer den angeführten 15 Explosionen sind aus der nämlichen Literatur und im nämlichen Zeitraum noch weitere Fälle bekannt, jedoch nur in unbestimmter Weise. Es steht fest, daß auch in außerkontinentalen und namentlich außereuropäischen Industriestaaten eine erhebliche Zahl von Kesselexplosionen, z. Teil solche mit schweren Folgen, durch Krempenbrüche der Böden herbeigeführt wurde, dies geht ebenfalls aus der Literatur hervor.

4. Zusammenfassung.

Die Statistik zeigt, daß die Membranspannungen der Böden (σ'_B) nach der Kugelformel gerechnet, in keinem Fall übertrieben

Zahlentafel XI. **Böden, die wegen Krempenbrüchen Kesselexplosionen herbeigeführt haben.**

Jahr der Explosion	s cm	p at	r cm	R cm	$\frac{r}{R}$	a cm	b cm	$\frac{a}{b}$	σ'_B kg/cm²	Art des Kessels	Lage der Anrißstelle	Alter (Jahre)
1919	1,5	12	5,7	150,7	0,0378	59,3	23,7	2,5	603	feuerlose Lokomotive	Wasserraum	20
1919	1,2	3,25	—	—	—	74,4	—	—	—	Knochendämpfer	—	30
1919	3,0	14	3.0	151,5	0,0198	73,5	—	—	353,5	Wasserrohrkessel	—	11
1920	1,06-1,8*	15	1,73-5,63*	151,0	0,01146 ÷ 0,03725	59,4	—	—	629	Steilrohrkessel	Wasserraum	4
1921	2,4	13	5,2	211,2	0,0246	78,8	~20,0	3,94	572	Wasserrohrkessel	Wasserraum	13
1921	2,2	13	5,1	221,0	0,0231	83,4	20,0	4,17	653	feuerlose Lokomotive	ringsherum	6
1922	1,3	10	3,1	170,6	0,0181	64,4	—	—	656	Wasserrohrkessel	—	10
1923	1,1	7	0	565,0	0	249,0	62,0	4,01	1797	Flüssigkeits-Behälter	ringsherum	—
1923	1,7	—	3,25	150,85	0,0215	67,65	—	—	—	Wasserrohrkessel	—	—
1925	2,1	14	4,55	171,0	0,0266	69,0	19,0	3,65	570	Wasserrohrkessel	ringsherum	13
1925	1,8	15	5,9	151,0	0,0391	59,0	16	3,68	629	feuerlose Lokomotive	ringsherum	13
1925	1,9	12	6,2	181,0	0,0345	74,0	20	3,70	572	Schrägrohrkessel	halber Umfang	17
—	1,43	6	5,93	220,7	0,0269	109,3	—	—	463	Behälter	—	—

2 weitere Böden, deren Maße nicht bekannt sind.

* Der Boden war sehr unregelmäßig beschaffen.

groß sind. Es handelt sich auch nicht um Kessel mit neuzeitlichen hohen Betriebsdrücken oder Dampftemperaturen. Es wird nicht zu bestreiten sein, daß der Grund der Krempenanbrüche in erster Linie in der unzweckmäßigen äußern Form der Böden zu suchen ist. Andere Ursachen mögen mitwirken, z. B. solche der Materialbeschaffenheit und Materialbehandlung. Es kam z. B. oft vor, daß der eine Boden brach, während der andere gleich geformte des nämlichen Kessels im gleichen Zeitpunkt Spuren von Anbrüchen nicht aufwies. Aber es sind nach der Ueberzeugung des Verfassers Ursachen zweiter Ordnung.

Der Abb. 31 und den entsprechenden Zahlentafeln gemäß steigert sich die Zahl der angebrochenen Böden bis zu einem Höchstwert, der für ein bestimmtes Verhältnis von $r:R$ eintritt, für $r:R = 0{,}025$ bis 0,030. Dieser Höchstwert kann aus der höhern Beteiligung der betr. Böden gefolgert, kann aber auch in causalen Zusammenhang mit der Bodenform gebracht werden. Daß Böden mit einem Verhältnis $(r:R) > 0{,}30$ der Bruchgefahr in steigendem Masse entrückt sind und daß der Linienzug in Abb. 31 von da an fällt, läßt sich leicht einsehen. Daß anderseits Böden mit $(r:R) < 0{,}025$ mehr und mehr brechen müssen, ist ebenso folgerichtig; der Linienzug müßte daher von da nach links ansteigen, statt fallen.

Aehnlich verhält es sich mit dem Höchstwert des Linienzuges von Abb. 32. Es wäre gewagt, Schlüsse zu ziehen, dass Böden der Bruchgefahr am meisten ausgesetzt sind, wenn die Blechdicke 2 bis 2,5 cm beträgt. Anderseits haben wir gesehen, daß dünne Bleche durch Biegungs- und Schubspannungen weniger leiden als dickere, dass im allgemeinen dünnes Blech überhaupt zäher ist als dickes.

Aus den zugekommenen Mitteilungen ergibt sich, daß die Brüche weitaus am häufigsten unter der Linie des mittleren Wasserstandes im Kessel verlaufen. Erklärungen hiefür sind schwierig zu geben; in der Statistik des „Zentralverbandes“ ist diese Erscheinung näher besprochen.

Erhöhter Bruchgefahr sind Böden von Kesseln ausgesetzt, bei denen der Betriebsdruck stark schwankt, z. B. solcher feuerloser Lokomotiven. In der Statistik des „Zentralverbandes“ sind 17 Kessel derartiger Lokomotiven aufgezählt, bei denen die Böden ersetzt werden mussten, auch in der Tafel XI über die Explosionen sind diese Kessel mehrfach vertreten. Die Ursache darf mit der allgemeinen Erkenntnis in Zusammenhang gebracht werden, daß das Material seine Widerstandsfähigkeit um so rascher verliert, je häufiger die Beanspruchung sich ändert oder wechselt.

Das Alter der Böden spielt keine Rolle in dem Sinne, daß die Brucherscheinungen daran gebunden wären. Was die Preßriefen als Ausgang für Risse anbelangt, so macht Hr. Ebel darauf aufmerksam, daß solche ebenso oft im Dampf- wie im Wasserraum der Kessel liegen. Es sind aber keine Brüche bekannt, die im Dampfraum allein verlaufen. Das Vorhandensein von Mannlöchern war nicht von erwähnenswertem Einfluß auf die Rißbildung in den Krempen.

6. Die Berechnung gewölbter Böden auf ihre Festigkeit.

1. Grundlage.

Es ist heute noch nicht möglich, die Spannungen, die an einem beliebigen Punkte eines Bodens auftreten, durch Rechnung zu bestimmen; die Ergebnisse der Messungen erlauben aber, die Böden auf dem Weg der Annäherung auf ihre Festigkeit zu berechnen. Die Spannungspläne von Kap. 4 beweisen, daß die Böden an zwei Stellen der Oberfläche Höchstspannungen erleiden, Zugspannungen über der Wölbung, Druckspannungen über der Krempe. Es soll im folgenden versucht werden, die Bodenberechnung auf die Grundlage dieser äußerlich erkennbaren Höchstwerte zu stellen. Dabei sollen die Versuche von Siebel und Körber mit benützt werden; die Zürcher und Düsseldorfer Arbeiten ergänzen sich in sehr wertvoller Weise.

2. Die Berechnung der Korbbogenböden.

a) Die Spannungen über der Wölbung. Den Spannungsplänen und Zahlentafeln früherer Kapitel gemäß treten, wie oben angedeutet, die höchsten Zugspannungen bei Korbbogenbögen in der Wölbung, d. h. zwischen Krempe und Scheitel, auf und zwar im Meridian. Die durch Dehnungsmessung erkennbaren Spannungen werden red.

Spannungen genannt. Aus diesen werden die Spannungen unter Anwendung von Gleichung (45) ermittelt. Der Ort der höchsten Spannung fällt nicht zusammen mit demjenigen der höchsten red. Spannung; durch Probieren muß ermittelt werden, auf welcher Ordinate im Spannungsplan die Summe ($\sigma_{e1\,red} + 0{,}3\,\sigma_{e2\,red}$) den höchsten Wert erreicht. Die zugehörige Abszisse gibt den gesuchten Ort für die Meridianspannung. Von der Ermittlung der höchsten Ringspannung σ_{e2} kann abgesehen werden, sie bleibt dem Wert nach unter derjenigen des Meridians.

Die red. Spannungen $\sigma_{e1\,red}$ und $\sigma_{e2\,red}$, deren Summe ($\sigma_{e1\,red} + 0{,}3\,\sigma_{e2\,red}$) ein Maximum für die Wölbung ergibt, sind in den Zahlentafeln III und IV aufgenommenen (Reihen 15 und 16) unter der Bezeichnung $\sigma_{W1\,red}$ und $\sigma_{W2\,red}$; ebenso die hieraus ermittelten Höchstspannungen für den Meridian σ_{W1} (Reihe 17). Diesen Wert stellen wir in Vergleich mit der Membranspannung σ'_B, für deren Berechnung Gleichung (48), S. 51, Anwendung findet; der Wert des Quotienten $\sigma_{W1} : \sigma'_B$ ergibt das Maß, um welches die Höchstspannung σ_{W1} die Membranspannung σ'_B übersteigt. Diese Werte werden in Abb. 34 als Ordinaten aufgetragen; die Abszisse ist in Werte des Krümmungsverhältnisses ($r : R$) eingestellt.

Es entsteht die Frage, ob eine solche Einteilung der Abszissenachse richtig und auch zweckmäßig sei; sie könnte noch in anderer Weise vorgenommen werden, z. B. nach Werten von $a : b$ ($= k$) oder $r : a$ oder $rb : aR$. Solche Einteilungen sind vom Verfasser geprüft worden. Bevor ich hierauf eintrete, muss nochmals an den geometrischen Zusammenhang der Elemente R, r, a und b, aus denen ein Korbbogen sich zusammensetzt, erinnert werden. Dem Konstrukteur ist gewöhnlich a, der Mantelhalbmesser, bekannt; von den übrigen ergeben sich die einen nach Wahl, die andern müssen in entsprechender Weise berechnet werden. Bei der Annahme von b oder k sind folgende Gleichungen zu verwenden:

$$r = \frac{a^2 + b^2 - a\sqrt{a^2 + b^2}}{a + b - \sqrt{a^2 + b^2}} = a\,\frac{k^2 + 1 - k\sqrt{k^2 + 1}}{k^2 + k - k\sqrt{k^2 + 1}} \qquad (21)$$

$$R = \frac{a^2 + b^2 - b\sqrt{a^2 + b^2}}{a + b - \sqrt{a^2 + b^2}} = a\,\frac{k^2 + 1 - \sqrt{k^2 + 1}}{k^2 + k - k\sqrt{k^2 + 1}} \qquad (22)$$

Die obere Gleichung durch die untere dividiert, ergibt

$$\frac{r}{R} = \frac{\sqrt{k^2+1}-k}{\sqrt{k^2+1}-1} = \left(\frac{r}{R}\right) max. \tag{20}$$

d. h. der betr. Korbbogen weist die zweckmäßigste Form auf, wie im Kap. 1 bewiesen wurde. Ausschließlich dann gelten die Gleichungen (21) und (22); in andern Fällen können r und R durch Probieren gefunden werden. Nur auf diese Weise kann auch der Korbbogen gezeichnet werden, vom den bloß a und r bekannt sind. Ist dazu noch R gegeben und b wird gesucht, so wird man die allgemeinen Gleichungen (5), (6) und (7) benützen. Diese Aufgabe liegt häufig vor bei der Nachprüfung der äußern Form der Böden.

Handelt es sich um einen Boden, für den das größte Krümmungsverhältnis $(r:R)_{max}$ gegeben ist, so wird der Zusammenhang durch die Gleichung

$$b = 2\,r - a\,\frac{r}{R} \tag{49}$$

gefunden (diese wird erhalten aus folgenden Beziehungen, die sich aus Abb. 1 erkennen lasssen

$$tg\,x_1 = \frac{b}{a} = \frac{a-r}{R-b}$$

$$(a-r)^2 + (R-b)^2 = (R-r)^2$$

Beide Gleichungen werden entwickelt und die eine von der andern abgezogen, um b^2 zu eliminieren).

Für Korbbögen mit dem Höchstwert von $(r:R)$ kann der Zusammenhang mit den übrigen Größen, namentlich mit a, in der Abb. 33, S. 66, überblickt werden. Die Abbildung ist innerhalb der gebräuchlichen Grenzen $k = 2$ bis 4 benützbar und ergänzt Zahlentafel I. Sie enthält die Werte von $r:a = f(k)$ und $R:a = f(k)$ gemäß den Gleichungen (21) und (22). Ist $(r:R)_{max}$ gegeben, so kann k der Abbildung entnommen werden, wogegen die Rechnung umständlich ist.

Zurückkommend auf die Art der Einteilung der Abszissenachse der Abb. 34 verdient diejenige nach dem Krümmungsverhältnis $(r:R)$ den Vorzug vor derjenigen nach Werten $a:b$ oder $r:a$, weil der Konstrukteur, der den Boden entwerfen muß, sich vor allem um die Krümmung an der Krempe und in der Wölbung zu kümmern hat. Für die Beurteilung eines Bodens mit Bezug auf seine Festigkeit ist a nur wichtig wegen des Verhältnisses $a : b$, denn hiedurch wird der Wert von $r : R$ bedingt (Gleichung 20). Der Korbbogen ist bestimmt, wenn von ihm der Wert des Krümmungs- oder Tiefenverhältnisses ($r : R$ oder $a : b$) und eine der Größen r, R, a und b bekannt ist; er ist dagegen nicht bestimmt, wenn der Wert des

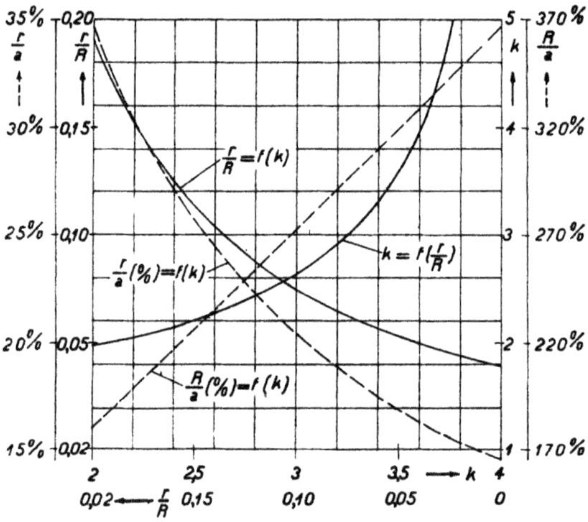

Abb. 33.

Werte von $(r/R)_{max} = f(k)$, $r/a = f(k)$, $R/a = f(k)$ und $k = f(r/R)_{ma}$

Verhältnisses $r : a$ und a der Größe nach bekannt ist; hiezu ist noch nötig, einen der Werte von b, R oder $r : R$ zu kennen. Dies ist ein zweiter Grund, $r : R$ vorzuziehen. Einen dritten sieht der Verfasser darin, daß sich dann Punkte, deren Ordinate den Wert des Quotienten $\sigma_{W1} : \sigma'_B$ haben, deutlich und regelmäßig über das Zeichnungsblatt verteilen, im Gegensatz zur Darstellung in Funktion von $a : b$. Dies zeigt sich in der Abb. 39, wo die Punkte mehr haufenweise gelagert sind. Die Verteilung der Punkte, wie dies in Abb. 34 zum Ausdruck kommt, läßt verallgemeinerte Schlüsse mit einiger Sicherheit zu, und dies ist erheblich. Daß r und R bis zur halben Dicke gemessen werden, stützt sich darauf, daß als Grundlage zur Berechnung der Böden auf Festigkeit die Membranspannung genommen wird; r im Lichten gemessen würde Abweichungen, die zu falschen Darstellungen führen, ergeben. Der Fall, daß $r = s : 2$, bei dem mit einer Krempenkrümmung gerechnet wird, wo keine vorhanden ist, kommt tatsächlich nicht vor.

Für die Punkte von Abb. 34 soll ein gesetzmäßiger Zusammenhang gefunden werden. Dies wird mit genügender Annäherung durch Einzeichnen des gestrichelten Bogens, eines Stückes einer

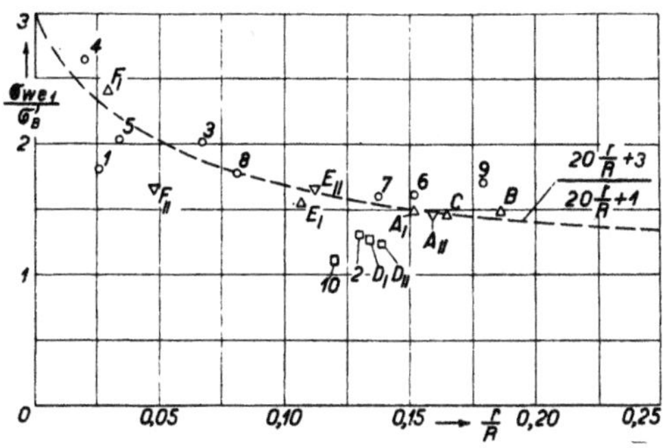

Abb. 34. Werte des Quotienten $\sigma_{W1} : \sigma'_B$ in Funktion von $r : R$. Die Dreieckpunkte nehmen auf die Düsseldorfer, die runden auf die Züricher Versuche Bezug. Viereckpunkte betreffen elliptische Böden.

gleichseitigen Hyperbel, deren natürliche Achsen zu denen von Abb. 34 verschoben sind, erreicht. Ihre Gleichung lautet

$$20\,w\,\frac{r}{R} - 20\,\frac{r}{R} + w = 3$$

Mit w soll der Wert des Quotienten $\sigma_{W1} : \sigma'_B$ bezeichnet werden. Daraus wird

$$\frac{\sigma_{W1}}{\sigma'_B} = w = \frac{20\,\frac{r}{R} + 3}{20\,\frac{r}{R} + 1} \qquad (50)$$

Für $r : R = 0$ geht der Korbbogen wegen $r = 0$ in einen Kreisbogen (CKA von Abb. 1) über, dann wird $w = 3$. Dieser Boden wird gemäß Gleichung (54) 3mal dicker als eine Kugelwand mit der Spannung $= \sigma'_B$ (Membranspannung). Das nämliche gilt für $R = \infty$.

Für $r : R = 1$ wird $w = 1{,}095 \sim 1{,}1$, d. h. die Wand des Halbkugelbodens wird 1,1mal so dick als diejenige einer gleich weiten Hohlkugel, welcher die Spannung σ'_B innewohnt. Die Zugabe von 9,5 oder rund 10% rechtfertigt sich im Hinblick auf die am Halbkugelboden auftretenden Biegungsspannungen.

b) Erster Vorschlag für die Berechnung von Korbbogenböden. Um einen Boden zu berechnen, gehen wir davon aus, daß derjenige am widerstandsfähigsten ist, bei dem der Meridian dem entsprechenden Ellipsenbogen am nächsten kommt. Die Versuche haben dies bestätigt. Der Quotient $r:R$ des Korbbogens nimmt dann den höchstmöglichen Wert an. Unter dieser Voraussetzung ist das Tiefenverhältnis k maßgebend, zudem muß auf das Krümmungsverhältnis $r:R$ des Meridians Rücksicht genommen werden. Diesen Forderungen genügt folgende Gleichung:

$$s = \frac{p\,k\,t}{K}\,w \qquad \text{(cm)} \qquad (51)$$

Der Beiwert w ist derjenige von Gleichung (50). Der Wert t sei so gewählt, daß für einen Boden, dessen Tiefenverhältnis $k = 2$ und halbe Weite $a = 100$ cm, und bei dem das Krümmungsverhältnis $r:R$ den höchsten Wert hat, im Scheitel eine Membranspannung von rd. 700 kg/cm² vorausgesetzt wird. Dann kann man schreiben

$$s = \frac{pR}{1400} = \frac{p\,k\,t}{3600}\,\frac{20\,\frac{r}{R}+3}{20\,\frac{r}{R}+1} \quad \text{für } k = 2 \text{ und } \left(\frac{r}{R}\right)\max$$

R und $r:R$ folgen aus Zahlentafel I. Hieraus erhalten wir $t = 165$ für $a = 100$. Die Rechnung zeigt, daß die Größe t zur halben Bodenweite verhältnisgleich ist; daher $t = 165\,a:100$.

Die Gleichung, die für die Berechnung der Wanddicke von Korbbogenböden vorgeschlagen wird, lautet

$$s = 1{,}65\,\frac{p\,a\,k}{K\,z}\,\frac{20\,\frac{r}{R}+3}{20\,\frac{r}{R}+1} \qquad \text{(cm)} \qquad (52)$$

gültig für $k > 2$. z trägt der Schwächung des Bodens durch Mannlöcher usw. Rechnung, $z < 1$.

Damit ist die Gleichung zur Berechnung der Korbbogenböden aufgebaut; wir sind unabsichtlich zu einer solchen gelangt, die den Krümmungshalbmesser des Scheitels einer Ellipse enthält, die zu den nämlichen Halbachsen gehört, welche dem Korbbogen zugrunde liegen; denn $ak = a^2 : b = \rho''$. Die Berücksichtigung der Bodentiefe b bzw. des Tiefenverhältnisses k führt zu diesem Ergebnis. r und R sind die Halbmesser, aus denen sich der Korbbogen zusammensetzt; ihr Verhältniswert braucht nicht der maximale zu sein, er ist der vorgefundene.

Die Tragweite der Gleichung (52) soll an Hand eines Beispiels erörtert werden, von Böden mit $a = 100$ cm konstant, die also in einen Zylindermantel von etwas mehr als 2 m lichte Weite eingefügt werden können. $p = 10$ at, Festigkeit des Materials $K = 3600$ kg/cm², $z = 1$. Dabei soll das Tiefenverhältnis veränderlich sein und innerhalb k auch die Gestaltung des Meridians. Für $(r : R)_{max}$ können die Werte von r und R der Tafel I entnommen werden. Die Werte für die Wanddicke s dieses Beispiels sind in Abb. 35 in Ordinatenrichtung aufgetragen und ergeben die gestrichelten Linienzüge; die Abszissenachse ist eingeteilt in Werte des Winkels α im Sinne von Abb. 1 und 3 (dort ist der gleiche Winkel mit x bezeichnet). Zu jedem beliebigen Winkel α gehört ein bestimmter Meridian, entsprechend den Ausführungen von Kap. 1. Zu den umkreisten Punkten gehören Meridiane, bei denen das Krümmungsverhältnis $r : R$ den Höchwert annimmt, entsprechend der Stellung M_1F des Fahrstrahls in Abb. 1 oder den Höchstwerten der Bögen in Abb. 3. Links und rechts der umkreisten Punkte (Abb. 35) steigen die gestrichelten Bögen, beide Äste sind symmetrisch zur Ordinate durch den umkreisten Punkt, entsprechend den Verhältnissen der Abb. 3. Das heißt: die Dicke wächst für Böden der nämlichen Weite und Tiefe; der Boden mit dem günstigsten Meridian erhält die geringste Dicke. Für die Anwendung fallen bloß Böden entsprechend den Ästen rechts von den umkreisten Punkten in Betracht. Die mit Kreuz bezeichneten sind Böden ohne Krempe ($r = 0$), entsprechend der Stellung M_2A des Fahrstrahls von Abb. 1 oder den Endpunkten rechts von Abb. 3.

Bei diesem Vorschlag setzen wir uns darüber hinweg, daß zwischen dem umkreisten und dem angekreuzten Punkt (Abb. 35)

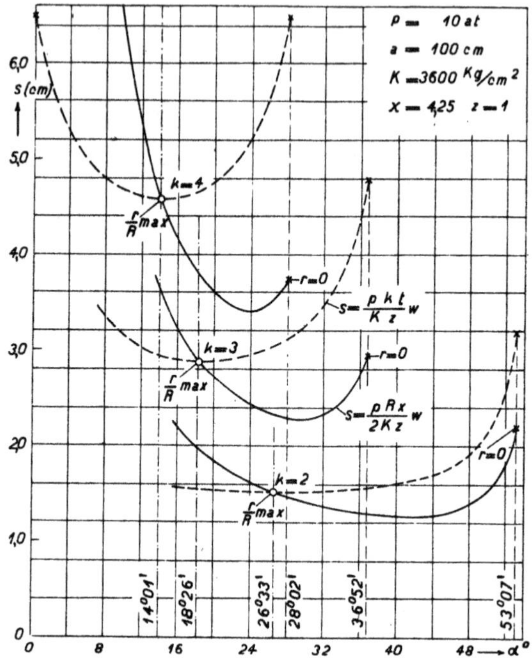

Abb. 35. Bodendicke s für Böden mit der konstanten Weite $2\,a = 200$ cm, jedoch ungleichem Tiefenverhältnis ($k = 2$, 3 und 4).

Gestrichelt gemäß $s = \frac{p\,k\,t}{K\,z}\,w$, ausgezogen gemäß $s = \frac{p\,R\,x}{2\,K\,z}\,w$

wobei $w = \frac{20\,\frac{r}{R} + 3}{20\,\frac{r}{R} + 1}$. Abszisse α in Winkelgraden gemäß Abb. 3.

der Wölbungshalbmesser stetig abnimmt. Man darf nicht vergessen, daß der Krempenhalbmesser noch rascher sinkt und in der mit Kreuz bezeichneten Stellung verschwindet, so daß dort $r : R = 0$.

c) Zweiter Vorschlag für die Berechnung der Korbbogenböden. Der erste Vorschlag stößt, wenigstens so wie die Dinge heute liegen, auf eine Schwierigkeit, die in der genauen Kenntnis des Tiefenverhältnisses k liegt. Die Bodentiefe b ist meistens nicht bekannt; sie kann zwar aus den allgemeinen Gleichungen (5) bis (7) berechnet werden, aber nur umständlich. Es soll daher auch der Versuch gemacht werden, den Korbbogenboden nach bisherigen Gesichtspunkten zu berechnen, d. h. als Teil einer Hohlkugel, auf Grund der Membranspannung, obwohl diese Auffassung nur für den Halbkugelboden zutrifft und zu Trugschlüssen führt, wenn die Bodentiefe ab- oder der Wölbungshalbmesser zunimmt (z. B. würde gemäß Gleichung $\sigma = pR : 2s$ die Spannung $\sigma = \infty$ für $R = \infty$, in Abweichung von der Wirklichkeit). Die Membranspannung wird mit Gleichung (48) S. 51 ermittelt; die in Wirklichkeit auftretende höhere Beanspruchung wollen wir durch Vervielfachung mit einem Beiwert w berücksichtigen gemäß folgender Gleichung

$$s = \frac{pR}{2\sigma} w \qquad \text{(cm)} \qquad (53)$$

σ kann ersetzt werden durch $K : x$; außerdem wird das bekannte Festigkeitsverhältnis z eingeführt bei geschwächter Wand. Dann lautet die Gleichung

$$s = \frac{pRx}{2Kz} w = \frac{pRx}{2Kz} \frac{20\frac{r}{R} + 3}{20\frac{r}{R} + 1} \qquad \text{(cm)} \qquad (54)$$

für x sei der Wert 4,25 vorgeschlagen, für z bei Vollböden 1, beim Vorhandensein von Mannlöchern ein solcher < 1. Das Krümmungsverhältnis $r : R$ ist das an dem betr. Boden vorhandene und braucht nicht das maximale zu sein.

Zur Beurteilung von Gleichung (54) benützen wir das frühere Beispiel eines Bodens mit $a = 100$ cm und veränderlichen Werten von $r : R$ bzw. veränderlichem Meridian bei nämlichem k. Die ausgezogenen Bögen von Abb. 35 sind auf die Bodendicke, die mit Gleichung (54) berechnet ist, anwendbar. Es zeigt sich

a) Die Bodendicke nimmt ab rechts von den Punkten $(r : R)_{max}$, obwohl sich das Krümmungsverhältnis $r : R$ verschlechtert.

b) Die Bodendicke erreicht einen Mindestwert zwischen dem umkreisten Punkt ($r : R$ = Höchstwert) und dem angekreuzten ($r = 0$).

c) Für Werte von $k > 3$ ist die Bodendicke geringer mit $r = 0$ als mit $(r : R)_{max}$.

Die Abnahme der Wanddicke beruht darauf, daß R, die maßgebende Größe für die Ermittlung der Membranspannung der Kugel, mit wachsendem Winkel α (x in Abb. 3) abnimmt. Wird in Gleichung (54), für R die Gleichung (10) und für $r:R$ die Gleichung (12) berücksichtigt, so können durch Differentiation nach α die Extrema für Gleichung (54) mathematisch ermittelt werden. Wir begnügen uns jedoch mit dem obigen Beispiel, d. h. mit der Darstellung gemäß Abb. 35. Wir stellen fest, daß, wenn bei der Bodenberechnung auf den Wölbungshalbmesser abgestellt wird, wie dies früher gemäß der Formel (Hamburger Normen) $s = pR:2\sigma$ allgemein geschah, die Wanddicke um so dünner wird, desto geringer das Verhältnis $r:R$, desto kleiner also auch der Krempenhalbmesser ist. Möge der vom Verfasser vorgeschlagene Beiwert w gemäß Gleichung (50) auch durch einen andern ersetzt werden, so wird sich dieser grundsätzliche Mangel der Kugelgleichung, d. h. des ersten Teils von Gleichung (54) nicht beheben lassen. Dennoch wollen wir im folgenden versuchen, die Abnahme der Bodendicke bei der Verschlechterung des Verhältnisses $r:R$ durch weitere Maßnahmen auszugleichen.

d) Krempe. Zu diesem Zweck sollen die Festigkeitsverhältnisse an der Bodenkrempe noch besonders betrachtet werden. Erst wollen wir versuchen, die Membranspannung an der Krempe zu ermitteln, ähnlich wie für die Wölbung (Gleichung 53) von der Membranspannung der Kugelwand ausgegangen wurde. Der Korbbogen kann als ein Gebilde aufgefaßt werden, zusammengesetzt aus Abschnitten einer Halbkugel und eines Hohlringes, wie in Abb. 1, S. 6 durch einen gestrichelten Kreis angedeutet. Bei dieser Auffassung werden weder die im Trennungsschnitt auftretenden Biegungs- noch Randspannungen berücksichtigt, obwohl beide erhebliche Werte annehmen; sie bewahren jedoch in dem einzuführenden Quotienten $\sigma_{Ki}:\sigma'_{Ki}$ ihre Geltung. Mit σ_{Ki} soll die durch Messung gefundene Spannung, mit σ'_{Ki} die Membranspannung bezeichnet werden (die genauere Bezeichnung für σ_{Ki} wäre σ_{Kei}, weil nur außenseitige Spannungen berücksichtigt sind). Die Aufgabe vereinfacht sich, weil unter diesen Voraussetzungen der Spannungszustand des Hohlringausschnittes der ebene ist.

A. Föppl gibt in seiner Festigkeitslehre*) die Gleichung an, nach welcher die Meridianspannung eines dünnwandigen ringförmigen Gefäßes von kreisförmigen Querschnitt unter innerem Ueberdruck berechnet werden kann; mit den Bezeichnungen von Abb. 1 lautet diese

$$\sigma_1 = p \frac{r}{2s} \frac{2(a-r)+u}{a-r+u} \tag{55}$$

u bedeutet das Stück, welches die Projektion von $r = EF$ (Abb. 1) auf die grosse Halbachse a ergibt, u kann durch $r \cos \varphi$ ersetzt werden, wobei Winkel $AEF = \varphi$. Dann wird

$$\sigma_1 = \frac{p\,r}{2s} \frac{2(a-r)+r\cos\varphi}{a-r+r\cos\varphi} \tag{56}$$

Für $\varphi = 0$ rückt F von Abb. 1 nach A, (Fall des gewölbten, jedoch krempenlosen Bodens) dann folgt

$$\sigma_1 = \frac{p\,r}{2s} \frac{2a-r}{a} \tag{57}$$

$\varphi = \pi/2$ (F liegt senkrecht über E, Fall des ebenen Bodens mit Krempe, deren Halbmesser $= b$)

$$\sigma_1 = \frac{p\,r}{s} \tag{58}$$

Die Stelle muß ins Auge gefaßt werden, an der die Krempenspannung gemäß den Spannungsplänen (Kap. 4) den Höchstwert erreicht. Dies ist annähernd für $\varphi = 60^0$ der Fall, somit

$$\sigma_1 = \sigma'_{K1} = \frac{p\,r}{2s} \frac{2a-1{,}5\,r}{a-0{,}5\,r} \tag{59}$$

wobei an Stelle von σ_1 nach unserer Bezeichnungsweise σ'_{K1} gesetzt wird. Diese Werte sind für 8 Zürcher und 8 Düsseldorfer Versuchsböden berechnet und in den Zahlentafeln III und IV, Reihe 19

*) Vorlesungen über techn. Mechanik, Bd. 3, S. 333 (1919) B. G. Teubner, Leipzig.

angegeben. Die Zahlenreihe 22 enthält die aus der Messung gefundenen Werte σ_{K1}, berechnet gemäß Gleichung (45).

Die geringe Größe der Werte σ'_{K1} fällt auf. Je geringer der Halbmesser des Hohlringes, desto geringer wird die seiner Wand innewohnende Spannung. In umgekehrtem Sinn wächst aber die wirkliche Krempenspannung. Den großen Einfluß, welche die Biegungs- und Randspannungen an der Krempe tatsächlich nehmen, ist hieraus erkennbar.

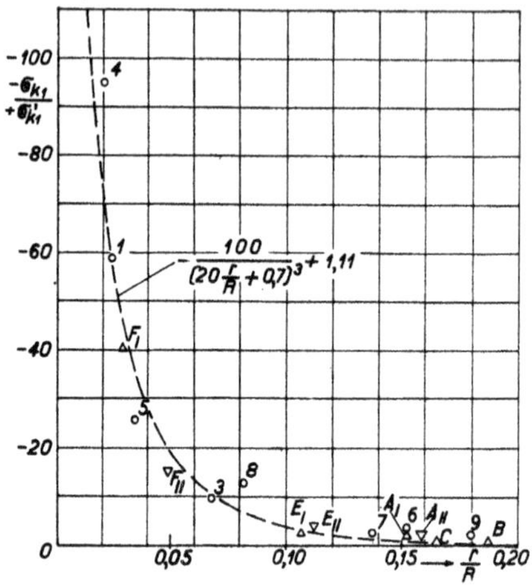

Abb. 36. Werte des Quotienten $\sigma_{K1} : \sigma'_{K1}$ in Funktion von $(r:R)$. Die Dreieckpunkte nehmen auf die Düsseldorfer, die runden auf die Zürcher Versuche Bezug.

Die Werte der Quotienten $\sigma_{K1} : \sigma'_{K1}$ sind ebenfalls in den genannten Zahlentafeln enthalten (Reihe 23), zur besseren Veranschaulichung auch in Abb. 36 als Ordinaten aufgetragen über Abszissen mit dem Wert $r:R$ gemäß früherem Vorgehen. Durch die nur wenig zerstreute Punktreihe läßt sich eine Kurve legen von der Form

$$\frac{-\sigma_{K1}}{+\sigma'_{K1}} = -m = -\frac{100}{\left(20\frac{r}{R}+0{,}70\right)^3} + 1{,}11 \qquad (60)$$

Für $r/R = 0$ (wegen $r = 0$ oder $R = \infty$) wird $m = -292$
„ $r/R = 1$ (Fall des Halbkugelbodens) $m = +1{,}1$ (wie bei Gleichung 50).

Die Kurve sinkt für $r:R = 1$ unter die Abszissenachse.

Das Verhalten der **Ringspannungen** σ_{K2} **an der Krempe** soll im folgenden ebenfalls untersucht werden.

Die Ringspannung σ_2 an einem Hohlring kann ermittelt werden, wenn σ_1 von Gleichung (56) in die allgemeine Beziehung einer doppelt gewölbten dünnen Wand

$$\frac{\sigma_1}{\rho_1} + \frac{\sigma_2}{\rho_2} = \frac{p}{s} \qquad (61)$$

eingeführt wird.*) Dabei bedeuten ρ_1 und ρ_2 die Krümmungshalbmesser des betreffenden Flächenteils. ρ_1 der Krümmungshalbmesser des Hohlrings im Meridianschnitt, (entsprechend dem gestrichelten Kreis von Abb. 1) $= r$, ρ_2 ist senkrecht zur Meridiantangente gerichtet und wird bis zum Schnitt mit der Umdrehungsachse gerechnet, $= FM_1$ von Abb. 1, wobei $\sphericalangle FEA = \varphi$, somit

$$\rho_2 \cos\varphi + r - r\cos\varphi = a$$

$$\rho_2 = \frac{a - r + r\cos\varphi}{\cos\varphi} \qquad (63)$$

Nach σ_2 aufgelöst wird Gleichung (61)

$$\sigma_2 = \left(\frac{p}{s} - \frac{\sigma_1}{\rho_1}\right)\rho_2 \qquad (64)$$

Unter Berücksichtigung von Gleichung (56) für die Meridianspannung σ_1 und (63) für ρ_2 wird

$$\sigma_2 = \frac{p\,r}{2\,s} = \sigma'_{K2} \qquad (65)$$

*) Man hat die Gleichung (61), die allgemeine Gültigkeit für dünne doppelt gewölbte Wände besitzt, dazu benützt, die Spannungen in der Krempe von Korbbogenböden auszurechnen, ein solches Beispiel ist in der Zeitschrift des bayerischen Revisionsvereins (München) 1921, S. 203 (gebrochener Boden des in Dachau explodierten Kessels) nachzulesen. Dabei wird die Gleichung auf die Stelle des Uebergangs der Wölbung zur Krempe angewandt, d. h. auf die Stelle von Punkt F, Abb. 1, also auf diejenige eines Krümmungssprunges. Dabei wird angenommen, die Meridianspannung σ_1 könne der Gleichung (48) entsprechend berechnet werden

$$\sigma_1 = \frac{p\rho_2}{2s} = \frac{pR}{2s} \qquad (48)$$

dann ergibt sich

$$\sigma_2 = \frac{pR}{2s}\left(2 - \frac{R}{r}\right) \qquad (62)$$

Die unmöglich hohen Werte für σ_2, die dabei herauskommen, fallen auf. Es ist zu bedenken, daß Gleichung (61) nur für die stetig gekrümmte Schale gilt und nicht für eine solche mit Krümmungssprüngen, daher die Unstimmigkeit des Ergebnisses. Der betrachtete Boden war ein Korbbogenboden.

Trägt man für die Züricher und Düsseldorfer Versuche die Spannungen σ_2 der Gleichung (64) als Ordinaten über eine Abszissenachse, die in üblicher Weise nach $r:R$ eingeteilt ist, auf, wie bei Abb. 34 geschehen, so geht ein Chaos von Punkten daraus hervor.

Die Ringspannung der Wand eines hohlen Kreisrings (z. B. eines Fahrradschlauches) ist gleich der Spannung an einer Hohlkugel mit einem innern Halbmesser von nämlicher Größe, geringe Wanddicke vorausgesetzt.

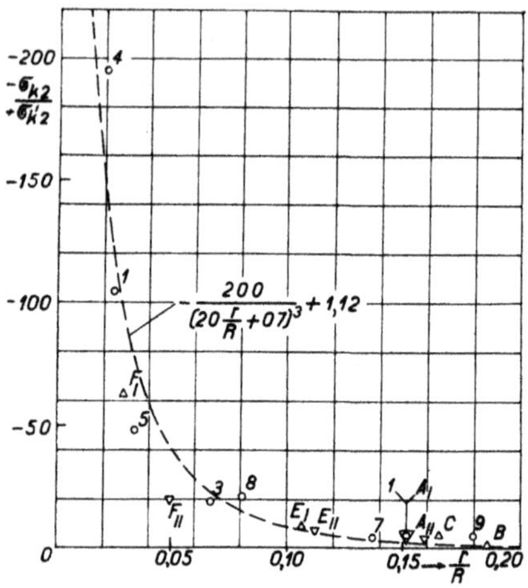

Abb. 37. Werte des Quotienten $\sigma_{K2} : \sigma'_{K2}$ in Funktion von $(r : R)$. Die Dreieckpunkte nehmen auf die Düsseldorfer Versuche, die runden auf die Zürcher Versuche Bezug.

Die Werte für σ_2, nach unserer Bezeichnung σ'_{K2}, sind in den Zahlentafeln angegeben, ebenso diejenigen $-\sigma_{K2}$, berechnet gemäß Gleichung (46), siehe Zahlenreihen 24 und 25. Als zugehörige Werte im Sinne der letztern Gleichung können mit angenäherter Genauigkeit die Höchstwerte der Krempenspannungen angesehen werden. Die Werte des Quotienten $\sigma_{K2} : \sigma'_{K2}$ sind in Abb. 37 in üblicher Weise aufgetragen. Durch die Punktreihe läßt sich ein Bogen legen von der Form

$$\frac{-\sigma_{K2}}{+\sigma'_{K2}} = -g = -\frac{200}{\left(20\frac{r}{R}+0{,}70\right)^3} + 1{,}12 \qquad (66)$$

Für $r/R = 0$ (für $r = 0$ oder $R = \infty$) $\qquad -g = -582$

„ $r/R = 1$ (Fall des Halbkugelbodens) $\qquad -g = +1{,}1$

Mit Berücksichtignng der Gleichung (63) und (64) kann die Bodendicke berechnet werden gemäß

$$s = \frac{p\,r\,x}{2\,K\,z}\,g \qquad \text{(cm)} \qquad (67)$$

wenn σ_{K2} durch $K : x$ ersetzt wird. r ist der Krempenhalbmesser. Der Beiwert g kann noch vereinfacht werden durch Weglassung der Zusatzkonstanten 1,12; g wird positiv genommen. Daher

$$s = \frac{p\,r\,x}{2\,K\,z}\,\frac{200}{\left(20\frac{r}{R}+0{,}70\right)^3} \qquad \text{(cm)} \qquad (68)$$

Die Gleichung (68) für die Berechnung von s ist einfacher zu handhaben als eine solche, die den Beiwert m gemäß Gleichung (60) benützt (diese müßte lauten

$$s = \frac{p\,r}{2\,\sigma}\;\frac{2\,a - 1{,}5\,r}{a - 0{,}5\,r}\;\frac{100}{\left(20\,\frac{r}{R} + 0{,}7\right)^3}).$$

Obwohl die Meridianspannung größer als die Ringspannung ist, kann dennoch diese zur Berechnung der Wanddicke benützt werden.

Für den Sicherheits-Beiwert x schlägt der Verfasser den Wert 4,25 vor. Für z gilt der frühere Vorschlag.

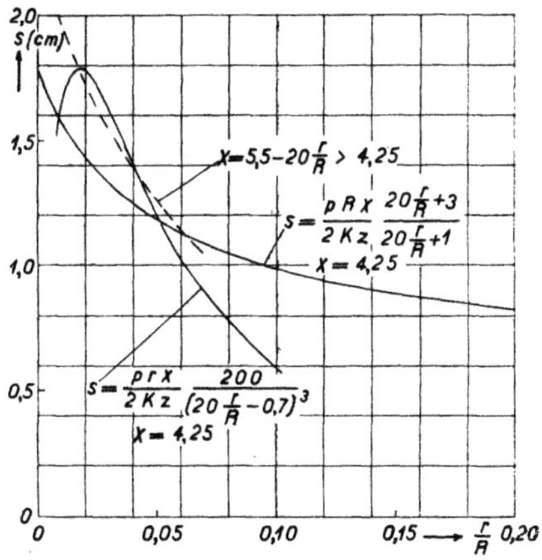

Abb. 38. Dicke eines Bodens, wobei $p = 10$ *at*, $R = 100$ cm konstant und r veränderlich, berechnet gemäß Gleichung (54) und (68).

Die Wanddicke eines korbbogenförmigen Bodens hat somit nicht nur der Gleichung (54) sondern auch (68) zu genügen; dabei ist die größere Wanddicke zu wählen. Die Wanddicke, die sich nach jeder dieser Gleichungen ergibt, soll als Beispiel für einen Boden von gleicher äußerer Form berechnet werden, wobei $p = 10$ at, $R = 100$ cm konstant, r veränderlich ist und $x = 4{,}25$, $z = 1$. Die Werte für die Bodendicke sind in Abb. 38 als Ordinaten in Vergleich gestellt, die Abszissenachse ist nach Werten von $r : R$ eingeteilt.

Die Abbildung lässt erkennen, dass die Bodendicke, berechnet

gemäss $s = \dfrac{p\,R\,x}{2\,K\,z}\;\dfrac{20\,\frac{r}{R} + 3}{20\,\frac{r}{R} + 1}$ mit abnehmdem r in gleicher Weise

zunimmt wie der Bogen w von Abb. 34; Höchstwert für $r = 0$, d. h. $r : R = 0$.

Der Höchstwert der Bodendicke gemäß Gleichung

$$s = \frac{p\,r\,x}{2\,K\,z}\;\frac{200}{\left(20\,\frac{r}{R} + 0{,}7\right)^3}$$ wird gesucht, indem man $\frac{d\,s}{d\,r} = 0$

setzt. Da in der Gleichung blos r veränderlich ist, ist ihre Form $s = c_1 r\ (c_2 r + c_3)^{-3}$. s_{max} ergibt sich für $r:R = 0{,}0175$. Die Formel ist also auf diesen untern Wert ihrem Bereich nach zu begrenzen oder besser auf $r:R = 0{,}02$. Im Gebiet der Dampfkessel und Druckbehälter ist eine solche Begrenzung nur erwünscht.

Beide Gleichungen geben die nämliche Bodendicke ungefähr für $r:R = 0{,}05$.

Würden die Werte, die Gleichung (68) für einen Boden mit $a = 100$ cm ergibt, in Abb. 35 eingetragen, so würden die betreffenden Linien zwischen den gestrichelten und den durchgezogenen verlaufen.

Gleichung (68) ist etwas verwickelter Art. Eine einfachere Lösung läßt sich finden durch Anwendung der Gleichung (54) in der x veränderlich ist. Die gestrichelte Linie der Abb. 38 entspricht einer Bodendicke berechnet nach dieser Gleichung, also gemäß

$$s = \frac{p\,R\,x}{2\,K\,z}\;\frac{20\,\frac{r}{R} + 3}{20\,\frac{r}{R} + 1} \quad \text{(cm)} \qquad (54)$$

wobei $x = 5{,}5 - 20\,r/R$, mindestens aber $= 4{,}25$.

Die Art der Einspannung des Bodens, ob genietet oder geschweißt, konnte bei diesen Formeln nicht berücksichtigt werden.

3. Die Berechnung elliptisch geformter Böden.

Die Membranspannung im Scheitel (σ'_B) wird für die elliptische Schale berechnet wie für die Wand einer Hohlkugel mit dem nämlichen Halbmesser, d. h. nach Gleichung (48).*)

---

*) Die Membranspannung einer elliptischen Schale ist nach Huggenberger (Druckschrift: „Festigkeit elektrisch geschweisster Hohlkörper")

$$\sigma_m = \frac{1}{2}\left[(ak)^2 + x^2(1 - k^2)\right]^{\frac{1}{2}} \cdot \frac{p}{s}$$

Die Zahlentafeln III und IV und die Abb. 21 und 29 lassen erkennen, daß die höchsten Spannungen im Scheitel erreicht werden. Die Werte der Quotienten $\sigma_{WI} : \sigma'_B$ sind in Abb. 34 über Werten von $r : R$ als Abszissen aufgetragen (Viereckpunkte), sie liegen unter denjenigen der Korbbogenböden. Es sei an die Ausführungen von Kap. 1 erinnert, wonach dieser Quotient bei der Ellipse einen kleinern Wert annimmt als beim Korbbogen, für das nämliche Tiefenverhältnis k.

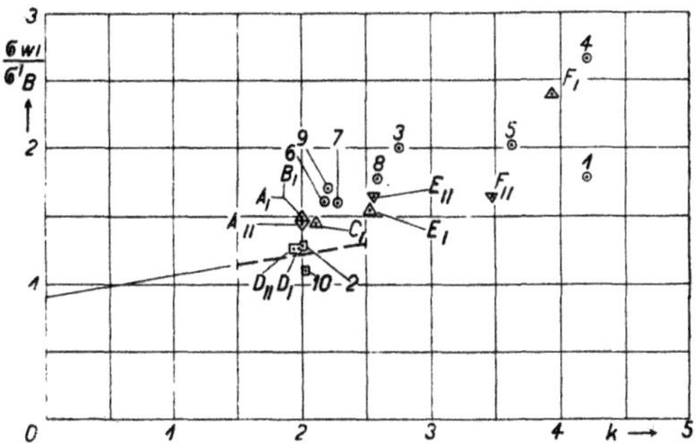

Abb. 39. Werte der Quotienten σ_{WI}/σ'_B in Funktion des Tiefenverhältnisses k; Viereckpunkte gelten für elliptisch geformte Böden. Zahlen: Zürcher Versuche. Buchstaben: Düsseldorfer Versuche.

Man ist daran gewöhnt, eine Ellipse nach dem Wert von k einzuschätzen, nicht von $r : R$. Dieser Quotient wird im Gegenteil erst aus a und b abgeleitet gemäss Gleichung (3). Es liegt daher nahe, die Festigkeit eines elliptischen Bodens gestützt auf k zu beurteilen. In Abb. 39 sind die Werte $\sigma_{WI} : \sigma'_B$ als Ordinaten über Werten von k, in die die Abszissenachse eingeteilt ist, aufgetragen; die Punkte 2, 10, D_I und D_{II} gehören elliptischen Böden an, die betreffenden Ordinaten sind auch in dieser Darstellung niederer als diejenigen der Korbbogenböden. Wir legen durch die Viereckpunkte eine Gerade, sie hat die Form

$$\frac{\sigma_{WI}}{\sigma'_B} = 0{,}65 + 0{,}2\,\frac{a}{b} = e \tag{69}$$

und beschränken, weil nur wenige Punkte in engem Umkreis bekannt sind, die Anwendbarkeit der Gleichung auf das Gebiet inner-

---

$$\sigma_u = [(ak)^2 + x^2(1-k^2)]^{\frac{1}{2}}\left[1 - \frac{1}{2}\,\frac{a^2}{a^2 + x^2\left(\frac{1}{k^2}-1\right)}\right]\frac{p}{s}$$

x ist die Abszisse vom Ellipsen-Mittelpunkt aus.

Mit $a = o$ wird $\sigma_u = \sigma_m = \frac{ak}{2s}\,p = \frac{pR}{2s}$

halb $k = 1{,}9$ bis 2,5. Für die elliptischen Böden, die bis jetzt von den Werken geliefert werden, ist k annähernd $= 2$. Werden später solche mit verändertem Tiefenverhältnis k hergestellt, so kann diese Rechnungsmethode neuerdings geprüft werden.

Für die Berechnung der elliptisch geformten Böden können wir von der Gleichung (51) oder (53) ausgehen und gelangen dann zu der folgenden

$$s = \frac{p\,k\,t'}{K\,z}\,e \qquad (70)$$

$$s = 2{,}1\,\frac{p\,a\,k}{K\,z}\,(0{,}65 + 0{,}2\,k) \qquad \text{(cm)} \qquad (71)$$

gültig für $1{,}9 < k < 2{,}5$. Für Böden von nämlicher Weite und Tiefe ergibt sich ein Unterschied von einigen % in der Blechdicke zugunsten des elliptischen Bodens gegenüber dem Korbbogenboden, dessen Dicke berechnet wird gemäß Gleichung (52); in Abb. 35 würde s etwas unter den durch Kreise bezeichneten Punkten liegen.

4. Die Berechnung des Halbkugelbodens.

Vorgeschlagen wird

$$s = \frac{p\,R\,x}{2\,K\,z}\,1{,}1 \qquad \text{(cm)} \qquad (72)$$

x und z sind wie früher einzuschätzen.

5. Einfluß der Blechdicke.

In den Gleichungen, die als Vorschläge zur Berechnung der Blechdicke gewölbter Böden dienen, ist das Verhältnis von s zu den übrigen Größen ein lineares. Die Frage entsteht, ob im Hinblick auf die Biegungsspannungen s nicht in einer Potenz mit ganzem oder gebrochenem Exponenten in die betreffende Gleichung eintreten sollte. Zur Untersuchung hierüber benützen wir die Versuche von Bach, Kap. 3. Die Membranspannungen σ'_B (Zahlentafel II) werden in Abb. 40 in Funktion der Blechdicke aufgetragen. σ'_B ist gemäß Gleichung (48) berechnet, p ist der Druck, bei dem während des Versuchs der Zunder von der Krempe abfiel.

Die Gruppe der Viereckpunkte gehört zu elliptisch geformten, der Rundpunkt zu Korbbogen-Böden; innerhalb jeder Gruppe ist die äußere Form der Böden die nämliche. Das Tiefenverhältnis wechselt von Gruppe zu Gruppe, die Böden können nur unter diesem Gesichtspunkt miteinander in Vergleich gestellt werden. Abb. 40 läßt erkennen, daß die gestrichelten Linien, welche die Punktpaare untereinander verbinden, zuerst ansteigen, daß mithin die Spannungen im Scheitel wachsen, wenn an der Krempe von dickern Böden der Zunder abspringt. Dabei muß vorausgesetzt werden, daß die Dehnungen bzw. red. Spannungen außen an der Krempe, bei welchen Zunderabspringen erfolgt, dem Absolutwert nach für dicke und dünne Böden die nämliche Höhe erreichen. Dies läßt darauf schließen, daß dickeres Blech seiner Verbiegung bei Böden größeren Widerstand entgegensetzt als dünneres; eine Erscheinung, die bekanntlich bei Balken theoretisch und praktisch abgeklärt ist. Die Widerstandsfähigkeit dickeren Bleches muß zunehmen, je schärfer die Krempe im Meridian gekrümmt ist. Bei der Berechnung der Wanddicke ist dieser Umstand zu berücksichtigen, sofern es keine Gründe gibt, die gegen diese Auffassung sprechen. Es können aber folgende genannt werden.

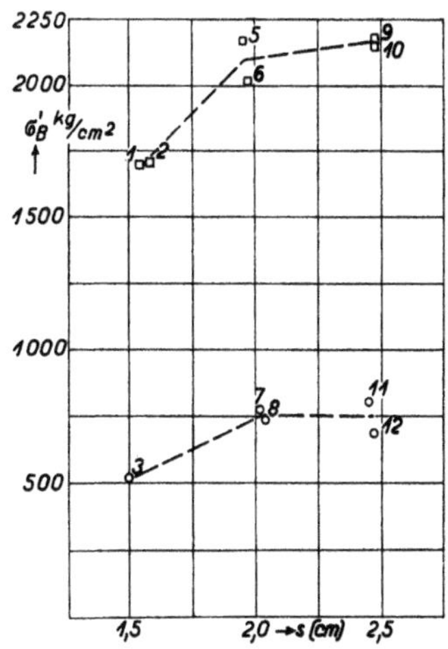

Abb. 40. Membranspannungen σ'_B der Böden der Versuche von Bach in Funktion von s.

Die Düsseldorfer Versuche, bei denen die Böden von Gruppe I 2,0 cm dick waren, der Gruppe II 3,5 cm (Zahlentafel III) weisen große Unterschiede im Verhalten der dickern und der dünnern Böden nicht auf, dies zeigt sich in der eng benachbarten Lage der Punktpaare $A_I\ A_{II}$, $D_I\ D_{II}$ und $E_I\ E_{II}$ in Abb. 34. Der erkennbare Unterschied in den Ordinatenlängen $F_I\ F_{II}$ fällt weniger in Betracht; diese Böden haben nicht die nämliche Tiefe, wie die Zahlentafel zeigt.

Dickeres Blech ist wegen der höheren Anstrengung an der Innenseite der Krempe im Nachteil gegen dünneres. Dies geht aus den Abb. 15 bis 17 und 18 von Kap. 2 hervor und muß in Betracht gezogen werden. Dünneres Blech ist in der Regel auch zäher als dickeres.

In der Abb. 40 wird Steigen der Membranspannungen für Böden mit 1,5 bis 2,0 cm Blechdicke festgestellt, von da an bleiben die Spannungen konstant. Das würde heißen, daß Blech von 2,5 cm Dicke den Biegungsspannungen nicht besser widersteht, als solches von 2,0 cm. Gemäß den Feststellungen von Kap. 5 sind Krempenbrüche bei Böden unter 1,5 cm Wanddicke wenig bekannt geworden, darauf darf in diesem Zusammenhang hingewiesen werden.

Es wäre daher zur Zeit nicht genügend begründet, die Blechdicke s in einem andern Verhältnis in den Gleichungen zur Berechnung der Blechdicke von Böden zu berücksichtigen als in linearem, die Ergebnisse späterer Forschung bleiben vorbehalten. Es ist auch nicht nötig, die Blechdicke eines Bodens so zu bemessen, daß sich dieser nicht durchbiegt. Einer solchen Bedingung wird ein Balken unterworfen, beim Boden spielt lediglich die Bruchgefahr eine Rolle.

6. Zusammenfassung.

Wird der gewölbte Boden als ganzes aufgefasst, so ist er nach seinem Tiefenverhältnis (k) zu bewerten. Von den korbbogenförmigen Böden ist, wie die Versuche beweisen, derjenige der widerstandsfähigste, dessen Meridian dem elliptischen am nächsten kommt, dessen Krümmungsverhältnis ($r:R$) den Höchstwert erreicht. Zur Berechnung der Korbbogenböden auf Grund des Tiefenverhältnisses dient die Gleichung

$$s = 1{,}65\,\frac{p\,a\,k}{K\,z}\,\frac{20\,\frac{r}{R}+3}{20\,\frac{r}{R}+1} \quad \text{(cm)} \qquad (52)$$

gültig für $k > 2$, wobei der Quotient $r:R$ dem vorhandenen Krümmungsverhältnis Rechnung trägt. a, r und R sind bis zur halben Blechdicke zu messen, in erster Annäherung bis zur Innenfläche des Bodens. Bei nämlichem Tiefenverhältnis k erhält der Boden die geringste Wanddicke, bei dem das Krümmungsverhältnis des Meridians $r:R$ den Höchstwert erreicht. Der Beiwert $(r/R+3):(r/R+1)$ wird dann zu einem Minimum.

Soll jedoch in bisheriger Weise der Korbbogenboden auf Grund der Membranspannung einer Kugelwand berechnet werden, so wird die Gleichung vorgeschlagen

$$s = \frac{p\,R\,x}{2\,K\,z}\,\frac{20\frac{r}{R}+3}{20\frac{r}{R}+1} \sim 2{,}1\,\frac{p\,R}{K\,z}\,\frac{20\frac{r}{R}+3}{20\frac{r}{R}+1} \quad (\text{cm}) \qquad (54)$$

In der zweiten Gleichung (54) ist der Sicherheitsbeiwert x mit 4,25 eingesetzt. Das Festigkeitsverhältnis z richtet sich nach der Schwächung des Bodens durch Mannlöcher usw. Die geringste Wanddicke ergibt sich nicht für Böden mit dem zweckmäßigsten (maximalen) Wert des Krümmungsverhältnisses $r:R$, sondern für solche, bei denen $r:R$ zwischen dem Höchstwert und 0 (wegen $r=0$) liegt. Dieser Mangel hängt mit der Rechnungsmethode zusammen, die auf der Membranspannung der Kugel als Grundlage beruht (entsprechend dem ersten Glied der Gleichung 54), wie auch der Beiwert (zweites Glied) lauten möge. Damit solche Böden nicht dünner berechnet werden als mit ihrer Sicherheit verträglich ist, kann als weitere Bedingung aufgestellt werden, daß die Blechdicke der Gleichung genügt

$$s = \frac{p\,r\,x}{2\,K\,z}\,\frac{200}{\left(20\frac{r}{R}+0{,}70\right)^3} \sim 2{,}1\,\frac{p\,r}{K\,z}\,\frac{200}{\left(20\frac{r}{R}+0{,}70\right)^3} \quad (\text{cm}) \quad (68)$$

gültig für $r:R \geqq 0{,}02$. x wie oben $=4{,}25$.

Endlich kann zum gleichen Zweck in Gleichung (54) ein veränderlicher Sicherheitsbeiwert gewählt werden, z. B.

$$x = \left(5{,}5 - 20\,\frac{r}{R}\right) > 4{,}25$$

Von den nach Gleichung (54) und (68) berechneten Blechdicken ist die größere zu nehmen.

Zur Berechnung des Korbbogenbodens verdient Gleichung (52), wie oben begründet, den Vorzug.

Der elliptisch geformte Boden läßt sich berechnen gemäß

$$s = 2{,}1 \frac{p\,a\,k}{K z} (0{,}65 + 0{,}2\,k) \qquad \text{(cm)} \qquad (71)$$

gültig für $1{,}9 < k < 2{,}5$. Der Halbkugelboden gemäß

$$s = 1{,}1 \frac{p\,R\,x}{2\,K z} \sim 2{,}35 \frac{p\,R}{K z} \qquad \text{(cm)} \qquad (72)$$

Algebraisch erscheint s in der ersten Potenz in diesen Gleichungen, was sich begründen läßt. Die Gleichungen nehmen keine Rücksicht darauf, ob die Böden in die Mäntel eingenietet oder an dieselben angeschweißt sind.

7. Vorschläge zur Verstärkung von Böden.

1. Die Untersuchung der Böden auf Risse.

Die Kenntnis der Bedingungen, unter welchen ein Boden gebaut sein muß, damit er nicht bricht, führt zur Einsicht, daß viele Böden heute betriebener Kessel zu schwach gebaut sind oder in dieser Hinsicht auf der Grenze stehen. Der Umstand wirkt etwas beunruhigend, daß Krempenbrüche nur sehr schwer erkennbar sind. Die sogenannten Haarrisse, auch wenn sie beträchtlich, oft mehrere Millimeter, ins Blech vorgedrungen sind, entziehen sich häufig dem Auge, sogar dem mit der Lupe bewaffneten. Die Spuren der Rißbildung zeigen sich erst deutlich, wenn die Kanten der Risse rosten, feine, ringförmig verlaufende rote Linien kommen dann bei der Kesselreinigung zum Vorschein. Schon zu diesem Zeitpunkt muß daher nach Rissen gesucht werden. Später zeigen sich vereinzelte oder reihenweise zusammenhängende Rostpusteln.

Maschinenteile, namentlich Eisenbahnachsen, die auf das Vorhandensein von Haarrissen zu untersuchen sind, werden mit Erfolg so behandelt, daß man sie erst blank putzt und hernach mit einem Gemisch von Lampenruß und Petrol einreibt. Diese Kruste läßt man einen Tag oder wenigstens einige Stunden lang auf dem betreffenden Maschinenteil. Nach erneuter Reinigung läßt leichtes Anwärmen mit der Lötlampe den Riß erkennen, der sich durch Herausquellen der eingeriebenen Masse auf dem blanken Maschinenteil erkennbar macht. Dieses Verfahren läßt sich leider bei Kesseln nicht immer gut anwenden, weil die Wandoberfläche rauh ist.

2. Die Verstärkung schwacher Böden.

Diese kann bewerkstelligt werden: a) durch das Anbringen von Längsankern; b) durch das Aufschweißen von Rippen; c) durch das Aufschweißen von Ringen.

a) Längsanker gemäß Abb. 41/1 wurden früher hie und da zur Entlastung der Böden verwendet, man fragte nicht danach, in welchem Maß der Anker den Boden entlastet. In kaltem Zustand, bei der Wasserdruckprobe dehnt sich der Mantel in achsialer Richtung um einen geringern Betrag wegen zweiachsiger Beanspruchung als der Anker, der einachsig beansprucht ist, auch wenn beiden die nämliche Spannung (einachsig genommen) innewohnen würde. Die Versuche von Bach zeigen aber, daß sich flach gewölbte Böden unter Druck erheblich ausbauchen, mehr als der Anker sich verlängern kann, so daß dieser ohne Zweifel einen Teil der Last übernimmt, um so mehr, je flacher der Boden gewölbt ist. Je länger der Anker, desto größer seine elastische Verlängerung und desto geringer seine Inanspruchnahme. Welches der Spannungszustand des Ankers bei warmem Zustand des Kessels ist, ist erst recht unbekannt; hier kommen Wärmedehnungen von Mantel, Böden und Anker hinzu. In welcher Weise sich die Verlängerungen aus erhöhter Temperatur und diejenigen wegen der Spannung superponieren, weiß man heute nicht.

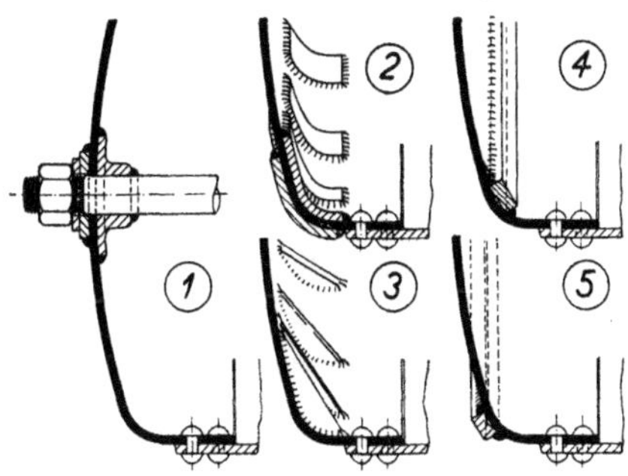

Abb. 41.
Verstärkung schwacher Böden.

Die Schwierigkeit der Befestigung der Längsanker, die Behinderung des Befahrens der Kessel und andere Übelstände lassen dieses Verstärkungsmittel in den Hintergrund treten.

b) Rippen oder Laschen bilden ohne Zweifel ein vorzügliches Verstärkungsmittel, wenn man sie in strahlenförmiger Anordnung an der Innenseite der Böden elektrisch anschweißt (Abb. 41/2 und 3). Die Kosten hiefür sind aber beträchtlich, ausserdem ist die Ausführung schwierig und unsicher, weil viele Rippen „über Kopf“ angeschweißt werden müssen. Durchgehende Rippen fallen weniger in Betracht, weil man sich nicht auf 4 beschränken kann.

c) Einfacher ist es, Ringe anzuschweißen, wie in Abb. 41/4 gezeigt. Die Krempe ist auf Druck beansprucht und biegt sich auch in diesem Sinn durch; ein innenseitiger Ring wird diese Bewegung verhindern. Der Ring wird dann auf Druck beansprucht wie die Krempe selber. Gewisses Bedenken erweckt bloß der Umstand, daß die ringförmig angeordneten Schweißnähte das Blech etwas angreifen, weil ein Teil des zähen Materials an der Blechoberfläche durch härteres Schweißgut ersetzt wird. Die Nähte verlaufen in nämlicher Richtung wie die Risse verlaufen würden, die Verletzung des Materials kann daher der Rißbildung vielleicht sogar Vorschub leisten. Diese Bedenken können zerstreut werden, wenn man den Verstärkungsring außen anordnet gemäß Abb. 41/5. Auch so wird der Ring auf Druck beansprucht, die Nähte ebenfalls. Die Schwächung des Blechs durch die Schweißnähte kann nicht mehr gefährlich werden. Auf der Innenseite bleibt die Krempe der Kontrolle zugänglich. Das Einfachste wird wohl in den meisten Fällen die Auswechslung des gefährdeten Bodens bleiben.

II. Teil

von

Dr. sc. techn. **A. Huggenberger,**

wissenschaftlicher Mitarbeiter des Schweizerischen Vereins von Dampfkessel-Besitzern, Zürich.

Übersicht häufig verwendeter Bezeichnungen und der Voraussetzungen.

„o", „h"	Die Fußnote „o" bzw. „h" besagt, daß sich die betreffende Größe auf die gleichmäßige, biegungsfreie Längung bzw. auf dehnungsfreie Verbiegung der Schalenmittelfläche bezieht.
„1", „2"	Die Fußnote „1" bzw. „2" deutet auf die Richtung hin, auf welche sich die betreffende Größe bezieht: „1": längs des Meridians; „2": längs des Breitenkreises.
„e", „i"	Die Fußnote „e" bzw. „i" bezieht sich auf die äußere bzw. innere Schalenbegrenzungsfläche.
—, o	Ist die Größe „überstrichen" bzw. mit einer seitlich hochstehenden „o" versehen, so gehört sie einem partikulären Integralsystem des inhomogenen Differentialgleichungssystems (Hautspannungen) bzw. der allgemeinen Lösung des homogenen Differentialgleichungssystems ($p = o$, Unstetigkeits- oder Zwangsspannungen) an.
*	Der Stern besagt, daß sich die betreffende Größe auf den Schalenrand bezieht (Randwert, Randbedingung).
„B", „Z"	Die Fußnote „B" bzw. „Z" bezieht sich auf die Boden- bzw. Zylinderschale. Diese Fußnote kommt

nur dann zur Anwendung, wenn eine Verwechslungsmöglichkeit der verschiedenen Größen besteht, also z. B. dann, wenn beide Schalen gleichzeitig untersucht werden.

a Halbmesser des Randbreitenkreises der Schale bzw. Halbmesser der Zylinderschale.

b Bodenschalentiefe, gemessen von der Ebene des Randbreitenkreises ($\alpha = \pi/2$) bis zum Scheitel ($\alpha = o$).

R_1, R_2 Hauptkrümmungshalbmesser der Schalenmittelfläche. R_1 = Krümmungshalbmesser der Meridiankurve, $1/R_1$ Hauptkrümmung der Schalenmittelfläche. R_2 = Krümmungshalbmesser des zur Meriadianebene winkelrecht stehenden Normalschnittes — Länge der Flächennormalen bis zur Drehachse. — $1/R_2$ zweite Hauptkrümmung der Schalenmittelfläche.

R Krümmungshalbmesser im Scheitel der Bodenschale.

r Krümmungshalbmesser in der „Krempe" der Bodenschale.

$s = 2\,h$ konstante Blechdicke.

x, y, z Koordinaten eines beliebig gewählten Punktes der Schale bezüglich des rechtwinkligen Koordinatensystems, dessen Ursprung in der Schalenmittelfläche liegt.

x-Achse fällt mit der Meridiantangente zusammen.

y-Achse ist gleichbedeutend mit der Richtung der Breitenkreistangente.

z-Achse steht normal zur Meridiantangente.

z Abstand des betrachteten Punktes von der Schalenmittelfläche.

α Winkel, den die Normale zur Schalenmittelfläche mit der Drehachse einschließt.

$\beta = \frac{\pi}{2} - \alpha$ Winkel, den die Normale mit der Randbreitenkreisebene ($\alpha = \pi/2$) einschließt.

u Verschiebung eines Punktes der Schalenmittelfläche in Richtung der Meridiantangente.

w Verschiebung winkelrecht zur Schalenmittelfläche.

ϑ Verdrehungswinkel der Flächennormalen infolge Formänderung der Schale.

$\delta\, l_{01}$, $\delta\, l_{02}$ Länge des Linienelementes längs des Meridians bzw. längs des Breitenkreises in der Schalenmittelfläche.

$\delta\,(\delta\, l_{01})$, $\delta\,(\delta\, l_{02})$ seine Längenänderung.

$\Delta\,(\delta\, l_{e1})$, $\Delta\,(\delta\, l_{e2})$ totale Längenänderung (herrührend von der gleichzeitigen Wirkung der reinen Längung und Verbiegung der Schalenmittelfläche) eines auf der äußern Schalenbegrenzungsfläche gelegenen Linienelementes längs des Meridians bzw. längs des Breitenkreises.

ε_{01}, ε_{02} Längungsdehnung längs des Meridians bzw. längs des Breitenkreises, erzeugt durch die gleichmäßig über die Blechdicke verteilten Normalspannungen σ_{01}, σ_{02}. $\varepsilon_{01} =$ Meridianlängungsdehnung, $\varepsilon_{02} =$ Ringlängungsdehnung.

ε_{h1}, ε_{h2} die größte Biegungsdehnung längs des Meridians bzw. längs des Breitenkreises, erzeugt durch die nach dem Geradliniengesetz über die Blechdicke verteilten Biegungsspannungen σ_{h1}, σ_{h2}. Diese treten in der Schalenbegrenzungsfläche auf. $\varepsilon_{h1} =$ Meridianbiegungsdehnung; $\varepsilon_{h2} =$ Ringbiegungsdehnung.

ε_{h1e}, ε_{h2e} Biegungsdehnung an der Schalenaußenseite.

ε_{e1}, ε_{e1} die resultierende Dehnung an der Schalenaußenseite

ε_{i1}, ε_{i2} bzw. Schaleninnenseite.

σ_{01}, σ_{02} gleichmäßig über die Blechdicke verteilte Normalspannung. $\sigma_{01} =$ Meridianlängungsspannung; $\sigma_{02} =$ Ringlängungsspannung.

σ_{h1}, σ_{h2} Biegungsspannung in der Schalenbegrenzungsfläche. $\sigma_{h1} =$ Meridianbiegungsspannung; $\sigma_{h2} =$ Ringbiegungsspannung.

σ_{h1e}, σ_{h2e} Biegungsspannung an der Schalenaußenseite.

σ_{e1}, σ_{e2} totale Normalspannung an der Schalenaußenseite bzw.

σ_{i1}, σ_{i2} Schaleninnenseite.

τ Mittelwert der Schubspannungen in Schnitten normal zum Meridian in Richtung der z-Achse.

T_1, T_2 Spannungskraft, d. h. die Resultierende der auf einen Schnitt von der Höhe der Blechdicke ($2h$) und der Länge 1 wirkenden Normalspannungen σ_{o1}, σ_{o2}.

N die Resultierende der auf einen Schnitt von der Länge 1 wirkenden Schubspannungen.

G_1, G_2 Spannungsmoment, d. h. Biegungsmoment des Kräftepaares, dem die auf den genannten Schnitt wirkenden Biegungsspannungen σ_{h1} bzw. σ_{h2} gleichwertig sind. Das Biegungsmoment wird positiv gerechnet, wenn es im Sinne einer Vergrößerung der Krümmung — Verkleinerung des Krümmungshalbmessers — wirkt, so daß in den Fasern mit positivem z — außenseitig bezüglich der Mittelfläche — positive Biegungsspannungen auftreten.

E Elastizitätsmodul.

ν reziproker Wert der Poisson'schen Zahl (Flußeisen $\nu = 0{,}3$).

$D = \frac{2}{3} \frac{Eh^3}{1 - \nu^2}$ Biegungsteifigkeit der Schale.

$k_B = R_1 \sqrt[4]{\frac{3(1-\nu^2)}{(2h)^2 R_2^2}}$ „Schalenkonstante" der Bodenschale.

$k_Z = \sqrt[4]{\frac{3(1-\nu^2)}{(2h)^2 a^2}}$ Schalenkonstante der Zylinderschale.

p gleichmäßig verteilter Flüssigkeitsdruck, bezogen auf die Flächeneinheit der Schalenmittelfläche.

Der Festigkeitsberechnung sind die nachfolgenden Voraussetzungen zugrunde gelegt:

1. Es liegt eine dünne, von gleichbleibender Blechdicke aus isotropem Material bestehende Schale vor.
2. Das Material befolgt das Hook'sche Gesetz (Verhältnisgleichheit zwischen den Verzerrungen und Spannungen).

3. Die Verformungen sind im Vergleich zu den Schalenabmessungen klein.
4. Die Streckgrenze des Materials werde an keiner Stelle überschritten.
5. Die Normalspannungen senkrecht zur Schalenmittelfläche werden im Vergleich zu den übrigen Spannungen vernachlässigt.
6. Die Längungsspannungen verteilen sich gleichmäßig, die Biegungsspannungen nach dem Geradliniengesetz über die Blechdicke.
7. Die Punkte, die vor der Verformung auf einer Normalen zur Mittelfläche liegen, liegen auch nach der Formänderung auf der Normalen zur deformierten Mittelfläche.
8. Die biegungsfreie, dehnbare Schale — Haut — wird als ein partikulares Integral der Schalendifferentialgleichung angesehen.

I. Die Grundgleichungen der Schalenfestigkeitslehre.

1. Die an einem Schalenelement wirkenden Kräfte und ihre Gleichgewichtsbedingungen.

Um dem mit der höheren Festigkeitslehre*) weniger vertrauten Ingenieur das Verständnis unserer Untersuchungen zu erleichtern und um den Zusammenhang von Theorie und Meßverfahren herzustellen, werden wir die wichtigsten Grundgleichungen der Theorie der elastischen Schale näher erläutern. Das zur Drehachse symmetrische Kräftesystem, welches die Schale im allgemeinen belastet, beschränken wir auf den gleichmäßig verteilten Flüssigkeitsdruck $Z = p$. Schneidet man aus der Schale ein Element heraus, Abb. 1, das durch zwei Kreiskegelflächen, deren Öffnungswinkel sich um $\delta\alpha$ unterscheiden und durch die beiden Meridianschnitte, welche dem Winkel $\delta\varphi$ miteinander einschließen, begrenzt ist, so müssen wir in den Schnittflächen die Spannungen σ_{01}, σ_{02}, σ_{h1}, σ_{h2} und τ anbringen, welche den ursprünglichen einheitlichen Zusammen-

*) Siehe Verzeichnis der Bemerkungen der Fußnoten am Schluß der Abhandlung.

hang mit dem Restkörper bewirken. Fassen wir diese Spannungen zu Spannungskräften und Spannungsmomenten, bezogen auf die Längeneinheit der Mittelfläche zusammen, so erhalten wir in den

a) Breitenkreisschnittflächen (Kreiskegelfläche mit der Spitze in der Drehachse und dessen Basiskreis der Breitenkreis ist)
   1. die Normalkraft T_1 bzw. $T_1 + \delta T_1$;
   2. die Schubkraft N bzw. $N + \delta N$;
   3. das Kräftepaar vom Momente G_1 bzw. $G_1 + \delta G_1$.

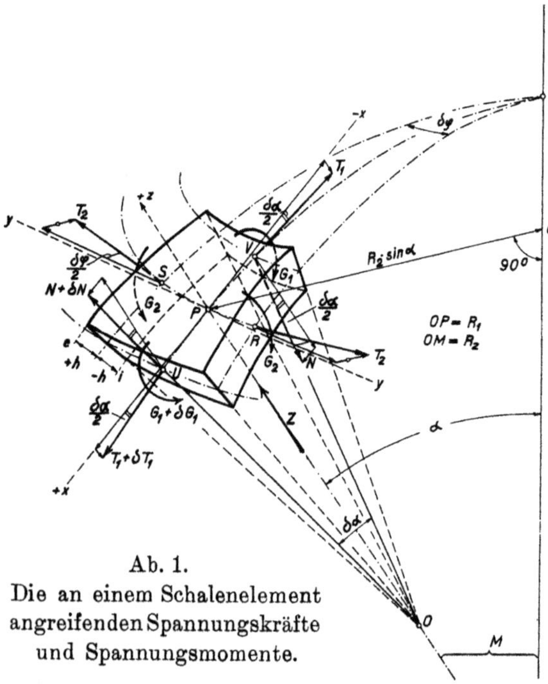

Ab. 1.
Die an einem Schalenelement angreifenden Spannungskräfte und Spannungsmomente.

b) Meridianschnittflächen (Ebene durch die Meridiankurve und die Schalenkurve und die Schalendrehachse).
   1. die Normalkraft T_2, die aus Symmetriegründen für beide Schnittflächen gleich groß ist;
   2. das Kräftepaar vom Momente G_2, das aus Symmetriegründen für beide Schnitte gleich groß ist, während die Schubkraft aus dem nämlichen Grunde fehlt;

3. die Schalenbelastung als äußere Kraft $Z = p$ bezogen auf die Flächeneinheit der Schalenmittelfläche,

wobei
$$\tau = \frac{N}{2h} \tag{1a}$$
die im Breitenkreisschnitt wirkende Schubspannung ist, während die gleichmäßig über der Blechdicke verteilte Normalspannung mit den Spannungskräften durch die Beziehungen
$$\sigma_{01} = \frac{T_1}{2h}, \qquad \sigma_{02} = \frac{T_2}{2h} \tag{1b}$$
verknüpft sind. Die Annahme, daß sich die Biegungsspannungen nach dem Geradliniengesetz verteilen, führt zu den Gleichungen
$$\sigma_{h1} = \frac{3\,G_1}{2h^2}, \qquad \sigma_{h2} = \frac{3\,G_2}{2h^2} \tag{1c}$$
wo σ_{h1} bzw. σ_{h2} die größte in der Schalenbegrenzungsfläche auftretende Biegungsspannung ist.

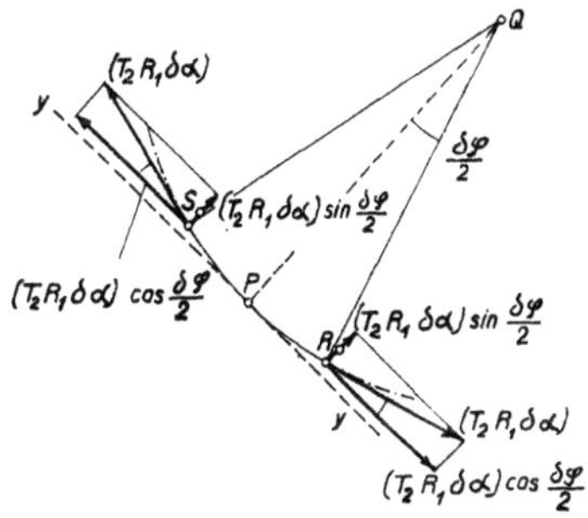

Abb. 2.
Zerlegen der Kraft $T_2 R_1 \delta\alpha$.
Bildebene ist die Normalebene zur Schalendrehachse durch den Punkt P.

Um die Komponentengleichung der Gleichgewichtsbedingungen in Richtung der z-Achse aufzustellen, zerlegen wir die auf den Meridianschnitt von der Länge $R_1 \cdot \delta a$ wirkende Kraft $(T_2 R_1 \delta a)$, Abb. 2, in die Komponente $(T_2 R_1 \delta a) \cos \delta\varphi/2$ in Richtung der Tangente an den Breitenkreis und in die Komponenten $(T_2 R_1 \delta a) \sin \delta\varphi/2$ in radialer Richtung.

Die Komponente $(T_2 R_1 \delta a) \sin \delta\varphi/2$ wurde weiter zerlegt, Abb. 3, in die Komponente $(T_2 R_1 \delta a) \sin \delta\varphi/2 \cos\alpha$ in Richtung der Meridiantangente und in die Komponente $(T_2 R_1 \delta a) \sin \delta\varphi/2 \sin a$ in Richtung der z-Achse. Die Momentengleichung folgt aus Abb. 4, in welcher die Momente als Vektoren eingetragen sind. Wird der Cosinus eines sehr kleinen Winkels zu eins angenommen, ersetzt man dessen Sinus durch den Bogen, vernachlässigt Glieder höherer Ordnung gegen Glieder niederer Ordnung und dividiert die

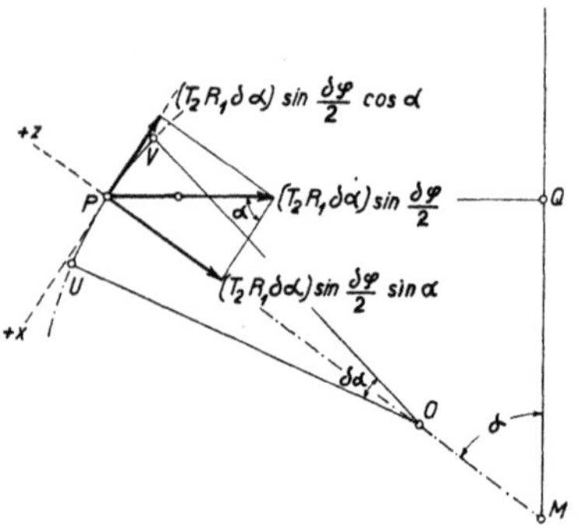

Abb. 3. Zerlegen der Komponente $(T_2\ R_1\ \delta a)\ sin\ \delta\varphi/2$. Bildebene ist die Ebene durch die Schalendrehachse und den Punkt P — Meridianebene.

Gleichungen, welche das Gleichgewicht dieser Kräfte und Momente ausdrücken durch $\delta a \cdot \delta\varphi$, so erhält man

1. die Komponentengleichung in Richtung der x-Achse

$$\frac{\delta}{\delta a}(T_1 R_2 \sin a) - T_2 R_1 \cos a + N R_2 \sin a = 0 \qquad (2\,a)$$

2. die Komponentengleichung in Richtung der z-Achse

$$\frac{\delta}{\delta a}(N R_2 \sin a) - (T_1 R_2 + T_2 R_1) \sin a + Z R_1 R_2 \sin a = 0 \qquad (2\,b)$$

3. die Momentengleichung bezogen auf die y-Achse

$$-\frac{\delta}{\delta a}(G_1 R_2 \sin a) + N R_1 R_2 \sin a + G_2 R_1 \cos a = 0 \qquad (2\,c)$$

Diese 3 Gleichungen enthalten 5 Unbekannten N, T_1, T_2, G_1 und G_2. Die Aufgabe ist zweifach unbestimmt. Um sie lösen zu können, müssen wir auf die elastischen Verzerrungen, welche durch diese inneren Kräfte bewirkt werden, eintreten.

2. Die Verzerrungen des Schalenelementes.

a) Dehnung längs der Meridiankurve (Meridiandehnung). Die am Schalenelement angreifenden inneren Kräfte und Momente bewirken eine Verlängerung oder Verkürzung und eine Verbiegung der zur Schalenmittelfläche parallelen Flächen. Die Dehnungen und Spannungen, welche durch diese Verzerrungen erzeugt werden, bezeichnen wir als Längungs- bzw. Biegungsdehnungen und Längungs- bzw. Biegungsspannungen. Betrachten wir vorerst die Ver-

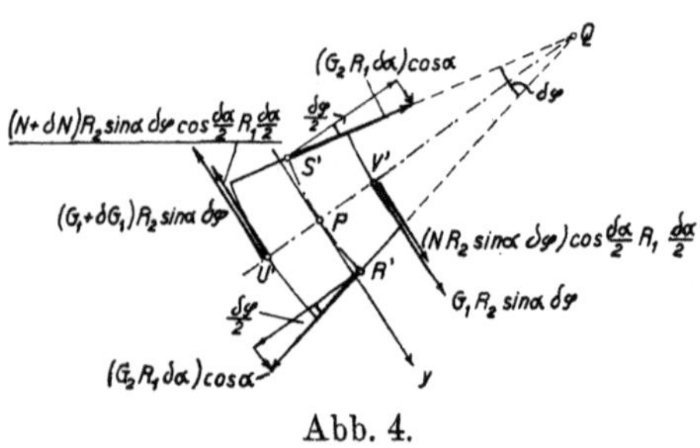

Abb. 4.
Herleitung der Momentengleichung. Bildebene ist die Normalebene zur Schalendrehachse durch den Punkt P.

zerrung eines Linienelementes von der Länge δl_{01} auf der Meridiankurve, Abb. 5, so rücken seine Endpunkte A_0, B_0 nach A_0', B_0'. Um vom Punkte A_0 nach A_0' zu gelangen, denken wir uns z. B. A_0 in Richtung der Meridiantangente um die Verschiebungsgröße u und hierauf in Richtung der durch A_0 gehenden Flächennormalen n um die Verschiebungsgröße w verschoben. Die Reihenfolge dieser Operationen ist für das Endergebnis ohne Belang. In entsprechender Weise führen wir B_0 nach B_0' über. Da die Verschiebungsgrößen u, w von Punkt zu Punkt der Schalenmittelfläche veränderlich sind, unterscheiden sich die Verschiebungswege der beiden Punkte, um die sehr kleinen Größen δu und δw. Die Längung des Linienelementes ist der Unterschied in der Länge des Linienelementes betrachtet im End- und Anfangszustand, also $A_0' B_0' - A_0 B_0 = \delta(\delta l_{01})$. Die auf die ursprüngliche Längeneinheit bezogene Längung, die als Dehnung bezeichnet wird, ist

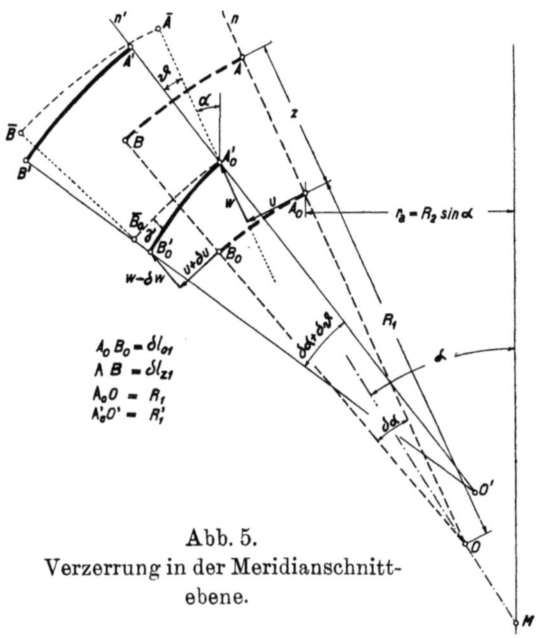

Abb. 5. Verzerrung in der Meridianschnittebene.

$$\varepsilon_{01} = \frac{A_0' B_0' - A_0 B_0}{A_0 B_0} = \frac{\delta(\delta l_{01})}{\delta l_{01}} \tag{3a}$$

Die Länge δl_{01} des Linienelementes sei so klein, daß wir die Krümmung als konstant annehmen und somit für $A_0 B_0 = \delta l_{01} = R_1\, \delta a$ und $\vartheta = u : R_1$ setzen dürfen, wo ϑ die Winkeländerung der Flächennormalen n des Punktes A_0 bedeutet. Die Winkeländerung der Flächennormalen im Punkte B_0 unterscheidet sich nach erfolgter

Formänderung von der entsprechenden Winkeländerung des Punktes A_0 um $\delta\vartheta = (\vartheta + \delta\vartheta) - \vartheta = \delta u / R_1$ und der Winkel, den die Flächennormalen in den Punkten A_0' und B_0' miteinander einschließen, ist $\delta a + \delta\vartheta = \delta a + \delta u / R_1$.

Ausgedrückt in den Verschiebungsgrößen u, w ist $A_0' B_0' = R_1' (\delta a + \delta\vartheta) = (R_1 + w)(\delta a + \delta u / R_1) = \delta a (R_1 + w) + \delta u$, wenn Glieder, die von der zweiten Ordnung unendlich klein sind, gegenüber solchen von erster Ordnung vernachlässigt werden. Somit lautet Gleichung (3a)

$$\varepsilon_{01} = \frac{1}{R_1}\left(w + \frac{\delta u}{\delta a}\right) \tag{3a}$$

da $A_0 B_0 = R_1 \delta a$ ist. Um die Verzerrung eines Linienelementes von der Länge $\bar{A}\bar{B} = \delta l_{z1} = (R_1 + z)\,\delta a$ im Abstande z von der Mittelfläche zu berechnen, gehen wir von dem Verzerrungszustand aus, wie er durch reine Längung der Schalenmittelfläche, Abb. 6, erzeugt wird. Durch die biegungsfreie Verformung hat das in der Mittelfläche gelegene Linienelement eine Länge $R_1\,\delta a\,(1 + \varepsilon_{01})$, während das im Abstande z gelegene Linienelement $\bar{A}\bar{B}$ die Länge $[R_1 \delta\alpha (1 + \varepsilon_{01}) + z\delta a]$ aufweist. Durch die hinzutretende dehnungslose Verbiegung der Schalenmittelfläche erhalten wir den Endzustand $A_0' B_0'$ bzw. $A'B'$. Der Punkt $\bar{A}$ verschiebt sich infolge der Verdrehung der zugehörigen Normalen um $z\vartheta$ nach A', während sich der Endpunkt $\bar{B}$ um $z(\vartheta + \delta\vartheta)$ verschiebt. Die Verlängerung des Linienelementes $\bar{A}\bar{B}$ ist somit $z\delta\vartheta$. Nach der Verformung weist das Linienelement eine resultierende Länge $R_1\,\delta a\,(1 + \varepsilon_{01}) + z\,(\delta a + \delta\vartheta)$ auf und die totale bezogene Längung ist

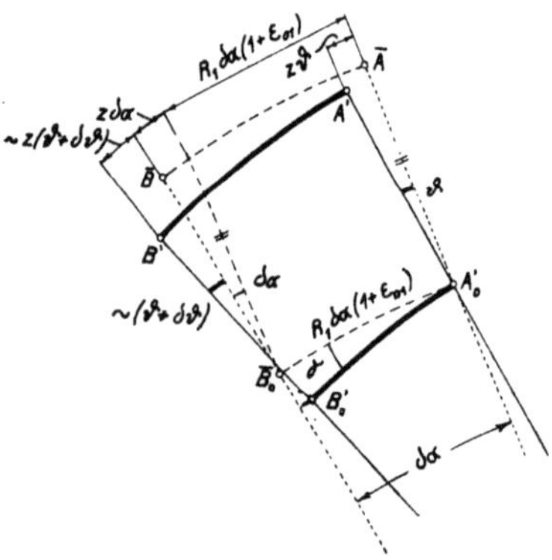

Abb. 6.
Dehnungsfreie Verbiegung der Schale im Meridianschnitt, wobei die Schalenmittelfläche bereits durch reine Längung verzerrt ist.

$$\varepsilon_{z1} = \frac{\Delta(\delta l_{z1})}{\delta l_{z1}} = \frac{[R_1 \delta\alpha (1 + \varepsilon_{01}) + z(\delta\alpha + \delta\vartheta)] - (R_1 + z)\delta\alpha}{(R_1 + z)\delta\alpha}$$

$$= \frac{R_1}{R_1 + z}\left(\varepsilon_{01} + \frac{z}{R_1}\frac{\delta\vartheta}{\delta\alpha}\right)$$

Mit $\varepsilon_{01} = \delta(\delta l_{01}) : \delta l_{01}$ lautet diese Gleichung

$$\varepsilon_{z1} = \frac{\Delta(\delta l_{z1})}{\delta l_{z1}} = \frac{R_1}{R_1 + z}\left[\frac{\delta(\delta l_{01})}{\delta l_{01}} + \frac{z}{R_1}\frac{\delta\vartheta}{\delta\alpha}\right] \qquad (4\,\text{a})$$

b) Dehnung des Breitenkreises (Ringdehnung). Wir betrachten ein kleines Bogenstück von der Länge δl_{02} auf dem in der Schalenmittelfläche durch den Punkt A_0 gehenden Breitenkreis. Durch die biegungslose Verformung erfährt dieses Linienelement eine Verzerrung $\delta(\delta l_{02})$, und die bezogene Längung ist $\varepsilon_{02} = \delta(\delta l_{02}) : \delta l_{02}$. Wir können für die Dehnung noch einen zweiten Ausdruck ableiten. Der zu Punkt A_0, Abb. 7, gehörige Breitenkreishalbmesser r_a — Kreisumfang vor der Verformung $2\pi r_a$ — weitet sich durch die Formänderung radial um δr_a aus — Kreisumfang nach der Verformung $2\pi(r_a + \delta r_a)$ und die bezogene Längenänderung des Breitenkreises wird $\varepsilon_{02} = [2\pi(r_a + \delta r_a) - 2\pi r_a] : 2\pi r_a = \delta r_a : r_a$, so daß wir für

$$\varepsilon_{02} = \frac{\delta(\delta l_{02})}{\delta l_{02}} = \frac{\delta r_a}{r_a} \qquad (3\,\text{b})$$

setzen dürfen. Nach Abb. 7 ist $\delta r_a = w \sin\alpha + u \cos\alpha$, $r_a = R_2 \sin\alpha$, wo R_2 der zweite Hauptkrümmungshalbmesser bedeutet — Länge der Flächennormalen n von A_0 bis zur Drehachse — somit

$$\varepsilon_{02} = \frac{1}{R_2}(w + u\,ctg\,\alpha) \qquad (3\,\text{b})$$

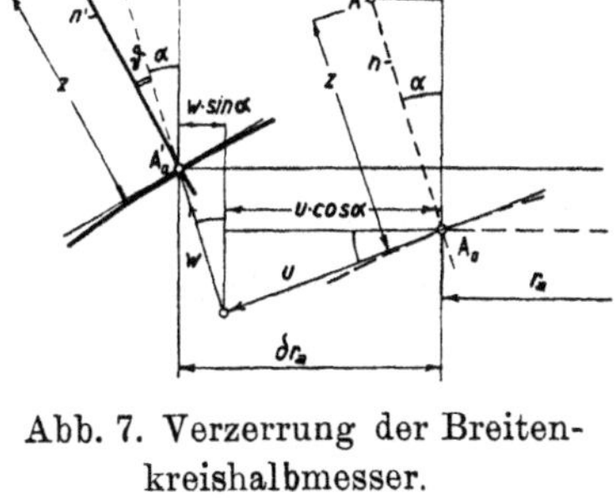

Abb. 7. Verzerrung der Breitenkreishalbmesser.

Durch diese biegungsfreie Verzerrung gelangt der Punkt A_0 nach A_0'. Die Größe des zugehörigen Breitenkreishalbmessers kann auch in der Form $R_2 \sin\alpha (1 + \varepsilon_{02})$ angeschrieben werden. Der Breitenkreishalbmesser des Punktes $\bar{A}$, der um z von der Mittelfläche entfernt ist, beträgt $R_2 \sin\alpha (1 + \varepsilon_{02}) + z \sin\alpha$.

Die hinzutretende dehnungslose Verbiegung der Schale bedingt die Winkeländerung ϑ, wodurch die Ausweitung einen Zuwachs $z\,\vartheta\cos\alpha$ erfährt. Der ursprüngliche Breitenkreishalbmesser $(R_2+z)\sin a$ des Punktes A ist durch die Formänderung auf $[R_2 \sin a\,(1+\varepsilon_{02}) + z \sin a + z\,\vartheta\cos a]$ angewachsen. Somit beträgt die auf die Längeneinheit bezogene Längenänderung

$$\varepsilon_{z2} = \frac{\Delta(\delta l_{z2})}{\delta l_{z2}}$$

$$= \frac{[R_2 \sin a\,(1+\varepsilon_{02}) + z \sin a + z\,\vartheta\cos a] - [(R_2+z)\sin a]}{(R_2+z)\sin a}$$

$$= \frac{R_2}{R_2+z}\left(\varepsilon_{02} + \frac{z}{R_2}\,\vartheta\, ctg\, a\right)$$

oder wenn für $\varepsilon_{02} = \delta(\delta l_{02}) : \delta l_{02}$ gesetzt wird

$$\varepsilon_{z2} = \frac{\Delta(\delta l_{z2})}{\delta l_{z2}} = \frac{R_2}{R_2+z}\left[\frac{\delta(\delta l_{02})}{\delta l_{02}} + \frac{z}{R_2}\,\vartheta\, ctg\, a\right] \qquad (4\,b)$$

c) Dehnungen an der Außen- und Innenseite der dickwandigen Schale.

Der Ausdruck $\frac{1}{R_1+z}\,\frac{\delta\vartheta}{\delta a}$ bzw. $\frac{1}{R_2+z}\,\vartheta\, ctg\, a$ in den Gleichungen (4a) bzw. (4b) bedeutet die Krümmungsänderung im Punkte A der Schale in Richtung der Meridiankurve bzw. in Richtung des Breitenkreises. Ist R_1' bzw. R_2' der Krümmungshalbmesser nach der Formänderung, so erhält man für die auf die Längeneinheit bezogene Krümmungsänderung $\varkappa_1$ bzw. $\varkappa_2$ des auf der Mittelfläche gelegenen Punktes $A_0\,(z=o)$.

$$\varkappa_1 = \frac{1}{R_1'} - \frac{1}{R_1'} = \frac{1}{R_1}\,\frac{\delta\vartheta}{\delta a};\quad \varkappa_2 = \frac{1}{R_2'} - \frac{1}{R_2} = \frac{1}{R_2}\,\vartheta\, ctg\, a \qquad \begin{matrix}(5\,a)\\(5\,b)\end{matrix}$$

Die dehnungslose Verbiegung der Schale erzeugt in den außerhalb der Mittelfläche gelegenen Linienelementen Längenänderungen. Diese sind um so größer, je weiter das Element von der Mittelfläche entfernt ist. Der Größtwert tritt in der Schalenbegrenzungsfläche auf. Die zugehörigen bezogenen Längenänderungen bezeichnen wir mit ε_{h1} bzw. ε_{h2} als Biegungsdehnung, wobei

$$\varepsilon_{h1} = \frac{h}{R_1}\,\frac{\delta\vartheta}{\delta a} = h\varkappa_1;\qquad \varepsilon_{h2} = \frac{h}{R_2}\,\vartheta\, ctg\, a = h\varkappa_2 \qquad (6\,a)\ (6\,b)$$

ist. In dieser Bezeichnung lautet z. B. Gleichung (4a)

$$\varepsilon_{z1} = \frac{R_1}{R_1 + z} \left(\varepsilon_{01} + \frac{z}{h} \varepsilon_{h1}\right) \tag{7a}$$

Für die äußere ($z = + h$) bzw. innere ($z = - h$) Begrenzungsfläche wird

$$\varepsilon_{e1} = \frac{R_1}{R_1 + h} \left(\varepsilon_{01} + \varepsilon_{h1}\right) \tag{7a$_e$}$$

$$\varepsilon_{i1} = \frac{R_1}{R_1 - h} \left(\varepsilon_{01} - \varepsilon_{h1}\right) \tag{7a$_i$}$$

Die Fußnote „e“ deutet auf die äußere, die Fußnote „i“ auf die innere Begrenzungsfläche hin. Multiplizieren wir die rechte Seite dieser Gleichungen aus und setzen

$$\varepsilon_{01e} = \frac{R_1}{R_1 + h} \varepsilon_{01} \qquad \varepsilon_{h1e} = \frac{R_1}{R_1 + h} \varepsilon_{h1} \tag{8a$_e$}$$

$$\varepsilon_{01i} = \frac{R_1}{R_1 - h} \varepsilon_{01} \qquad \varepsilon_{h1i} = \frac{R_1}{R_1 - h} \varepsilon_{h1} \tag{8a$_i$}$$

woraus folgt, daß

$$\frac{\varepsilon_{01e}}{\varepsilon_{01i}} = \frac{R_1 - h}{R_1 + h}; \qquad \frac{\varepsilon_{h1e}}{\varepsilon_{h1i}} = \frac{R_1 - h}{R_1 + h} \tag{9}$$

Mit Hilfe der Gleichung (9) wird nach Gleichung (7a)$_e$, (7a)$_i$

$$\varepsilon_{e1} = \varepsilon_{01e} + \varepsilon_{h1e} \tag{10a}$$

$$\varepsilon_{i1} = \varepsilon_{01i} - \varepsilon_{h1i} \tag{10b}$$

Aus den Gleichungen (8a)$_e$, (7a)$_e$ folgt für

$$\varepsilon_{h1} = \frac{R_1 + h}{R_1} \varepsilon_{h1e} \tag{11a}$$

$$\varepsilon_{01} = \frac{R_1 + h}{R_1} \left(\varepsilon_{e1} - \varepsilon_{h1e}\right) \tag{11b}$$

so daß die Gleichung (7a) mit $\psi_{z1} = (R_1 + h) : (R_1 + z)$ übergeht in

$$\varepsilon_{z1} = \psi_{z1} \varepsilon'_{z1} \tag{12a}$$

wo

$$\varepsilon'_{z1} = \left[\varepsilon_{e1} + \varepsilon_{h1e} \left(\frac{z}{h} - 1\right)\right] \tag{12b}$$

ist. Die Dehnung ε'_{z1} ändert sich mit z linear, während die Dehnung ε_{z1} außerdem noch von dem Beiwert ψ_{z1} abhängt. Der Dehnungsverlauf ε'_{z1} ist in Abb. 8 aufgetragen unter der Annahme, daß ε_{e1} und ε_{h1e} gegeben sind. Wir sehen, daß die Dehnung an der Innenseite der Schale bedeutend größer ausfällt wie die Dehnung, welche z. B. an der Außenseite durch Messen ermittelt wird. Die Gleichung (12a) auf die Innenseite der Schale bezogen, lautet

$$\varepsilon_{i1} = \psi_1 \varepsilon'_{i1} \tag{12c}$$

wobei

$$\psi_1 = (R_1 + h) : (R_1 - h)$$

ist. Für die Breitenkreisrichtung erhalten wir die entsprechenden Gleichungen, wenn wir die Fußnote „*1*" durch „*2*" ersetzen. Die Dehnung an der Innenseite der Schale hängt von dem Verhältnis ψ_1 d. h. von R_1/h bzw. R_2/h ab. Dieses Verhältnis erreicht bei einer gegebenen Bodenschale in der Krempe den größten Wert, da dort der kleinste Krümmungshalbmesser auftritt. Der Krümmungshalbmesser R_2 wächst vom Halbmesser a der Zylinderschale bis auf den noch größeren Wert in der mittleren Wölbung. Aus Abb. 9, in welcher ψ_1 in Abhängigkeit von $R_1 : h$ aufgetragen ist und aus Gleichung (12c) erkennen wir, daß die Dehnung an der Innenseite von verhältnismäßig dicken Schalen bzw. von Schalen, deren „Krempenhalbmesser" im Vergleich zu h klein ist, erheblich größer ausfällt, wie der Wert ε'_{i1}, der den linearen Verlauf charakterisiert. Bei den von uns untersuchten Bodenschalen betragen die kleinsten Verhältniszahlen $R_1 : h = 4{,}6$; 5,4 und 6,5, wofür wir aus Abb. 9 für $\psi_1 = 1{,}60$; 1,45 und 1,36 entnehmen. Die Dehnung an der Innenseite ist in diesen Fällen 60 % bis 36 % größer wie die entsprechende Dehnung, die dem linearen Verlaufe zukommt An zwei Bodenschalen erreichte die Verhältniszahl den Wert 16,8 (elliptische Schale) bzw. 19, wofür wir ein $\psi_1 = 1{,}12$ bzw. 1,11 erhalten. Für

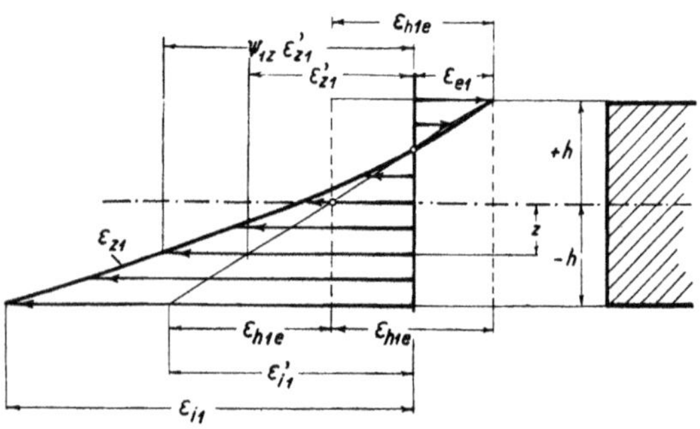

Abb. 8. Verlauf der Dehnungen über die Schalendicke in Richtung des Meridians.

die übrigen Bodenschalen bewegt sich die Verhältniszahl in der Größenordnung 9, der ein $\psi_1 = 1{,}25$ zukommt, d. h. die Dehnungserhöhung beträgt 25 %. Dabei ist zu beachten, daß die Mehrzahl dieser Schalen vom Standpunkte der neuen Vorschriften über die

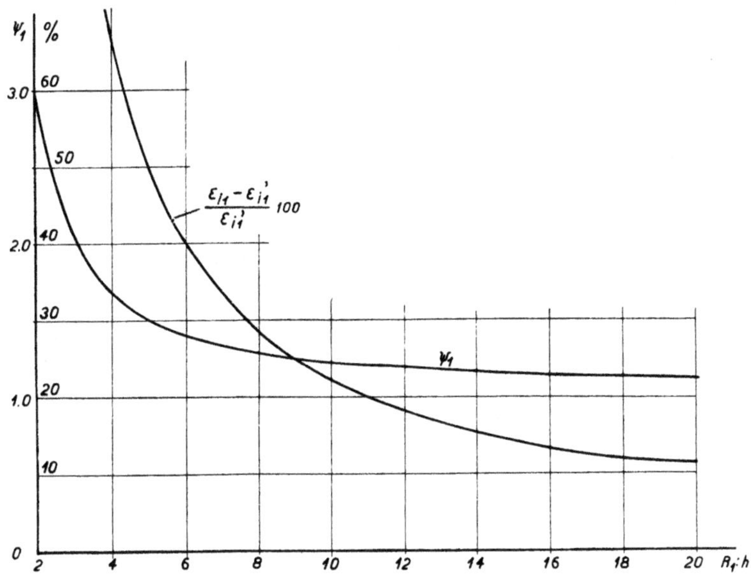

Abb. 9. Abhängigkeit des Verhältnisses $\psi_1 = (R_1 + h) : (R_1 - h)$ und $(\varepsilon_{i1} - \varepsilon'_{i1}) : \varepsilon'_{i1}$ von $R_1 : h$.

Berechnung von gewölbten Böden aus beurteilt, vorteilhafte Abmessungen aufweisen.

Der kleinste Wert von $R_2 : h$ bzw. $a : h$, den die untersuchten Bodenschalen in Richtung des Breitenkreises aufweisen, beträgt rund 30, wofür $\psi_2 = 1{,}07$ wird. Die Dehnung an der Innenseite in der Breitenkreisrichtung ist nur 7 % größer wie die entsprechende Dehnung des linearen Verlaufs. Im Rahmen der Fehlerquellen, wie z. B. Abweichung in der Blechdicke des ausgeführten Kessels gegenüber dem Sollmaß, dürfen wir für praktische Berechnungen für die Breitenkreisrichtung den linearen Dehnungsverlauf voraussetzen.

Für die Zylinderschale als spezieller Fall der gewölbten Drehschale, wird mit $R_1 = \infty$, $R_2 = a$ der Wert $\psi_1 = 0$. Insofern als ψ_2 den genannten zulässigen Wert nicht überschreitet, kann für die beiden Dehnungshauptrichtungen der Zylinderschale der Verlauf der Dehnungen nach dem Geradliniengesetz angenommen werden.

d) Dehnungen und Verzerrungen an der Aussen- und Innenseite der dünnen Schale. Ist die Schale so dünn, daß z bzw. h gegenüber R_1 und R_2 vernachlässigt werden darf, so vereinfachen sich die angeführten Gleichungen, indem der Beiwert $R_1:(R_1+z)$, $R_1:(R_1 \pm h)$, $(R_1 \pm h):(R_1 \mp h)$ durch 1 ersetzt werden darf. Wir werden so auf den linearen Verlauf der Dehnungen, Abb. 10, geführt, den wir den nachfolgenden Betrachtungen zugrunde legen. Außerdem dürfen wir bei einer dünnen Schale an Stelle der Verzerrung (δl_{e1}) den Wert der Verzerrung (δl_{o1}) in der Mittelfläche setzen. Ist für die Schalenaußenseite die totale Dehnung ε_{e1}, die Biegungsdehnung ε_{h1e} und somit auch das geometrische Verhältnis

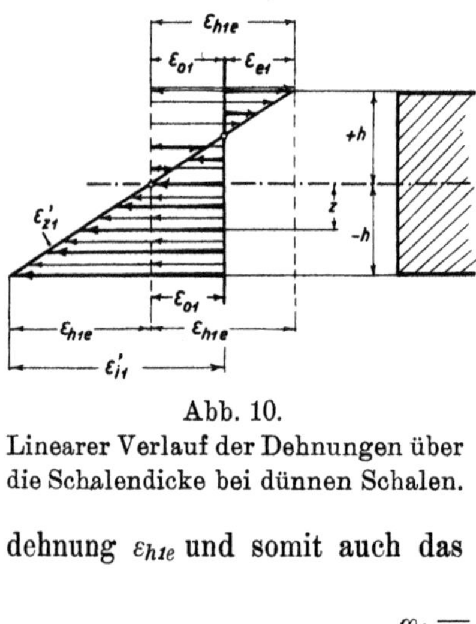

Abb. 10.
Linearer Verlauf der Dehnungen über die Schalendicke bei dünnen Schalen.

$$\varphi_1 = \frac{\varepsilon_{h1e}}{\varepsilon_{e1}}$$

bekannt, so ist die Längungsdehnung ε_{01} und die totale Dehnung ε'_{i1} an der Schaleninnenseite durch die vereinfachten Gleichungen (11 b) und (12 b)

$$\varepsilon_{01} = \varepsilon_{e1} - \varepsilon_{h1e} = \varepsilon_{e1}(1 - \varphi_1) \qquad (11\,c)$$

$$\varepsilon'_{i1} = \varepsilon_{e1} - 2\,\varepsilon_{h1e} = \varepsilon_{e1}(1 - 2\,\varphi_1) \qquad (12\,d)$$

ebenfalls bestimmt. Die Ausdrücke $\varepsilon'_{i1}:\varepsilon_{e1}$ und $\varepsilon_{01}:\varepsilon_{e1}$ sind in Abb. 11 in Abhängigkeit von φ_1 aufgetragen. Aus Gleichung (12 d) geht hervor, daß mit $\varphi = 1/2$ die totale Dehnung an der Schaleninnenseite Null ist. Mit $\varphi_1 < 1/2$ bzw. $\varphi_1 > 1/2$ wirkt die Dehnung an der Innenseite in gleichem bzw. entgegengesetztem Sinne, wie auf der Außenseite der Schale. Für $\varphi_1 = 0$ bzw. $\varphi_1 = +1$ ist die totale Dehnung außen gleich bzw. entgegengesetzt der totalen Dehnung innen und die Biegungsdehnung bzw. Längungsdehnung ist gleich

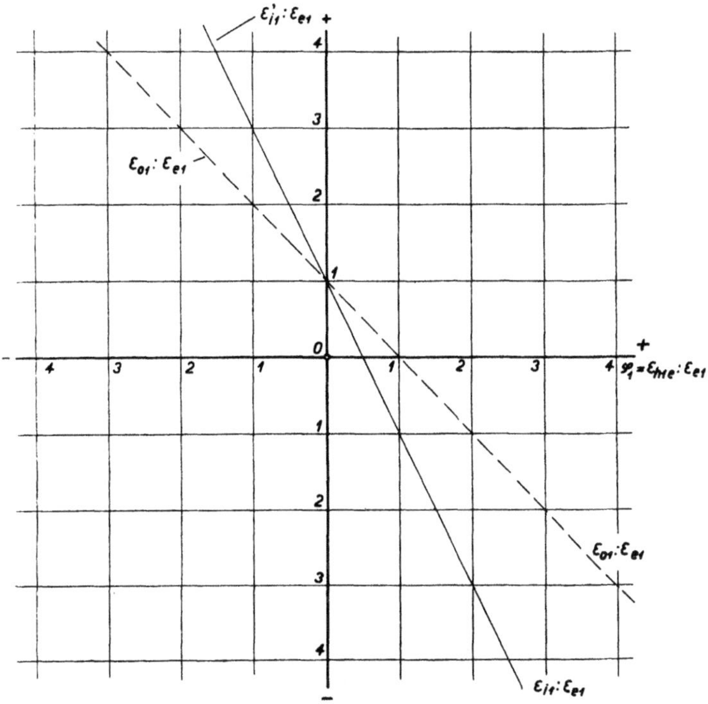

Abb. 11. Größe der totalen Dehnung an der Innenseite und der Längungsdehnung bei linearem Dehnungsverlauf, wenn die totale Dehnung an der Außenseite und die Biegungsdehnung bekannt sind.

Null. Ist $\varphi_1 < 0$ bzw. $> +1$, *so ist die totale Dehnung an der Innenseite der Schale stets größer wie die totale Dehnung an der Außenseite.* Beachtet man, daß bei verhältnismäßig dicken Schalen die Dehnung an der Innenseite zudem das ψ_1-fache des Wertes ist, der dem linearen Verlauf entspricht, so treten unter Umständen *an der Innenseite bedeutend höhere Dehnungen und somit auch höhere*

Beanspruchungen auf wie auf der Außenseite. Diese Erkenntnis deckt sich mit der Statistik, die lehrt, daß insbesondere die sogenannten mittelstarken Böden durch Krempenanbrüche gefährdet sind.

Um den Zusammenhang der Theorie und dem angewendeten Meßverfahren herzustellen, wollen wir die Dehnungen durch die entsprechenden Verzerrungen ausdrücken. In Gleichung (6a), (6b) bedeutet $h\delta\vartheta$ bzw. $h\vartheta \cos \alpha$ die in den Schalenbegrenzungsflächen durch die dehnungslose Verbiegung der dünnen Schale erzeugten Verzerrungen längs des Meridians bzw. des Breitenkreishalbmessers. Es ist somit

$$\delta(\delta l_{e1})_h = h\delta\vartheta; \qquad \delta(\delta l_{e2})_h = h\vartheta \cos \alpha\, \delta\varphi$$

wo $\delta\varphi$ nach Abb. 1 der Winkel ist, welcher von zwei Meridianschnittebenen eingeschlossen wird. Berücksichtigt man, daß $R_1 \delta\alpha = \delta l_{01}$, $\delta\varphi R_2 \cdot \sin \alpha = \delta l_{02}$ ist, so gehen die Gleichungen (6a), (6b) über in

$$\varepsilon_{h1} = \frac{\delta(\delta l_{e1})_h}{\delta l_{01}}; \qquad \varepsilon_{h2} = \frac{\delta(\delta l_{e2})_h}{\delta l_{02}} \qquad (7\,c)\ (7\,d)$$

Für die Gleichung $(8\,a)_e$, die sich auf die Schalenaußenseite bezieht, setzen wir sinngemäß, da $\delta l_{01} \cong \delta l_{e1}$, und $\delta l_{02} \cong \delta l_{e2}$ ist,

$$\varepsilon_{01e} = \frac{\delta(\delta l_{e1})_o}{\delta l_{e1}}; \qquad \varepsilon_{h1e} = \frac{\delta(\delta l_{e1})_h}{\delta l_{e1}} \qquad (9\,c)$$

wo die der Klammer beigefügte Fußnote „*o*" bzw. „*h*" andeuten soll, daß die Verzerrung herrührt von der reinen Längung bzw. von der dehnungslosen Verbiegung der Schalenmittelfläche. Kennen wir den Verlauf der Biegungs- und Längungsverzerrungen auf der Schalenaußenseite, so ist der Formänderungs- und damit auch der Spannungszustand in allen Punkten der Schale eindeutig bestimmt.

e) Verdrehungswinkel ϑ der Normalen zur Mittelfläche.

Die Verzerrungen der Schale haben bestimmte Verschiebungsgrößen u und w zur Folge. Der Verdrehungswinkel ϑ, mit dessen Hilfe wir die Verdrehungsbewegung der Flächennormalen beschreiben wollen, ist von den genannten Verschiebungskomponenten abhängig. Um die Beziehung zwischen u, w und ϑ aufzustellen, denken wir uns den Vorgang der Verformung des Linienelementes in drei Teile zerlegt. Wir verschieben $A_0 B_0$ längs des Meridians um u, wobei sich der Winkel α um ϑ_0 ändert. Hierauf verschiebt man das Element um w parallel zu sich selbst in die Stellung $A_0' \overline{B}_0'$. Infolge der dehnungslosen Verbiegung der Schale müssen wir den Punkt $\overline{B}_0'$ überführen nach B_0', d. h. wir müssen das Linienelement um den Winkel γ mit A_0' als Drehmittelpunkt verdrehen. Der totale Verdrehungswinkel der Normalen beträgt somit $\vartheta = \vartheta_0 + \gamma$ oder wenn wir $A_0' B_0' \cong A_0 B_0 = R_1 \cdot \delta\alpha$ und $\gamma \cong - \delta w : (R_1 \cdot \delta\alpha)$ setzen

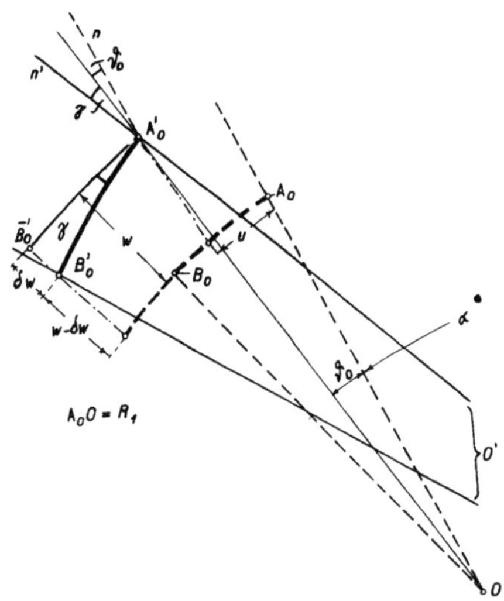

Abb. 12. Ermittelung des Verdrehungswinkels ϑ der Flächennormalen aus den Verschiebungen u und w.

$$\vartheta = \frac{1}{R_1}\left(u - \frac{\delta w}{\delta\alpha}\right) \tag{13}$$

Berücksichtigt man in den Gleichungen (6 a), (6 b) diesen Ausdruck für ϑ und vernachlässigen wir u gegenüber $\delta w : \delta\alpha$, $\delta u : \delta\alpha$ gegenüber $\delta^2 w : \delta\alpha^2$, so erhält man mit $\delta l_{01} = R_1 \cdot \delta\alpha$, $r_a = R_2 \sin\alpha$, die Näherungsformeln

$$\varepsilon_{h1} \cong h \cdot \frac{\delta^2 w}{\delta l_{01}^2} \tag{14 a}$$

$$\varepsilon_{h2} \cong \frac{h}{r_a} \frac{\delta w}{\delta l_{01}} \cos\alpha \tag{14 b}$$

Die Biegungsdehnung kann näherungsweise aus Gleichungen (14 a), (14 b) bestimmt werden, wenn die Verlagerung δw zweier benachbarter Punkte bekannt ist. Da eine einwandfreie Ermittelung der Verschiebungsänderung δw für kleine Länge δl_{01} z. B. von 20 mm, wie sie für das Messen in der Krempe unerläßlich ist, erhebliche Schwierigkeiten bietet, ist die Anwendung dieser Näherungsgleichungen nicht ratsam.

3. Der Zusammenhang zwischen den Dehnungen und den Spannungen.

Nach dem Hook'schen Elastizitätsgesetz ist für den im Abstande z von der Mittelfläche gelegenen Punkt A

$$\varepsilon_{z1} = \frac{1}{E}(\sigma_{z1} - \nu\sigma_{z2}); \qquad \varepsilon_{z2} = \frac{1}{E}(\sigma_{z2} - \nu\sigma_{z1}) \qquad (15\text{a})\ (15\text{b})$$

woraus folgt

$$\sigma_{z1} = \frac{E}{1-\nu^2}(\varepsilon_{z1} + \nu\varepsilon_{z2}); \quad \sigma_{z2} = \frac{E}{1-\nu^2}(\varepsilon_{z2} + \nu\varepsilon_{z1}) \quad (16\text{a})\ (16\text{b})$$

oder mit Berücksichtigung der Gleichungen (7a), (7b)

$$\sigma_{z1} = \frac{E}{1-\nu^2}\left[\frac{R_1}{R_1+z}\left(\varepsilon_{01} + \frac{z}{h}\varepsilon_{h1}\right) + \nu\frac{R_2}{R_2+z}\left(\varepsilon_{02} + \frac{z}{h}\varepsilon_{h2}\right)\right] \tag{17a}$$

$$\sigma_{z2} = \frac{E}{1-\nu^2}\left[\frac{R_2}{R_2+z}\left(\varepsilon_{02} + \frac{z}{h}\varepsilon_{h2}\right) + \nu\frac{R_1}{R_1+z}\left(\varepsilon_{01} + \frac{z}{h}\varepsilon_{h1}\right)\right] \tag{17b}$$

Mit Hilfe der Gleichungen (11a), (11b) ist aus den z. B. durch Messung an der Schalenaußenseite festgestellten Dehnungen ε_{e1}, ε_{h1e} der Verlauf der Spannungen nach den oben angeführten Gleichungen zu berechnen. Für die dünne Schale erhalten wir die Näherungsformeln

$$\sigma_{z1} = \frac{E}{1-\nu^2}\left[(\varepsilon_{01} + \nu\varepsilon_{02}) + \frac{z}{h}(\varepsilon_{h1} + \nu\varepsilon_{h2})\right] \tag{18a}$$

$$\sigma_{z2} = \frac{E}{1-\nu^2}\left[\varepsilon_{02} + \nu\varepsilon_{01}) + \frac{z}{h}(\varepsilon_{h2} + \nu\varepsilon_{h1})\right] \tag{18b}$$

welche den linearen Verlauf der Normalspannungen ergeben. Mit

$$\sigma_{01} = \frac{E}{1-\nu^2}(\varepsilon_{01} + \nu\varepsilon_{02}); \quad \sigma_{02} = \frac{E}{1-\nu^2}(\varepsilon_{02} + \nu\varepsilon_{01}) \quad (19\text{a})\ (19\text{b})$$

$$\sigma_{h1} = \frac{E}{1-\nu^2}\,(\varepsilon_{h1} + \nu\varepsilon_{h2})\,; \quad \sigma_{h2} = \frac{E}{1-\nu^2}\,(\varepsilon_{h2} + \nu\varepsilon_{h1}) \quad (20\text{a})\,(20\text{b})$$

nehmen die Gleichungen (18a) und (18b) die Gestalt

$$\sigma_{z1} = \sigma_{01} + \frac{z}{h}\,\sigma_{h1} \qquad (21\text{a})$$

$$\sigma_{z2} = \sigma_{02} + \frac{z}{h}\,\sigma_{h2} \qquad (21\text{b})$$

an, wo σ_{01} bzw. σ_{02} die Normalspannung bedeutet, die durch die biegungsfreie Dehnung der dünnen Schale entsteht, während σ_{h1} bzw σ_{h2} die Biegungsspannung ist, die infolge der dehnungsfreien Verbiegung der Schalenmittelfläche erzeugt wird. Aus den Gleichungen (21a) und (21b) geht hervor, daß der allgemeine Spannungszustand als Überlagerung der beiden erwähnten Elementarfälle aufgefaßt werden kann. Der größte bzw. kleinste Wert tritt an der Begrenzungsfläche der Schale auf. Für $z = h \pm$ wird

$$\sigma_{e1} = \sigma_{01} + \sigma_{h1}\,; \qquad \sigma_{i1} = \sigma_{01} - \sigma_{h1} \qquad (22\text{a})\ (22\text{b})$$

$$\sigma_{e2} = \sigma_{02} + \sigma_{h2}\,; \qquad \sigma_{i2} = \sigma_{02} - \sigma_{h2} \qquad (23\text{a})\ (23\text{b})$$

Die Gleichungen (1b), (1c) ergeben in Verbindung mit den Gleichungen (19a), (19b), (20a), (20b), (6a) und (6b) die Spannungsresultierenden T_1, T_2, G_1 und G_2 in Abhängigkeit der Dehnungen und Krümmungsänderungen

$$T_1 = \frac{2\,h\,E}{1-\nu^2}\,(\varepsilon_{01} + \nu\varepsilon_{02})\,; \quad T_2 = \frac{2\,h\,E}{1-\nu^2}\,(\varepsilon_{02} + \nu\varepsilon_{01}) \quad (24\text{a})\ (24\text{b})$$

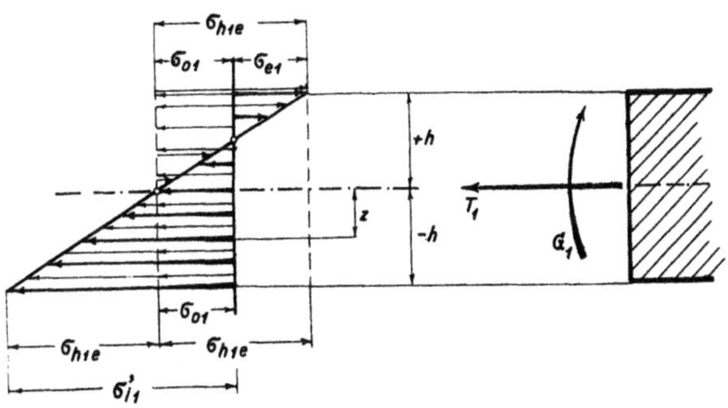

Abb. 13 u. 14. Verteilung der Normalspannungen bei einer dünnen Schale. Spannungskräfte und Spannungsmoment. Das Biegungsmoment wirkt in negativem Sinne.

$$G_1 = \frac{2\,h^3\,E}{3\,(1-\nu^2)}\,(\varkappa_1 + \nu\varkappa_2)\,; \quad G_2 = \frac{2\,h^3\,E}{3\,(1-\nu^2)}\,(\varkappa_2 + \nu\varkappa_1) \quad (25a)\ (25b)$$

Das Biegungsmoment G_1 bzw. G_2 wird als positiv gerechnet, wenn sein Drehsinn auf eine Zunahme der Krümmungsänderung — Verkleinerung des Krümmungshalbmessers bewirkt, Abb. 1, wodurch auf der äußersten Schalenbegrenzungsfläche ($z = +\,h$) eine positive Biegungsdehnung und somit eine positive Biegungsspannung erzeugt wird. Wir erhalten demgemäß für die dünne Schale beispielsweise die in Abb. 13 dargestellte Verteilung der Normalspannung über einen Breitenkreisschnitt. Die Meridianschnittfläche weist einen entsprechenden Spannungsverlauf auf.

4. Die biegungsfreie, dehnbare Schale.

a) Hautspannungen und Hautdehnungen.

Die biegungsfreie dehnbare Schale ist dadurch gekennzeichnet, daß sie weder Biegungs- noch Schubspannungen aufweist. Die Annahme, daß die halbe Wanddicke im Vergleich zum Krümmungshalbmesser R_1 bzw. R_2 so klein ist, daß man h/R_1 bzw. h/R_2 gegenüber s vernachlässigen darf, führt, wie wir gesehen haben, auf den linearen Dehnungs- und Spannungsverlauf. Der Spannungszustand dieser Schale oder Haut kann unabhängig von der Formänderung berechnet werden. Umschließt die Haut einen allseitig geschlossenen Raum und weist die Meridiankurve keinen Wendepunkt auf, so ist [1])

$$\sigma_{01} = \frac{p}{4\,h}\,R_2\,; \qquad \sigma_{02} = \frac{p}{2\,h}\,R_2\left(1 - \frac{1}{2}\,\frac{R_2}{R_1}\right) \qquad (26a)\ (26b)$$

Die Gleichungen (19a), (19b) nach den Dehnungen aufgelöst, ergeben

$$\varepsilon_{01} = \frac{1}{E}\,(\sigma_{01} - \nu\sigma_{02})\,; \qquad \varepsilon_{02} = \frac{1}{E}\,(\sigma_{02} - \nu\sigma_{01}) \quad (27a)\ (27b)$$

und mit den Gleichungen (26a) und (26b)

$$\varepsilon_{01} = \frac{p\,R_2}{4\,h\,E}\left(1 - 2\,\nu + \nu\,\frac{R_2}{R_1}\right) \qquad (28a)$$

$$\varepsilon_{02} = \frac{p\,R_2}{4\,h\,E}\left(2 - \nu - \frac{R_2}{R_1}\right) \qquad (28b)$$

b) Radiale Verschiebung des Randbreitenkreises für verschiedenartige Schalen. Klaffen der Uebergangsstelle von Boden und Zylinderschale.

Ist w_B^* die radiale Verschiebung des Punktes A_B^* der Meridiankurve, in welchem die Tangente parallel zur Drehachse verläuft und ist der zugehörige Breitenkreishalbmesser $r_a = a$, so lautet Gleichung (3b)

$$\varepsilon_{02}^* = \frac{w_B^*}{a} \tag{29a}$$

Wir bezeichnen diesen Breitenkreis in der Folge als Randbreitenkreis oder als Schalenrand. Führen wir den Ausdruck (29a) in Gleichung (28b) ein, setzen $R_2 = a$ und lösen nach w_B^* auf, so wird

$$w_B^* = \frac{p\,a^2}{4\,h_B\,E}\left[2 - \nu - \frac{a}{r}\right] \tag{29b}$$

worin r der Krümmungshalbmesser der Meridiankurve im Punkte A_B^* ist. Die Fußnote „B“ bzw. „Z“ soll andeuten, daß sich die betreffende Größe auf die Bodenschale bzw. Zylinderschale bezieht. Diese Fußnoten werden nur dann angewendet, wenn verschiedene Schalen gleichzeitig betrachtet werden, um Verwechslungsmöglichkeiten vorzubeugen. Die Größe der Verschiebung w_B^* hängt vom Charakter der Meridiankurve ab. Mit zunehmendem Krümmungshalbmesser R_1 bzw. r wird die Meridiankurve flacher. Im Grenzfalle R_1 bzw. $r = \infty$ geht sie in eine Gerade über, d. h. es liegt eine unendlich lange Zylinderschale, Abb. 16, vor. Die Flächennormale n steht stets winkelrecht zur Drehachse d. h. $\alpha = \pi/2$ und die radiale Ausweitung ist längs der ganzen Mantellinie, wie Abb. 16 zeigt, konstant. Aus Gleichung (29b) folgt

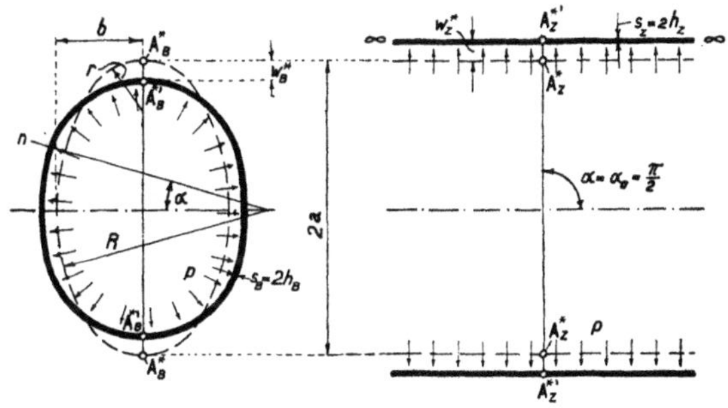

Abb. 15 und 16.
Verformung der Haut mit beliebiger Meridiankurve. Verformung der unendlich langen Zylinderschale.

$$w_Z^* = \frac{p\,a^2}{4\,h_Z\,E}\,(2-\nu) \tag{30a}$$

Mit $r =$ konstant $= a$ geht die Schale in eine Kugelschale über, wobei

$$w_{Ku}^* = \frac{p\,a^2}{4\,h_B\,E}\,(1-\nu) \tag{30b}$$

Die Ausweitung des Kugelhautrandkreises ist nach den Gleichungen (30a) und (30b) das 0,4fache von der Ausweitung des Zylinderhautkreises. Mit $\nu = 0{,}3$ und $a/r = 1{,}7$ beträgt die Ausweitung nach Gl. (29b) $w_B^* = 0$. Ist $a/r > 1{,}7$, also $r/a < 0{,}587$, so wird die Verschiebung w_B^* nach Gleichung (29b) negativ. Der Umfang des Randbreitenkreises verkürzt sich. Hat die Meridiankurve die Form einer Ellipse mit dem Halbachsenverhältnis $a/b = 2$, dann wird, da der Krümmungshalbmesser im Endpunkt der großen Halbachse $r = b^2/a = 0{,}25\,a$ ist.

$$w_E^* = -\frac{p\,a^2}{4\,h_B\,E}\,(2+\nu) \tag{30c}$$

Die Einschnürung des Randkreises beträgt in diesem Falle das 1,35fache der Ausweitung der Zylinderschale. Nehmen wir an, daß die zu vergleichenden Schalen aus gleichem Material bestehen, so wird nach den Gleichungen (29b) und (30a)

$$\psi_w = w_B^* : w_Z^* = \frac{h_Z}{h_B}\left[1 - \frac{a}{(2-\nu)\,r}\right] \tag{31}$$

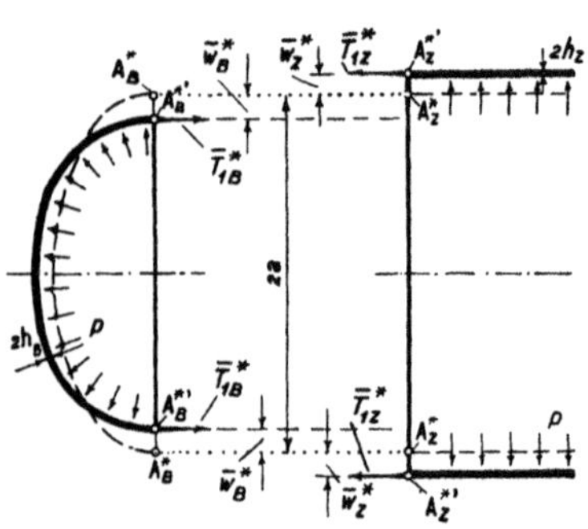

Abb. 17.
Die Randverschiebungen und Randkräfte der Boden- und Zylinderschale als Haut betrachtet.

Wir denken uns die in Abb. 15 und 16 dargestellten Schalen längs des Randbreitenkreises aufgeschnitten und bringen in den Schnittflächen die Spannungen σ_{01}^*, σ_{02}^* an, welche durch den Zusammenhang der beiden Schalenhälften bedingt sind. Die Spannungen fassen wir gemäß der Gleichung (1b) zu spannungsresultierenden $\overline{T}_{1B}^*$, $\overline{T}_{1Z}^*$ zusammen.

Die im Kesselbau verwendeten Bodenschalen weisen im allgemeinen ein Verhältnis $r:a$ auf, das unter dem genannten Grenzwert liegt. Die Boderschale ist somit, nach Gleichung (29b), bestrebt, sich an der Übergangsstelle in die Zylinderschale gegen die Drehachse hin zu bewegen, während die Zylinderschale sich auszuweiten versucht. Um die beiden Schalenränder, Abb. 17, zusammenzufügen, müssen wir zusätzliche Randkräfte und Randbiegungsmomente anbringen, welche den stetigen Übergang erzwingen, Abb. 18. Diese zusätzlichen Zwangskräfte und Zwangsmomente erzeugen in beiden Schalen zusätzliche Formänderungen und Spannungen, die sich dem in Abb. 17 dargestellten Formänderungszustand und dem zugehörigen Spannungsverlauf überlagern. Wir bezeichnen diese zusätzlichen Verzerrungen, Dehnungen und Spannungen als Zwangsverzerrungen, Zwangsdehnungen und Zwangsspannungen.*)

Die in Wirklichkeit an einem zusammengesetzten Behälter oder Kessel auftretenden Verformungen, Randkräfte und Randmomente sind in Abb. 18 dargestellt. Wir werden später noch eingehend auf diese Randbelastungen zurückkommen. Die Randzwangskräfte fallen um so größer aus, je größer das Klaffen der beiden Schalenränder in Abb. 17 ist. Diese Erkenntnis auf den Spannungsverlauf an Behältern und Kesseln übertragen besagt, daß ein kleiner Krempenhalbmesser hohe Spannungen in der Umgebung des gemeinsamen Schalenrandes verursacht. Unsere Versuchsergebnisse bestätigen diese Überlegung.

Stellen wir beispielsweise die Meßergebnisse von Behälter Nr. 1 und Nr. 2 einander gegenüber, so erhalten wir nach Gleichung (31) ein Auslenkungsverhältnis $\psi_{w(1)} = 5{,}47$ bzw. $\psi_{w(2)} = -0{,}955$ während die Spannungen in der Nähe des Randes für $p = 1$ at $\sigma_{e1(1)} = 184\ \text{kg/cm}^2$ bzw. $\sigma_{e1(2)} = 32\ \text{kg/cm}^2$. Dem größeren Auslenkungsverhältnis kommt auch die entsprechend größere Spannung zu. Durch die ungleiche Auslenkung der Schalenränder entstehen u. a. bedeutende Schubkräfte N_B^* bzw. N_Z^* ($N_B^* = -N_Z^*$). Das

---

*) Die hiefür gebräuchliche Bezeichnung „Randspannungen" ist irreführend, da auch die Schale, als Haut betrachtet, Abb. 17, am Rand Spannungen aufweist. Zutreffend ist hingegen die von Geckeler verwendete, aber nicht streng durchgeführte Bezeichnung „Unstetigkeitsspannungen", da jede Unstetigkeit in der Schale ein System von sog. Zwangsspannungen bedingt.

Verhalten der Schalenränder gibt aber auch für die Gestaltung der Verbindung beider Schalen zu einem geschlossenen Behälter praktisch wertvolle Richtlinien. Wie bereits *Keller* [2]) gezeigt hat, können die Zugspannungen, welche durch die gegenläufige Bewegung der Schalenränder in den Nieten entstehen, dadurch vermieden werden, daß entgegen der allgemeinen Gepflogenheit, *die Bodenschale über den Zylindermantelrand geschoben wird.* Dieser theoretisch wohlbegründete Vorschlag hat bis dahin in der Praxis des Kesselbaues wenig Beachtung gefunden. Der Grund mag darin liegen, daß die innenliegende Stemmkante der Zylinderschale nicht mehr so bequem zugänglich ist. Nachdem sich in den letzten Jahren die elektrische Lichtbogenschweißung zu einem wichtigen und unentbehrlichen Fabrikationsverfahren entwickelt hat, kann der angeführte Mangel dadurch überbrückt werden, daß man längs der Stemmkante zur Abdichtung eine feine Schweißnaht legt. Ebenso wichtig ist die Anwendung dieses Konstruktionsgedankens, wenn die beiden Schalen mittels elektrischer Lichtbogenschweißung miteinander verbunden werden, da die Schweißnaht von den Schubkräften (N^*) entlastet werden kann. Um die durch die Zwangskräfte und Zwangsmomente erzeugten Formänderungen näher untersuchen zu können, müssen wir vorerst auf die allgemeinen Grundgleichungen zurückgreifen.

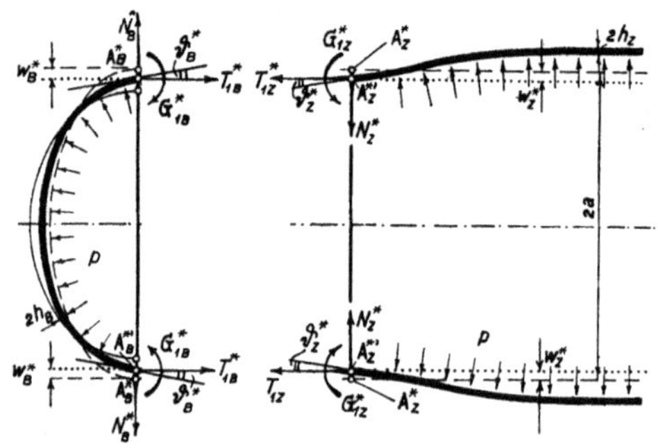

Abb. 18. Die an den Schalenrändern eines Behälters auftretenden Formänderungen, Randkräfte und Randmomente.

5. Die Differentialgleichung der biegungssteifen, dehnbaren Schale.

Eliminieren wir in den 3 Gleichgewichtsbedingungen (2a), (2b), (2c) die Schubkraft N, so bleiben noch zwei Differentialgleichungen übrig, die wir mit Berücksichtigung der Gleichungen (24a), (24b), (25a), (25b), (6a), (6b), (13), (3a) und (3b) auf die beiden Verschiebungskompenenten u und w zurückführen können. Die Lösungsmöglichkeit ist damit gegeben. H. Reißner[3]) zeigte, daß für die Kugelschale durch Einführen von Spannungs- und Deformationsgrößen an Stelle der Verschiebungen eine Symmetrie der Grundgleichungen erzielt werden kann. E. Meißner[4]) wies nach, daß dies auch im Falle der allgemeinen Rotationsfläche erreicht werden kann, und daß diese Symmetrie für die Kugel-, Kegel- und Ringflächenschale den Zerfall der Differentialgleichung vierter Ordnung in zwei Differentialgleichungen zweiter Ordnung ermöglicht. Diese Erkenntnis, die für die Schalentheorie von grundlegender Bedeutung ist, hatte die Untersuchung der genannten Schalen durch Bolle[5]), Dubois[6]), Honegger[7]) und Wißler[8]) zur Folge. Wir führen nach Meißner die beiden neuen Grundvariablen

$$V = N R_2$$
$$\vartheta = \frac{1}{R_1}\left(u - \frac{\delta w}{\delta a}\right) \tag{32}$$

ein und setzen

$$F(a) = -\int R_1 R_2 Z \cos a + c \tag{33 a}$$

$$H(a) = \frac{F(a)}{R_1 \sin^2 a} + R_2 Z \tag{33 b}$$

wo $F(a)$ bzw. $H(a)$ eine von den Belastungen abhängige Funktion von a ist, während sich die Größe der Integrationskonstanten in Gleichung (33a) aus der statischen Auslegung des Integrals ergibt. Werden diese Ausdrücke mit Berücksichtigung von Gleichung (32) in die Gleichung eingeführt, die durch Umformung aus den beiden Gleichungen (2a) und (2b) entsteht, so erhält man für

$$T_1 = \frac{V}{R_2} \operatorname{ctg} a - \frac{F(a)}{R_2 \sin^2 a} \tag{34 a}$$

$$T_2 = \frac{1}{R_1} \frac{\delta V}{\delta a} + H(a) \tag{34 b}$$

Die Spannungkräfte N, T_1 und T_2 werden durch die Gleichungen (32), (34 a) und (34b) durch die neuen Grundvariablen ausgedrückt. Aus den Gleichungen (25a) und (25b) in Verbindung mit den

Gleichungen (6a) und (6b) folgt der Zusammenhang der Biegungsmomente mit der Grundvariablen ϑ

$$G_1 = D\left(\frac{1}{R_1}\frac{\delta\vartheta}{\delta a} + \nu\frac{1}{R_2}\vartheta\, ctg\, a\right) \tag{35a}$$

$$G_2 = D\left(\frac{1}{R_2}\vartheta\, ctg\, a + \nu\frac{1}{R_1}\frac{\delta\vartheta}{\delta a}\right) \tag{35b}$$

wo $D = 2\,h^3\,E/3\,(1-\nu^2)$ ist. Gehen wir nun von den endlichen Differenzen, die durch das Zeichen „δ" gekennzeichnet sind, auf die Differentiale „d" über und führen noch den linearen Differentialoperator

$$L(f) = \frac{1}{R_1\sin a}\frac{d}{da}\left(\frac{R_2}{R_1}\frac{df}{da}\sin a\right) - f\frac{1}{R_2}ctg^2\, a \tag{36}$$

$$= \frac{R_2}{R_1^2}\frac{d^2f}{da^2} + \frac{1}{R_1}\frac{d}{da}\left(\frac{R_2}{R_1}\right)\frac{df}{da} + \frac{R_2}{R_1^2}ctg\, a\frac{df}{da} - f\frac{1}{R_2}ctg^2 a$$

ein, wo f eine Funktion von a ist, dann nimmt die Gleichung (2c) mit Berücksichtigung der Gleichungen (32), (35a) und (35b) die Form an

$$-\frac{V}{D} = -L(\vartheta) + \nu\frac{\vartheta}{R_1} \tag{37a}$$

Eliminiert man in den Gleichungen (3a) und (3b) die Größe w, so erhält man

$$u = \sin a\int_0^a \frac{1}{\sin a}(R_1\,\varepsilon_{01} - R_2\,\varepsilon_{02})\,\delta a \tag{38}$$

worauf aus Gleichung (3b) für

$$w = -\cos a\int_0^a \frac{1}{\sin a}(R_1\,\varepsilon_{01} - R_2\,\varepsilon_{02})\,\delta a + R_2\,\varepsilon_{02} \tag{39}$$

folgt. Diese Werte in Gleichung (13) eingesetzt, ergibt die Verträglichkeitsbedingung zwischen den Verzerrungen und der Winkeländerung

$$\vartheta = \frac{1}{R_1}ctg\, a\,(R_1\,\varepsilon_{01} - R_2\,\varepsilon_{02}) - \frac{1}{R_1}\frac{d}{da}(R_2\,\varepsilon_{02}) \tag{40}$$

Sie ist die Bedingung dafür, daß durch die Formänderung der Körperzusammenhang nicht gestört werden darf.

Führen wir in Gleichung (40) mit Benützung der Gleichungen (24a) und (24b) die Spannungskräfte T_1 und T_2 ein, beachten die Gleichungen (34a), (33b) und (34b) und die in Gleichung (36) eingeführte Abkürzung, so erhalten wir nach längerer Ausrechnung an Stelle von Gleichung (40)

$$2\,h\,E\,\vartheta + \frac{\Phi}{R_1} = -\,L(V) - \nu\,\frac{V}{R_1} \qquad (37\,\mathrm{b})$$

wo

$$\Phi = \frac{d}{d\alpha}\left[\left(\nu + \frac{R_2}{R_1}\right)\frac{F(\alpha)}{\sin^2\alpha} + R_2^2\,Z\right]$$

$$+ \frac{F(\alpha)}{\sin^2\alpha}\,ctg\,\alpha\left(\frac{R_1}{R_2} + \frac{R_2}{R_1} + 2\,\nu\right) + R_2\,Z\,ctg\,\alpha\,(R_2 + \nu\,R_1) \qquad (41)$$

eine von den äußeren Belastungen abhängige Funktion ist. Die Festigkeitsuntersuchung der achsensymmetrischen Schale führt auf die beiden symmetrisch gebauten Differentialgleichungen zweiter Ordnung (37a) und (37b). Da dieses inhomogene System 4. Ordnung ist, werden bei der Integration 4 Konstanten auftreten.

6. Die allgemeine Form der Lösung des Schalendifferenzialgleichungssystems und ihre Auslegung.

a) Allgemeine Form der Lösung.

Die in einer Schale auftretenden Verzerrungen und Spannungen rühren einerseits von der stetigen Belastung z. B. vom Flüssigkeitsdruck her. Anderseits bedingen die in der Schale auftretenden Unstetigkeiten ein zweites System von Verzerrungen und Spannungen, das sich dem erstgenannten System überlagert. Als Unstetigkeit sind z. B. der Übergang von einer Schalenform in eine andere, die Bohrung in einer Schale, die Angriffsstelle von Versteifungskonstruktionen, die Befestigungsstelle eines Fußes usw. zu nennen. Die Formänderung, welche durch die stetige Belastung und durch die Unstetigkeiten verursacht wird, steht in linearem Zusammenhang mit der wirklichen z. B. an einem Behälter durch Messen ermittelten Formänderung. Die beiden Teilformänderungen können jede für sich allein bestimmt werden. Die Übereinanderlagerung ergibt den wirklichen Formänderungszustand. Der Verzerrungs- und Spannungszustand, welcher durch die stetige Belastung, in unserm Fall durch den Flüssigkeitsdruck p erzeugt wird, ist annähernd gleichbedeutend mit dem Verzerrungs- und Spannungszustand einer Partikularlösung. Der durch die Unstetigkeit allein bedingte Verzerrungs- und Spannungszustand entspricht der Lösung des homogenen Gleichungssystems, das aus dem Gleichungssystem (37a) und (37b) entsteht, wenn wir die Oberflächenbelastung also $\Phi = 0$ bzw. $p = 0$ setzen. Zur Erfüllung der Bedingungen, welche die Unstetigkeit charakterisieren, stehen in der Lösung des homogenen Gleichungssystems 4 Konstanten zur Verfügung. Die allgemeine Lösung des inhomogenen Differentialgleichungssystems (37a) und (37b) setzt sich somit zusammen aus:

1. einer Partikularlösung des inhomogenen Gleichungssystems ($\Phi \neq 0$),
2. der allgemeinen Lösung des homogenen Gleichungssystems ($\Phi = 0$ bzw. $p = 0$).

Die der Lösung 1 bzw. 2 zukommenden Größen sollen durch Überstreichen bzw. durch eine seitlich hochstehende Null gekennzeichnet werden. Mit diesen Bezeichnungen erscheint das allgemeine Integralsystem in der Form

$$V = \overline{V} + V^0 \tag{42a}$$

$$\vartheta = \overline{\vartheta} + \vartheta^0 \tag{42b}$$

Wie aus den Gleichungen (32), (34a), (34b), (35a) und (35b) ersichtlich ist, stehen die Spannungskräfte N, T_1, T_2 und die Spannungsmomente G_1, G_2 in linearem Zusammenhang mit den beiden Grundvariablen ϑ und V. Aus den beiden Beziehungen (42a) und (42b) folgt, daß die resultierenden Spannungskräfte N, T_1, T_2 und resultierenden Spannungsmomente G_1, G_2 durch Ueberlagerung von $\overline{N}$, $\overline{T_1}$, $\overline{T_2}$, $\overline{G_1}$, $\overline{G_2}$, die dem Lösungssystem $\overline{\vartheta}$, $\overline{V}$ entsprechen, mit N^0, T_1^0, T_2^0, G_1^0, G_2^0 die dem Lösungssystem ϑ^0, V^0 entsprechen, erhalten werden. Da die Spannungen nach den Gleichungen (1a), (1b), (1c) ebenfalls in linearer Abhängigkeit zu den Spannungskräften und Spannungsmomenten stehen, ist nach Gleichungen (42a) und (42b)

$$\tau = \overline{\tau} + \tau_0 \qquad (43\,a)$$

$$\sigma_{01} = \overline{\sigma}_{01} + \sigma_{01}^0 \qquad \sigma_{02} = \overline{\sigma}_{02} + \sigma_{02}^0 \qquad (43\,b)$$

$$\sigma_{h1} = \overline{\sigma}_{h1} + \sigma_{h1}^0 \qquad \sigma_{h2} = \overline{\sigma}_{h2} + \sigma_{h2}^0 \qquad (43\,c)$$

Insbesondere erhalten wir für die Schalenaußenseite mit Berücksichtigung der Gleichungen (22a) und (23a)

$$\sigma_{e1} = \overline{\sigma}_{e1} + \sigma_{e1}^0 = (\overline{\sigma}_{01} + \overline{\sigma}_{h1e}) + (\sigma_{01}^0 + \sigma_{h1e}^0) \qquad (44\,a)$$

$$\sigma_{e2} = \overline{\sigma}_{e2} + \sigma_{e2}^0 = (\overline{\sigma}_{02} + \overline{\sigma}_{h2e}) + (\sigma_{02}^0 + \sigma_{h2e}^0) \qquad (44\,b)$$

Für die Verzerrungen gelten die entsprechenden Beziehungen. Mit dem noch näher zu beschreibenden Dehnungsmesser ermitteln wir die Verzerrungen, die den totalen Spannungen σ_{e1}, σ_{e2} entsprechen. Kennen wir zudem den zu einer Partikularlösung gehörenden Spannungsverlauf, so stellt nach den Gleichungen (44a), (44b) die Differenz dieser beiden Spannungszustände die Spannungen dar, welche durch die Unstetigkeit allein verursacht werden. Für die Verschiebungen u und w erhalten in gleicher Weise

$$u = \overline{u} + u^0; \qquad w = \overline{w} + w^0 \qquad (45\,a)\ (45\,b)$$

b) Vereinfachte Form der Lösung, unter der Annahme, daß die Schale, als Haut betrachtet näherungsweise ein partikulares Integral liefere. Weitere Vereinfachung für den Randbreitenkreis.

Die Lösung der Festigkeitsaufgabe der biegungsfreien, dehnbaren Schale — Haut — kann näherungsweise unter gewissen Voraussetzungen als Partikularlösung angesehen werden. Da die Formänderung der Schale, als Haut betrachtet, nur in einem reinen Längungszustand besteht, also weder Biegungs- noch Schubspannungen auftreten, d. h.

$$\overline{\tau} = 0, \quad \overline{\sigma}_{h1} = \overline{\sigma}_{h2} = 0, \quad \overline{\vartheta} = 0 \qquad (45)$$

zu setzen ist, so vereinfachen sich die Gleichungen (43a) und (43c) zu

$$\tau = \tau^0 \qquad (46\,a)$$

$$\sigma_{h1} = \sigma_{h1}^0 \qquad \sigma_{h2} = \sigma_{h2}^0 \qquad (46\,c)$$

die besagen, daß z. B. die durch Messen ermittelten Biegungs- und Schubspannungen die Spannungen sind, welche von der Unstetigkeit herrühren. Die Gleichung (43 b) bleibt unverändert. Die Verschiebungen befolgen die Gleichungen (45 a) und (45 b), während der resultierende Verdrehungswinkel der Flächennormalen

$$\vartheta = \vartheta^0 \tag{47}$$

ist, da $\overline{\vartheta} = 0$ wird. Für die resultierenden Spannungen erhalten wir nach den Gleichungen (44 a) und (44 b)

$$\sigma_{e1} = \overline{\sigma}_{01} + \sigma^0_{e1} = \overline{\sigma}_{01} + (\sigma^0_{01} + \sigma^0_{h1e}) \tag{48 a}$$

$$\sigma_{e2} = \overline{\sigma}_{02} + \sigma^0_{e2} = \overline{\sigma}_{02} + (\sigma^0_{02} + \sigma_{h2e}) \tag{48 b}$$

In den obigen Gleichungen tritt für den Breitenkreis $\alpha = \pi/2$ bzw. $\beta = 0$, eine weitere Vereinfachung ein, da nach Gleichung (34 a), (35 a), (35 b)

$$\sigma^{0*}_{01} = 0, \qquad \sigma^{0*}_{h2} = \nu\, \sigma^{0*}_{h1}$$

ist. Für den Breitenkreis $\alpha = \pi/2$, bzw. $\beta = 0$ lauten somit die Gleichungen (46 a), (43 b), (46 c)

$$\tau^* = \tau^{0*} \tag{45 a)*}$$

$$\sigma^*_{01} = \overline{\sigma}^*_{01} \qquad \sigma^*_{02} = \overline{\sigma}^*_{02} + \sigma^{0*}_{02} \tag{45 b)*}$$

$$\sigma^*_{h1} = \sigma^{0*}_{h1} \qquad \sigma^*_{h2} = \nu\, \sigma^{0*}_{h1} \tag{45 c)*}$$

und wir erhalten z. B. für die resultierenden Normalspannungen an der Schalenaußenseite gemäß Gleichungen (48 a) und (48 b)

$$\sigma^*_{e1} = \overline{\sigma}^*_{01} + \sigma^{0*}_{h1e} \tag{48 a)*}$$

$$\sigma^*_{e2} = \overline{\sigma}^*_{02} + \sigma^{0*}_{02} + \nu\, \sigma^{0*}_{h1e} \tag{48 b)*}$$

Die Spannungen $\overline{\sigma}_{01}$ und $\overline{\sigma}_{02}$, die dem partikularen Integral angehören, sind aus den Gleichungen (26 a) und (26 b) zu berechnen, wenn die Krümmungshalbmesser R_1 und R_2 der Schale bekannt sind. Die Arbeiten von Bolle, „Festigkeitsberechnung von Kugelschalen", und von Wißler, „Festigkeitsberechnung von Ringflächenschalen", enthalten die allgemeine Lösung der Festigkeitsberechnung von Behältern und Kesseln, die durch das Zusammenfügen der üblichen korbbogenförmigen Bodenschale und der Zylinderschale entstehen. Diese Lösungen sind für die Anwendung am Konstruktionstisch ungeeignet, da sie zu verwickelten und zeitraubenden Rechnungen führen. Eine Vereinfachung der Aufgabe in der Weise anzustreben, daß der Einfluß der Zwangs- oder Unstetigkeitskräfte vernachlässigt wird, führt zu unrichtigen Ergebnissen. Die Zwangs- oder Unstetigkeitsspannungen bilden einen wesentlichen Bestandteil der in einer randeingespannten Schale auftretenden wirklichen Spannungen. Wir können uns ein Bild über deren Verlauf in der Weise verschaffen, daß wir den durch Messung ermittelten Verzerrungs- bzw. Spannungszustand mit Benützung der Gleichungen (26a), (26b) nach den Beziehungen (48a) und (48b) in die Teilbeträge zerlegen. Die Differenz der gemessenen totalen Spannungen und die Hautspannungen ergibt näherungsweise die Unstetigkeitsspannungen. Der Verlauf der im Jahre 1923 [9]) an einigen Behältern festgestellten Verzerrungen lehrte, daß die Unstetigkeitsverzerrungen und somit auch die Unstetigkeitsspannungen vom gemeinsamen Schalenrand in stark gedämpften Wellen rasch gegen Null ausklingen. Diese Feststellung eröffnet nach dem Gesagten einen wertvollen Einblick in den Charakter der allgemeinen Lösung des homogenen Differentialgleichungssystems und führte uns in enger Anlehnung an die Lösung der Zylinderschale zu einer Näherungslösung für die gewölbte Bodenschale. Die Brauchbarkeit dieser an sich gewagt erscheinenden Näherungslösung für die Festigkeitsberechnung der im Kesselbau üblichen Schale muß durch zweckentsprechende Versuche vorerst geprüft werden. Die hiezu notwendigen Versuche konnten infolge anderweitiger Arbeiten erst im Sommer 1926 aufgenommen werden. In der Zwischenzeit hat Geckeler [10]) eine in der äußeren Form verschiedene, dem Charakter nach aber gleiche Näherungslösung veröffentlicht, ohne jedoch den unerläßlichen Beweis für ihre Anwendbarkeit zur Lösung der Festigkeitsaufgaben des Behälter- und Kesselbaues zu erbringen. Ist eine brauchbare Näherungslösung als partikulares Integral bekannt, so ist die Festigkeitsaufgabe gelöst. Die in der Näherungslösung auftretenden 4 Integrationskonstanten sind so zu bestimmen, daß die Bedingungen, welche an der Unstetigkeitsursprungsstelle herrschen, erfüllt werden.

7. Die genaue Lösung der Zylinderschale.

Aus diesen allgemeinen Betrachtungen geht hervor, daß sich der Spannungszustand in der Zylinderschale zusammensetzt aus den sogen. Hautspannungen und den Unstetigkeits- oder Zwangsspannungen.

a) Hautspannungen und Hautverschiebungen.

Da für die Zylinderschale $R_1 =$ konstant $= \infty$, $R_2 =$ konstant $= a$ ist, wird nach Gleichungen (26 a) und (26 b)

$$\bar{\sigma}_{01} = \frac{pa}{4h}; \qquad \bar{\sigma}_{02} = \frac{pa}{2h} \qquad (49\,\mathrm{a})\ (49\,\mathrm{b})$$

Die Schalengrundgleichungen (38) und (39) auf die Zylinderschale angewendet, lauten

$$\bar{u} = \int_0^x \bar{\varepsilon}_{01}\,\delta x \qquad \bar{w} = a\,\bar{\varepsilon}_{02}$$

oder mit Berücksichtigung des Hook'schen Gesetzes entsprechend den Gleichungen (15 a) und (15 b)

$$\bar{u} = \frac{x}{E}(\bar{\sigma}_{01} - \nu\sigma_{02}); \qquad \bar{w} = \frac{a}{E}(\bar{\sigma}_{02} - \nu\bar{\sigma}_{01}) \quad (50\,\mathrm{a})\ (50\,\mathrm{b})$$

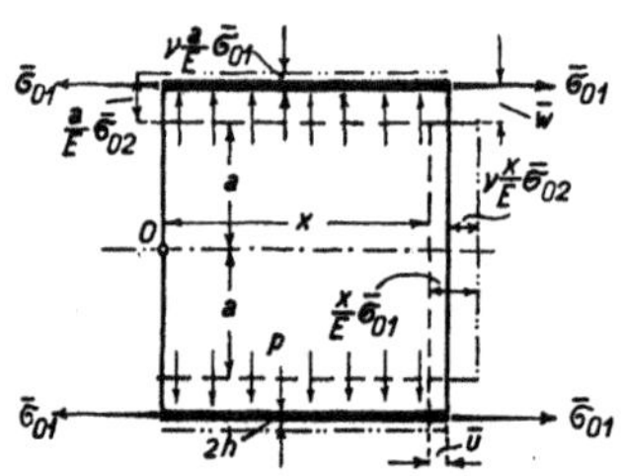

Abb. 19.
Verformung der von Unstetigkeitsspannungen freien Zylinderschale.

Da wir den Randquerschnitt O in Abb. 19 festhalten, wird die Integrationskonstante Null, und $\bar{u}$ ist die Verschiebung des Breitenschnittes mit der Abszisse x in positiver Richtung der x-Achse. Sie rührt her von der achsialen Längung der Zylinderschalenmantellinie infolge der Längungsspannung $\bar{\sigma}_{01}$ und der Verkürzung, die durch die Querkontraktion verursacht wird. In ähnlicher Weise ist die Verschiebung in radialer Richtung zu deuten. Führen wir an Stelle der Längungsspannungen $\bar{\sigma}_{01}$, $\bar{\sigma}_{02}$ die Werte der Gleichungen (49 a), (49 b) ein, so erhalten wir

$$\bar{u} = \frac{p\,a\,x}{4\,h\,E}(1 - 2\,\nu); \qquad \bar{w} = \frac{p\,a^2}{4\,h\,E}(2 - \nu) \quad (51\,\mathrm{a})\ (51\,\mathrm{b})$$

Die Verschiebung $\overline{w}$ ist längs der Zylinderschalenachse konstant. Eine Verdrehung der Normalen zur Zylinderschalenmantellinie tritt nicht ein, d. h. es ist nach Gleichung (40)

$$\overline{\vartheta} = 0 \tag{52}$$

b) Unstetigkeitsspannungen und Unstetigkeitsverschiebungen.

1. Allgemeine Lösung des homogenen Differentialgleichungssystems. Die Zwangsspannungen entsprechen der allgemeinen Lösung des homogenen Differentialgleichungssystems (37a) und (37b) der Schale. Um dieses Gleichungssystem für die Zylinderschale zu erhalten, greifen wir vorerst auf den Differentialoperator (36) zurück und führen statt des Winkels a als Variable die zugehörige Bogenlänge $d\overline{x} = R_1 \delta a$ ein. Da die Flächennormale stets senkrecht zur Drehachse steht, wird $a =$ konstant $= \pi/2$, somit $ctg\, a = 0$, $sin\, a = 1$, $cos\, a = 0$, so daß mit $L(f) = a\, \delta^2 f / \delta \overline{x}^2$ die Gleichungen (37a) und (37b) im Falle der Zylinderschale

$$a \frac{d\,\vartheta^2}{d\overline{x}^2} = \frac{V}{D} \tag{53a}$$

$$-a \frac{d^2 V}{d\overline{x}^2} = 2\,h\,E\,\vartheta \tag{53b}$$

lauten, worin $D = 2\,E h^3/3\,(1 - \nu^2)$ ist.

Durch Differenzieren der Gleichung (53b) nach $\overline{x}$ und Elimination von $d\vartheta^2/d\overline{x}^2$ aus beiden Gleichungen erhalten wir die homogene Differentialgleichung

$$\frac{d^4 V}{d\overline{x}^4} + 4\,k^4 V = 0 \tag{54}$$

wo

$$k = \sqrt[4]{\frac{3\,(1-\nu^2)}{(2\,h)^2\,a^2}} = kz \tag{54a}$$

eine konstante Größe ist. Das allgemeine Integral dieser Differentialgleichung lautet

$$V_{\overline{x}} = e^{k(\overline{x} - x_0)}\,[c_1 \cos k\,(\overline{x} - x_0) + c_2 \sin k\,(\overline{x} - x_0)] + e^{-k(\overline{x} - x_0)}\,[c_3 \cos k\,(\overline{x} - x_0) + c_4 \sin k\,(\overline{x} - x_0)] \tag{55a}$$

wie man sich durch Einsetzen überzeugen kann. Da die Unstetigkeitsspannungen vom Rand als Unstetigkeitsursprungsstelle mit wachsendem x abklingen, müssen $c_3 = c_4 = 0$ sein. Verlegen wir den Koordinatennullpunkt $\overline{O}$ nach O in die Randebene der Zylinderschale, Abb. 20, dann lautet die obige Lösung*)

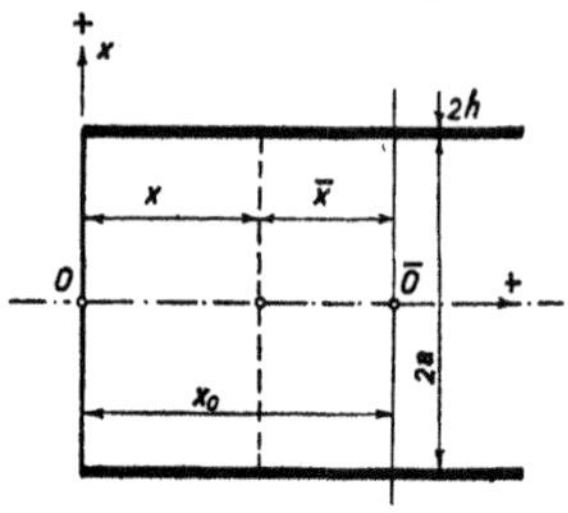

Abb. 20.
Achsiale Verschiebung des Koordinatensystems nach dem Rand der Zylinderschale.

$$V_x = e^{-kx}\,(c_1 \cos kx - c_2 \sin kx) \qquad (55\,\mathrm{b})$$

Das homogene Differentialgleichungssystem zeichnet sich dadurch aus, daß $\Phi = 0$ ist, womit auch die von der stetigen Belastung abhängigen Funktion $F(a)$ und $H(a)$ ebenfalls Null wird. Die Abhängigkeit der Spannungskräfte von der Grundvariablen V ist nach den Gleichungen (32), (34 a) und (34 b) unter Berücksichtigung der erwähnten Verschiebung des Koordinatenursprungs*) durch die Gleichungen

$$N^0 = \frac{V_x}{a} \qquad (32)$$

$$T_1^0 = 0 \qquad (34\,\mathrm{c})$$

$$T_2^0 = \frac{\delta V_{\overline{x}}}{\delta \overline{x}} = -\frac{\delta V_x}{\delta x} \qquad (34\,\mathrm{d})$$

gegeben, während die Gleichung (53 b) nach ϑ aufgelöst

$$\vartheta^0 = -\frac{a}{2hE}\,\frac{\delta^2 V_x}{\delta x^2} \qquad (48\,\mathrm{c})$$

den Zusammenhang von ϑ und V ergibt. Dieser Ausdruck in die Gleichungen (35 a) und (35 b) eingeführt, ergibt*)

$$G_1^0 = D\,\frac{\delta \vartheta^0}{\delta \overline{x}} = \frac{a h^2}{3(1-\nu^2)}\,\frac{\delta^3 V_x}{\delta x^3} \qquad (35\,\mathrm{c})$$

$$G_2^0 = \nu D\,\frac{\delta \vartheta^0}{\delta \overline{x}} = \nu\,\frac{a h^2}{3(1-\nu^2)}\,\frac{\delta^3 V_x}{\delta x^3} = \nu\, G_1^0 \qquad (35\,\mathrm{d})$$

Für die Verschiebungen u^0 längs der Achse der Zylinderschale erhalten wir nach Gleichungen (38) und (34 d), wenn wir den Querschnitt 0, Abb. 20, festhalten und berücksichtigen, daß $\sigma_{01}^0 = 0$ und $\varepsilon_{02}^0 = \nu/E\,\sigma_{02}^0$

*) Da $x = x_0 - \overline{x}$, wo x_0 eine Konstante ist, so, wird $\delta x = -\delta \overline{x}$, $\delta x^2 = \delta \overline{x}^2$, $\delta x^3 = -\delta \overline{x}^3$, $\delta x^4 = \delta \overline{x}^4$.

$$u^0 = \frac{\nu}{E} \frac{V_x}{2h} = \nu \frac{a}{E} \tau^0 \tag{38a}$$

während die Verschiebung senkrecht zur Zylinderschalenachse nach Gleichung (39) mit $R_2 = a$

$$w^0 = a\, \varepsilon^0_{02} = \frac{a}{E} \sigma^0_{02} \tag{39a}$$

ist.

2. Verlauf der Spannungen und Verschiebungen im Falle allgemeiner Randbedingungen. Belastungsfall: σ^{0*}_{02}, σ^{0*}_{h1e}. Mit der Lösung Gleichung (55b) und deren Ableitungen [11]) ergeben sich nach den Beziehungen (1a), (1b), (1c), (32), (34c), (34d), (35c), (35d) und (48c)

$$\tau^0 = \frac{1}{2ha} e^{-kx} (c_1 \cos kx - c_2 \sin kx) \tag{56.1}$$

$$\sigma^0_{01} = 0 \tag{56.2}$$

$$\sigma^0_{02} = \frac{\sqrt{2}\,k}{2h} e^{-kx} \left[c_1 \sin\left(kx + \frac{\pi}{4}\right) + c_2 \cos\left(kx + \frac{\pi}{4}\right)\right] \tag{56.3}$$

$$\sigma^0_{h1e} = \frac{\sqrt{2}\,k}{2h} \sqrt{\frac{3}{1-\nu^2}}\, e^{-kx} \left[c_1 \cos\left(kx + \frac{\pi}{4}\right) - c_2 \sin\left(kx + \frac{\pi}{4}\right)\right] \tag{56.4}$$

$$\sigma^0_{h2e} = \nu\, \sigma_{h1e} \tag{56.5}$$

$$\vartheta^0 = -\frac{\sqrt{12(1-\nu^2)}}{(2h)^2 \cdot E} e^{-kx} (c_1 \sin kx + c_2 \cos kx) \tag{56.6}$$

$$u^0 = \frac{\nu}{2h \cdot E} e^{-kx} [c_1 \cos(kx) - c_2 \sin(kx)] = +\nu \frac{a}{E} \tau^0 \tag{56.7}$$

$$w^0 = a\, \varepsilon^0_{02} = \frac{a}{E} \sigma^0_{02} \tag{56.8}$$

Die zwei noch verfügbaren Integrationskonstanten c_1 und c_2 müssen in der Weise ermittelt werden, daß die Bedingungen an der Unstetigkeitsstelle, d. h. am Zylinderschalenrand ($x = 0$) erfüllt werden. Sind σ^{0*}_{02} und σ^{0*}_{h1e} die Randzwangsspannungen, so folgt aus den Gleichungen (56.3) und (56.4) für

$$c_1 = \frac{h}{k} \left(\sigma^{0*}_{02} + \sigma^{0*}_{h1e} \sqrt{\frac{1-\nu^2}{3}}\right) \tag{57a}$$

$$c_2 = \frac{h}{k}\left(\sigma_{02}^{0*} - \sigma_{h1e}^{0*}\sqrt{\frac{1-\nu^2}{3}}\right) \tag{57 b}$$

womit die Gleichungsfolge (56) lautet

$$\tau^0 = \frac{\sqrt{2}}{2ak} e^{-kx}\left[\sigma_{02}^{0*} \cos\left(kx + \frac{\pi}{4}\right) + \sigma_{h1e}^{0*}\sqrt{\frac{1-\nu^2}{3}} \sin\left(kx + \frac{\pi}{4}\right)\right] \tag{58.1}$$

$$\sigma_{01}^0 = 0 \tag{58.2}$$

$$\sigma_{02}^0 = e^{-kx}\left(\sigma_{02}^{0*} \cos kx + \sigma_{h1e}^{0*}\sqrt{\frac{1-\nu^2}{3}} \sin kx\right) \tag{58.3}$$

$$\sigma_{h1e}^0 = e^{-kx}\left(\sigma_{h1e}^{0*} \cos kx - \sigma_{02}^{0*}\sqrt{\frac{3}{1-\nu^2}} \sin kx\right) \tag{58.4}$$

$$\sigma_{h2e}^0 = \nu\,\sigma_{h1e}^0 \tag{58.5}$$

$$\vartheta = -\frac{\sqrt{6(1-\nu^2)}}{2hE}\,\frac{1}{k}\,e^{-kx}\left[\sigma_{02}^{0*} \sin\left(kx + \frac{\pi}{4}\right) - \sigma_{h1e}^{0*}\sqrt{\frac{1-\nu^2}{3}} \cos\left(kx + \frac{\pi}{4}\right)\right] \tag{58.6}$$

$$u^0 = \frac{\nu\sqrt{2}}{2kE} e^{-kx}\left[\sigma_{02}^{0*} \cos\left(kx + \frac{\pi}{4}\right) + \sigma_{h1e}^{0*}\sqrt{\frac{1-\nu^2}{3}} \sin\left(kx + \frac{\pi}{4}\right)\right] = \nu\,\frac{a}{E}\,\tau^0 \tag{58.7}$$

$$w^0 = \frac{a}{E} e^{-kx}\left(\sigma_{02}^{0*} \cos kx + \sigma_{h1e}^{0*}\sqrt{\frac{1-\nu^2}{3}} \sin kx\right) = \frac{a}{E}\,\sigma_{02}^0 \tag{58.8}$$

woraus wir für den Schalenrand $x = 0$ die Randwerte

$$\tau^{0*} = \frac{1}{2ak}\left(\sigma_{02}^{0*} + \sigma_{h1e}^{0*}\sqrt{\frac{1-\nu^2}{3}}\right) \tag{58.1}^*$$

$$\sigma_{01}^{0*} = 0, \qquad \sigma_{02}^{0*} \qquad (58.2)^* \; (58.3)^*$$

$$\sigma_{h1e}^{0*}, \qquad \sigma_{h2e}^{0*} = \nu\,\sigma_{h1e}^{0*} \qquad (58.4)^* \; (58.5)^*$$

$$\vartheta^{0*} = -\frac{\sqrt{3(1-\nu^2)}}{2hE}\,\frac{1}{k}\left(\sigma_{02}^{0*} - \sigma_{h1e}^{0*}\sqrt{\frac{1-\nu^2}{3}}\right) \tag{58.6}^*$$

$$u^{0*} = \frac{\nu}{2kE}\left(\sigma_{02}^{0*} + \sigma_{h1e}^{0*}\sqrt{\frac{1-\nu^2}{3}}\right) = \nu\,\frac{a}{E}\,\tau^{0*} \tag{58.7}^*$$

$$w^{0*} = \frac{a}{E}\,\sigma_{02}^{0*} \tag{58.8}^*$$

erhalten.

Sind die Randzwangsspannungen σ_{02}^{0*} und σ_{h1e}^{0*} bekannt, so ist nach Gleichungsfolge (58.1) bis (58.8) der Spannungs- und Formänderungsverlauf für die übrige Schale bestimmt. Aus dem Aufbau dieser Gleichungen ersehen wir, daß der Spannungs- und Formänderungsverlauf durch den Charakter der Sinus- bzw. Cosinusfunktion und der Exponentialfunktion e^{-kx} bestimmt ist. Die Sinus- bzw. Cosinusfunktion ergibt einen periodisch sich wiederholenden wellenförmigen Verlauf. Die Nullstellen treten periodisch auf und zwar für $kx = 0, \pi, 2\pi, 3\pi \ldots$ bzw. $kx = \pi/2, 3\pi/2, 5\pi/2 \ldots$ Entsprechend dem Wert $kx = \pi$ wird die auf den Zylinderhalbmesser bezogene Wellenlänge (l = Berg- oder Talbreite)

$$\frac{l}{a} = \pi \sqrt[4]{\frac{4}{3(1-\nu^2)}} \sqrt{\frac{h}{a}} \tag{59}$$

Eine Umfrage bei den Kesselbaufirmen ergab für die ausgeführten wichtigsten Kessel- und Behälterbauarten die in Zahlentafel I zusammengestellten Werte für $h : a$.

Zahlentafel I.

Bezogene Wellenlänge in Abhängigkeit des Verhältnisses h/a.

Bauart	$h : a$			$l : a$
	Kleinster Wert	Größter Wert	Mittelwert rd.	Mittelwert
Garbeoberkessel	1 : 50	1 : 65	1 : 60	0,446
Garbeunterkessel	1 : 43	1 : 60	1 : 55	0,466
Wellrohrkessel	1 : 104	1 : 164	1 : 135	0,297
Schiffskessel	1 : 121	1 : 158	1 : 145	0,287
Elektrokessel	1 : 92	1 : 220	1 : 130	0,303
Elektrodenkessel	1 : 35	1 : 115	1 : 85	0,375
Behälter	1 : 150	1 : 320	1 : 195	0,248

Die mit diesen Verhältniszahlen nach Gleichung (59) berechneten bezogenen Wellenlängen lassen erkennen, daß die Wellenlänge selbst bei dem größten Wert des Verhältnisses $h : a = 1 : 35$ nur ein Bruchteil des Schalenhalbmessers beträgt, nämlich 0,584 von a. Je dünner die Schale ist, um so kleiner wird die Wellenlänge. Betrachten wir noch die Exponentialfunktion e^{-kx}, so stellt diese eine mit wachsendem x rasch abfallende Kurve dar. Am Rande der Zylinderschale ($x = 0$) hat die Funktion den Wert 1 und fällt z. B. für $kx = \pi$ auf den Wert 0,043 ab. Das Zusammenwirken beider Funktionen, z. B. in der Form $e^{-kx} \cos kx$ bewirkt in Übereinstimmung mit den Versuchsergebnissen einer mit wachsender Entfernung vom Rande rasch auf Null ausklingenden, wellenförmigen Verzerrungs- bzw. Spannungsverlauf. Dieses Abklingen erfolgt um so rascher, je dünner die Schale ist.[12]) Die Unstetigkeit bzw. die Unstetigkeitsspannungen machen sich nur in einem Randgebiete von geringer Breite bemerkbar. Zur Erleichterung der Berechnung der Unstetigkeitsverzerrungen und Unstetigkeitsspannungen sind in Abb. 21 die Funktionswerte in Abhängigkeit von (kx) dargestellt.[13]) Ist der Rand zur Ermittelung der Randwerte σ^{o*}_{o2}, σ^{o*}_{h1e} durch den Versuch nicht zugänglich, so können

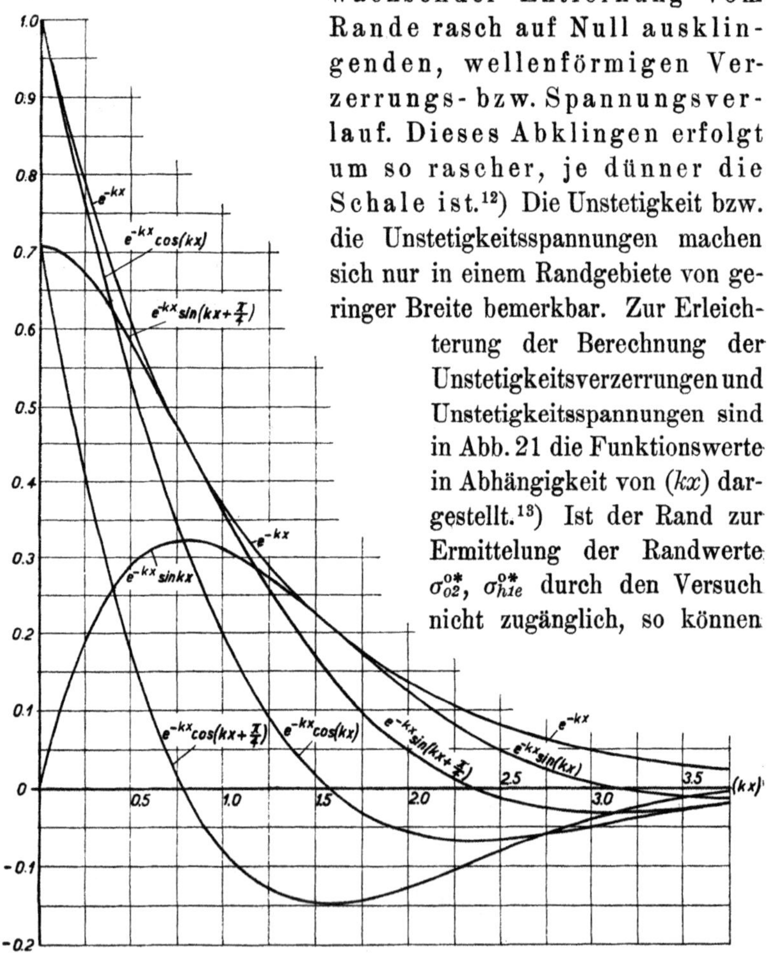

Abb. 21. Die wichtigsten Funktionswerte zur Berechnung der Unstetigkeitsspannungen und Unstetigkeitsverzerrungen in Abhängigkeit von (kx).

die entsprechenden Werte $\sigma_{02}^{0'}$, $\sigma_{h1e}^{0'}$ an einer um x' vom Rande entfernten Stelle ermittelt werden, wobei darauf zu achten ist, daß die betreffende Stelle noch im erwähnten Wirkungsbereich der Zwangsspannungen liegen muß. Die beiden Integrationskonstanten sind dann aus den beiden Beziehungen

$$c_1 = \frac{2h}{\sqrt{2k}} \frac{1}{e^{-kx'}} \left[\sigma_{02}^{0'} \sin\left(kx' + \frac{\pi}{4}\right) + \sigma_{h1e}^{0'} \sqrt{\frac{1-\nu^2}{3}} \cos\left(kx' + \frac{\pi}{4}\right)\right] \quad (60\,\mathrm{a})$$

$$c_2 = \frac{2h}{\sqrt{2k}} \frac{1}{e^{-kx'}} \left[\sigma_{02}^{0'} \cos\left(kx' + \frac{\pi}{4}\right) - \sigma_{h1e}^{0'} \sqrt{\frac{1-\nu^2}{3}} \sin\left(kx' + \frac{\pi}{4}\right)\right] \quad (60\,\mathrm{b})$$

zu berechnen, womit die übrigen Spannungen und die Verschiebungen und insbesondere die Randwerte nach den Gleichungen (56.1) bis (56.8) ermittelt werden können.

Für den allgemeinen Belastungsfall sind σ_{02}^{0*} und σ_{h1e}^{0*} die Unstetigkeitsspannungen, wie sie allgemein am Zylinderschalenrand auftreten. Von Interesse sind die speziellen Belastungsfälle, in denen σ_{02}^{0*} der allgemeine Wert bedeutet, also der Wert, den wir z. B. durch den Versuch am gemeinsamen Randkreis des Behälters ermitteln, während wir über die Größe von σ_{h1e}^{0*} willkürlich verfügen, indem wir annehmen, daß

1. am Rande keine Biegungsspannungen auftreten ($\sigma_{h1e}^{0*} = 0$, $\bar{\sigma}_{h1e}^{*}$ ist gemäß den Voraussetzungen ohnehin gleich Null), d. h. der Rand kann sich ungehemmt verdrehen;
2. Biegungsspannungen von solcher Größe wirken, daß der Winkel der Flächennormalen sich nicht ändert, somit $\vartheta^{0*} = \vartheta^* = 0$, d. h. der Rand ist fest eingespannt.

Für die beiden speziellen Belastungsfälle erhalten wir aus der Gleichung (58) die nachfolgenden Gleichungen.

3. Verlauf der Spannungen und Verschiebungen, wenn der Rand radialfrei nachgiebig und frei drehbar ist. Belastungsfall: σ_{02}^{0*}, $\sigma_{h1e}^{0*} = 0$.

$$\tau^0 = \frac{\sqrt{2}}{2ak} \sigma_{02}^{0*} e^{-kx} \cos\left(kx + \frac{\pi}{4}\right) \quad (61.1)$$

$$\sigma_{01}^0 = 0; \qquad \sigma_{02}^0 = \sigma_{02}^{0*} e^{-kx} \cos kx \quad (61.2)\ (61.3)$$

$$\sigma_{h1e}^0 = -\sqrt{\frac{3}{1-\nu^2}} \sigma_{02}^{0*} e^{-kx} \sin kx \quad (61.4)$$

$$\sigma_{h2e}^{0} = +\nu\,\sigma_{h1e}^{0} \qquad (61._5)$$

$$\vartheta^0 = -\frac{\sqrt{6\,(1-\nu^2)}}{2\,h\,E}\,\frac{1}{k}\,\sigma_{02}^{0*}\,e^{-kx}\,\sin\left(kx+\frac{\pi}{4}\right) \qquad (61._6)$$

$$u^0 = \frac{\nu\sqrt{2}}{2\,k\,E}\,\sigma_{02}^{0*}\,e^{-kx}\,\cos\left(kx+\frac{\pi}{4}\right) = \nu\,\frac{a}{E}\,\tau^0 \qquad (61._7)$$

$$w^0 = \frac{a}{E}\,\sigma_{02}^{0*}\,e^{-kx}\cos kx = \frac{a}{E}\cdot\sigma_{02}^{0} \qquad (61._8)$$

woraus für die Randwerte folgt ($x = 0$)

$$\tau^{0*} = \frac{1}{2\,a\,k}\,\sigma_{02}^{0*} \qquad (61._1)^*$$

$$\sigma_{01}^{0*} = 0, \qquad \sigma_{02}^{0*} \qquad (61._2)^*\ (61._3)^*$$

$$\sigma_{h1e}^{0*} = 0, \qquad \sigma_{h2e}^{0*} = 0 \qquad (61._4)^*\ (61._5)^*$$

$$\vartheta^{0*} = -\frac{\sqrt{3\,(1-\nu^2)}}{2\,h\,E}\,\frac{1}{k}\,\sigma_{02}^{0*} \qquad (61._6)^*$$

$$u^{0*} = \frac{\nu}{2\,k\,E}\,\sigma_{02}^{0*} = \nu\,\frac{a}{E}\,\tau^{0*} \qquad (61._7)^*$$

$$w^{0*} = \frac{a}{E}\,\sigma_{02}^{0*} \qquad (61._8)^*$$

Diesen Belastungsfall können wir auch in der Weise verwirklicht denken, daß wir im Randbreitenschnitt die Schubspannung $\tau^{0*} = \sigma_{02}^{0*}/2\,ak$ anbringen. Die größte Biegungsspannung tritt in dem Abszissenpunkte ein, für den die Schubspannung Null ist, also nach Gleichung (61.1) für $kx = \pi/4$, womit sich aus Gleichung (61.4) der Wert der größten Biegungsspannung und damit auch der Wert der größten resultierenden Spannung an der Schalenaußenseite zu

$$\sigma_{e1}^{0} = \sigma_{h1e\,max}^{0} = -0{,}456\sqrt{\frac{3}{2\,(1-\nu^2)}}\;\sigma_{02}^{*} = -0{,}585\;\sigma_{02}^{*} \qquad (62a)$$

ergibt, wenn $\nu = 0{,}3$ gesetzt wird. Die resultierende Spannung in der Breitenkreisrichtung beträgt nach den Gleichungen (61.2, 4, 5)

$$\sigma_{e2}^{0} = \sigma_{02}^{0} + \sigma_{h2e}^{0} = +0{,}147\;\sigma_{02}^{0*} \qquad (62b)$$

In Abb. 22 sind die Spannungen in Abhängigkeit von (kx) als Ordinate aufgetragen, wobei für $\sigma_{02}^{0*} = +1$ kg/cm² gesetzt wurde. Wie wir später noch zeigen werden, kommt der ersten Minimalstelle der resultierenden Zwangsspannungen σ_{02}^{0} eine besondere Bedeutung zu. Da $\delta\sigma_{e2}/\delta x = 0$ ist, folgt aus Gleichung (61.2) für $kx = 1{,}848$

$$\sigma_{e2\,min}^{0} = -0{,}128\,\sigma_{02}^{0*} \tag{63b}$$

während wir für

$$\sigma_{e1} = \sigma_{h1e}^{0} = -0{,}284\,\sigma_{02}^{0*} \tag{63a}$$

nach Gleichung (61.4) erhalten. Die durch diese Spannungsverteilung bewirkte radiale Ausweitung der Zylinderschale ergibt nach Gleichung (61.8) einen ähnlichen Verlauf wie die Spannung σ_{02}^{0}, während die Verschiebung u in Richtung der Zylinderschalenachse nach Gleichung (61.7) eine der Schubspannungskurve entsprechende Verteilung aufweist.

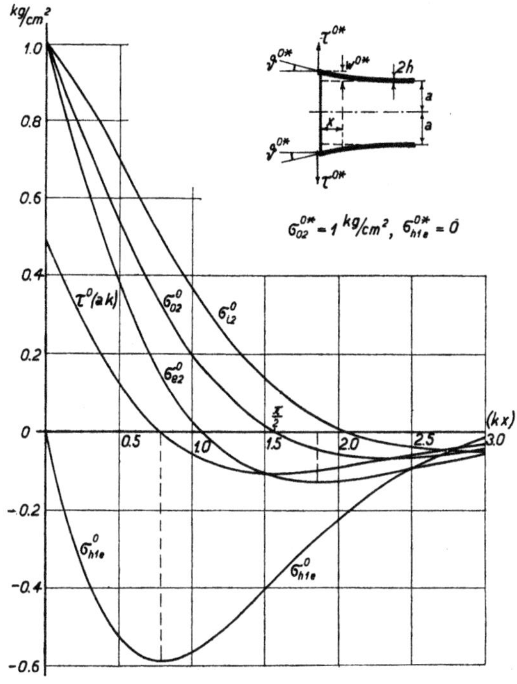

Abb. 22. Verlauf der Spannungen, wenn der Rand der Zylinderschale radial frei nachgiebig und frei drehbar ist.

4. Verlauf der Spannungen und Verschiebungen, wenn der Rand radial frei nachgiebig und nicht drehbar ist. Belastungsfall: σ_{02}^{0*}, $\vartheta^{0*} = 0$.

Um diesen Belastungsfall zu verwirklichen, muß am Rande ein Biegungsmoment G_1^{0*} von solcher Größe wirken, daß bei der Verformung der Normalenwinkel ϑ^{0*} am Rande stets Null ist. Nach Gleichung (58.6) muß die Biegungsspannung den Wert

$$\sigma_{h1e}^{0*} = \sqrt{\frac{3}{1-\nu^2}}\,\sigma_{02}^{0*} = 1{,}815\,\sigma_{02}^{0*} \tag{64}$$

aufweisen. Mit diesen Randbedingungen nehmen die Gleichungen (58.1) bis (58.8) die Form

$$\tau^0 = \frac{1}{a\,k}\,\sigma_{02}^{0*}\,e^{-kx}\cos kx \tag{65.1}$$

$$\sigma_{01}^0 = 0 \tag{65.2}$$

$$\sigma_{02}^0 = \sqrt{2}\,\sigma_{02}^{0*}\,e^{-kx}\sin\left(kx+\frac{\pi}{4}\right) \tag{65.3}$$

$$\sigma_{h1e}^0 = \sqrt{\frac{6}{1-\nu^2}}\,\sigma_{02}^{0*}\,e^{-kx}\cos\left(kx+\frac{\pi}{4}\right) \tag{65.4}$$

$$\sigma_{h2e}^0 = \nu\,\sigma_{h1e}^0 \tag{65.5}$$

$$\vartheta^0 = -\frac{\sqrt{12\,(1-\nu^2)}}{2\,h\,E}\,\frac{1}{k}\,\sigma_{02}^{0*}\,e^{-kx}\sin kx \tag{65.6}$$

$$u^0 = \frac{\nu}{k\,E}\,\sigma_{02}^{0*}\,e^{-kx}\cos kx = \nu\,\frac{a}{E}\,\tau^0 \tag{65.7}$$

$$w^0 = \sqrt{2}\,\frac{a}{E}\,\sigma_{02}^{0*}\,e^{-kx}\sin\left(kx+\frac{\pi}{4}\right) = \frac{a}{E}\,\sigma_{02}^0 \tag{65.8}$$

an, während wir für den Rand ($x = 0$) die Gleichungen

$$\tau^{0*} = \frac{1}{a\,k}\,\sigma_{02}^{0*} \qquad (65.1)^*$$

$$\sigma_{01}^{0*} = 0; \qquad \sigma_{02}^{0*} \qquad (65.2)^*\ (65.3)^*$$

$$\sigma_{h1e}^{0*} = \sqrt{\frac{3}{1-\nu^2}}\,\sigma_{02}^{0*}; \quad \sigma_{h2e}^{0*} = \nu\sqrt{\frac{3}{1-\nu^2}}\,\sigma_{02}^{0*} \qquad (65.4)^*\ (65.5)^*$$

$$\vartheta^{0*} = 0 \qquad (65.6)^*$$

$$u^{0*} = \frac{\nu}{k\,E}\,\sigma_{02}^{0*} = \nu\,\frac{a}{E}\,\tau_{02}^{0*}; \quad w^{0*} = \frac{a}{E}\,\sigma_{02}^{0*} \qquad (65.7)^*\ (65.8)^*$$

erhalten. Der Verlauf der Spannungen ist in Abb. 23 aufgezeichnet. Die verformte Zylinderschalenmantellinie entspricht nach dem Gesagten dem Verlaufe der Spannungen σ_{02}^0. Sie weist im Randpunkte in Übereinstimmung mit den Randbedingungen eine horizontale Tangente auf. Die größte Biegungsspannung, die sich an der Schalenaußenseite im Abszissenpunkte $kx = \pi/2 = 1{,}571$ einstellt, für den die Schubspannung Null wird, beträgt

$$\sigma_{h1e\,max}^0 = -0{,}754\,\sigma_{02}^{0*} \tag{66}$$

während die erste Minimalstelle von σ^0_{e2} im Abszissenpunkte $kx = 2{,}634$ auftritt und den Wert

$$\sigma^0_{e2\,min} = -\,0{,}081\ \sigma^{0*}_{02} \tag{67}$$

aufweist. Infolge der festen Einspannung des Randes rücken die Orte mit $\sigma^0_{h1e\,max}$ und $\sigma^0_{e2\,min}$ weiter vom Rande ab.

5. Verlauf der Spannungen u. Verschiebungen, wenn der Rand radial bedingt nachgiebig, frei drehbar oder nicht frei drehbar ist.

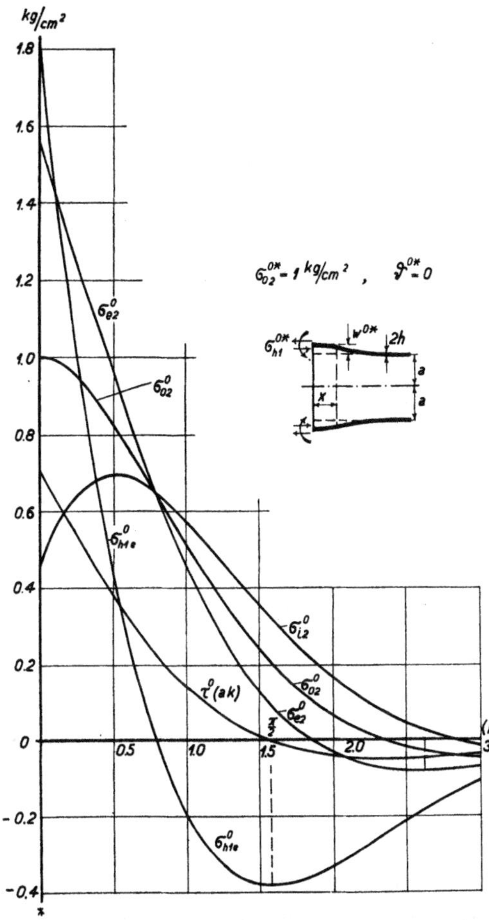

Abb. 23. Verlauf der Spannungen, wenn der Rand der Zylinderschale radial frei nachgiebig und nicht drehbar ist.
Berichtigung: Der Wert der Ordinate von $\tau^0(ak)$ ist mit $2/\sqrt{2}$ zu multiplizieren.

In den vorangehenden Betrachtungen gingen wir von gegebenen Werten der Randunstetigkeitsspannungen σ^{0*}_{02} und σ^{0*}_{h1e} aus, die zu einem bestimmten Wert derZwangsverschiebung w^{0*} am Rande führen. Wir können aber auch den entgegengesetzten Weg einschlagen, indem wir die Größe der Randunstetigkeitsverschiebung vorschreiben und als zweite Randbedingung die bereits getroffene Vorschrift über σ^{0*}_{h1e} bzw. ϑ^{0*} unverändert übernehmen. In der Gleichungsfolge (61) bzw. (65) ist an Stelle von σ^{0*}_{02} der Wert zu setzen, welcher durch die gegebene

Randverschiebung nach Gleichung $(61.^{*}_{8})$ bzw. $(65.^{*}_{8})$ bedingt wird. Die in diesem Sinn angewendeten Gleichungen entsprechen den beiden praktisch wichtigen Randbedingungen eines radial bedingt nachgiebigen, freidrehbaren bzw. nicht drehbaren Randes. Wir können z. B. annehmen, daß die Verschiebung w^{0*} entgegengesetzt gleich der Verschiebung $\overline{w}$ nach Gleichung (51 b) sein soll, welche durch das Ausweiten der Zylinderschale unter dem Einflusse des innern Flüssigkeitsdruckes entsteht, d. h. die totale Verschiebung am Rand ist Null. Der eine Belastungsfall, Abb. 24, steht mit der in

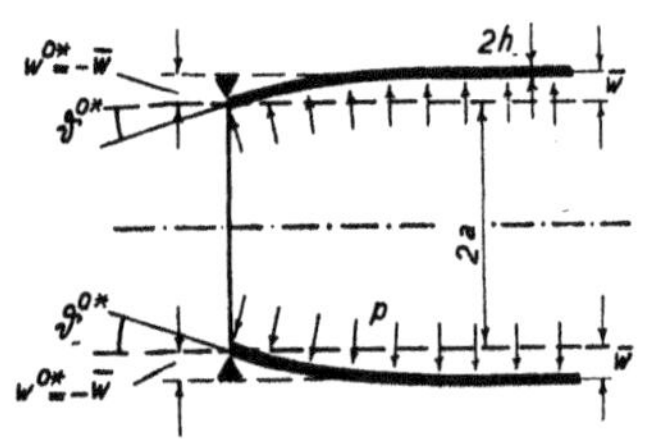

Abb. 24. Verformung der Zylinderschale, die unter innerem Flüssigkeitsdruck steht, wenn der Rand frei drehbar und die resultierende radiale Randverschiebung Null ist.

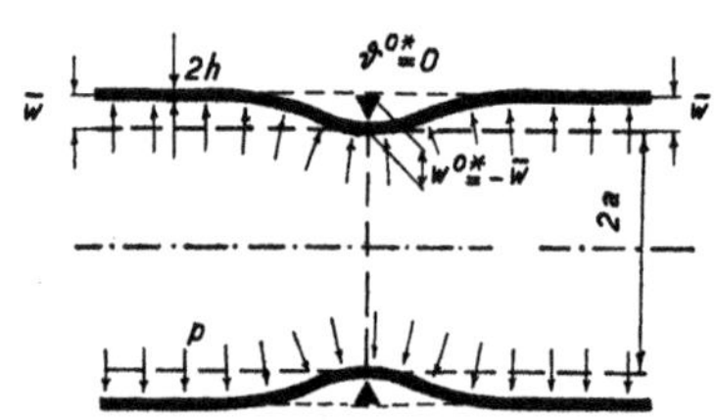

Abb. 25. Verformung der Zylinderschale, die unter innerem Flüssigkeitsdruck steht, wenn der Rand nicht drehbar und die radiale Randverschiebung Null ist.

der Praxis häufig zu lösenden Aufgabe im Zusammenhang, daß am Zylinderrand ein Flanschring befestigt ist, während der andere Belastungsfall durch eine Rohrleitung verkörpert wird, die mittels eines starren Ringes versteift ist.

c) Die resultierenden Spannungen und Verschiebungen.

Die resultierenden Spannungen und Verschiebungen ergeben sich durch Überlagerungen der erläuterten Belastungsfälle nach den Gleichungen (48 a), (48 b), (48 a)*, (48 b)*, (49 a), (49 b) und (56). Sind an einer Stelle der Zylinderschale die Unstetigkeitsverzerrungen z. B. durch Messung bekannt, so können die Spannungen und Verschiebungen rechnerisch ermittelt werden. Auf die praktische Anwendung dieser Betrachtungen werden wir später noch zurückkommen.

8. Die Näherungslösung der achsensymmetrischen gewölbten Schale.

a) Hautspannungen und Hautverschiebungen.

Unter der Annahme, dass die biegungsfreie, dehnbare Schale eine praktich hinreichend genaue Näherungslösung des homogenen Differenzialgleichungssystems darstellt, sind die Hautspannungen nach Gleichung (26a), (26b) zu berechnen, die in der eingeführten Bezeichnungsweise lauten

$$\bar{\sigma}_{01} = \frac{p}{4h} R_2; \quad \bar{\sigma}_{02} = \frac{p}{2h} R_2 \left(1 - \frac{1}{2} \frac{R_2}{R_1}\right) \qquad (68\,\text{a}) \quad (68\,\text{b})$$

Die Dehnungen sind aus den Gleichungen (28a), (28b) zu ermitteln, wobei für $\varepsilon_{01} = \bar{\varepsilon}_{01}$, $\varepsilon_{02} = \bar{\varepsilon}_{02}$ zu setzen ist. Für die Verschiebungen $\bar{u}$, $\bar{w}$ erhalten wir nach den Gleichungen (38) und (39) in der neuen Bezeichnungsweise

$$\bar{u} = \sin\alpha \int_0^\alpha \frac{1}{\sin\alpha} (R_1 \bar{\varepsilon}_{01} - R_2 \bar{\varepsilon}_{02})\, \delta\alpha \qquad (69\,\text{a})$$

$$\bar{w} = -\cos\alpha \int_0^\alpha \frac{1}{\sin\alpha} (R_1 \bar{\varepsilon}_{01} - R_2 \bar{\varepsilon}_{02})\, \delta\alpha + \bar{\varepsilon}_{02} \qquad (69\,\text{b})$$

b. Unstetigkeitsspannungen und Unstetigkeitsverschiebungen.

1. Herleitung des vereinfachten Differentialgleichungssystems und ihre allgemeine Lösung. Die Differenz der gemessenen und der nach den Gleichungen (28a) und (28b) ermittelten Dehnungen ergibt die Unstetigkeitsdehnungen, welche davon herrühren, daß Boden- und Zylinderschale zu einem geschlossenen Behälter zusammengefügt werden. Die rechnerische Untersuchung der Ergebnisse unserer ersten Messungen [9]) lehrte, daß diese Unstetigkeitsdehnungen an der Bodenschale einen ähnlichen Verlauf aufweisen wie an der Zylinderschale. Die Unstetigkeitsdehnungen können bei der Zylinderschale durch Rechnung genau ermittelt werden. Die rechnerische Lösung ist durch Funktionen von der Form $e^{-kx} \sin kx$, $e^{-kx} \cos kx$ usw. gekennzeichnet, welche die Eigenschaft besitzen, daß der Wert der Funktion bzw. der Wert ihrer Ableitungen im Vergleich zu nachfolgenden höheren Ableitungen so klein ausfällt, daß dieser für praktische Berechnungen

vernachlässigt werden darf. Dies trifft auch dann noch zu, wenn die erwähnte Funktion bzw. ihre Ableitungen mit einem Beiwerte behaftet ist, insofern dieser verhältnismäßig klein ausfällt. Aus Gleichung (36) ist ersichtlich, daß diese Voraussetzung um so schlechter erfüllt wird, je kleiner der Krümmungshalbmesser der Meridiankurve R_1 gegenüber dem zweiten Hauptkrümmungshalbmesser R_2 ist. Bei verhältnißmäßig kleinem Krempenhalbmesser wird somit die nachfolgende Näherungslösung überhaupt keine brauchbaren Werte ergeben. Der gleichartige Aufbau der Schalendifferentialgleichungssysteme (37 a), (37 b) und (53 a), (53 b) führt zu dem Gedanken einen der Gleichung (55 a) entsprechenden Ausdruck als Näherungslösung des homogenen Differentialgleichungssystems der achsensymmetrischen gewölbten Bodenschale aufzustellen. Die Vereinfachung des Differentialoperators (36) zu

$$L(f) = \frac{R_2}{R_1^2} \cdot \frac{d^2 f}{d\alpha^2}$$

wird nach dem Gesagten durch Streichen aller Glieder, die von niederer wie 2. Ordnung sind, erreicht. Das homogene Differentialgleichungssystem nimmt die Gestalt

$$\frac{R_2}{R_1} \frac{d^2 \vartheta}{d\alpha^2} = \frac{V}{D} \tag{70 a}$$

$$-\frac{R_2}{R_1^2} \frac{d^2 V}{d\alpha^2} = 2\,h\,E\,\vartheta \tag{70 b}$$

an und führt auf die Differentialgleichung 4. Ordnung

$$\frac{d^4 V_\alpha}{d\alpha^4} + 4\,k^4 V_\alpha = 0 \tag{71}$$

worin im Gegensatz zur Zylinderschale

$$k = R_1 \sqrt[4]{\frac{3\,(1-\nu^2)}{(2\,h)^2 R_2^2}} = k_B \tag{71 a}$$

eine mit α veränderliche Größe ist. Die allgemeine Lösung der Differentialgleichung lautet entsprechend der Gleichung (55 a)

$$\begin{aligned} V_\alpha = {} & e^{k(\alpha-\alpha_0)}\,[c_1 \cos k\,(\alpha-\alpha_0) + c_2 \sin k\,(\alpha-\alpha_0)] \\ & + e^{-k(\alpha-\alpha_0)}\,[c_3 \cos k\,(\alpha-\alpha_0) + c_4 \sin k\,(\alpha-\alpha_0)] \end{aligned} \tag{72 a}$$

Da in der vorliegenden Aufgabe die Grenzbedingungen nur für die Randlinie $\alpha = \alpha_0$ zu erfüllen sind und zudem die Unstetigkeitsverformungen mit abnehmendem Winkel α gegen Null ausklingen, müssen die beiden Konstanten c_3 und c_4 Null sein. Setzen wir

$$\beta = (\alpha_0 - \alpha)$$

also $d\beta = - d\alpha$, so geht das Integral (72a) über in

$$V_\beta = e^{-k\beta}\,(c_1 \cos k\beta - c_2 \sin k\beta) \tag{72b}$$

2. Spannungen und Verschiebungen im Falle allgemeiner Randbedingungen. Lösen wir Gleichung (70b) nach ϑ auf, setzen an Stelle von α die Veränderliche β und gehen wieder auf endliche Differenzen über, so wird

$$\vartheta = - \frac{1}{2hE}\,\frac{R_2}{R_1^2}\,\frac{\delta^2 V_\beta}{\delta \beta^2} \tag{70c}$$

Unter der Annahme daß die Schale durch den Rand mit dem Breitenkreiswinkel $\alpha_0 = \pi/2 = \beta$ begrenzt sei, Abb. 26, wird $ctg\,\alpha = tg\,\beta$ [14]).

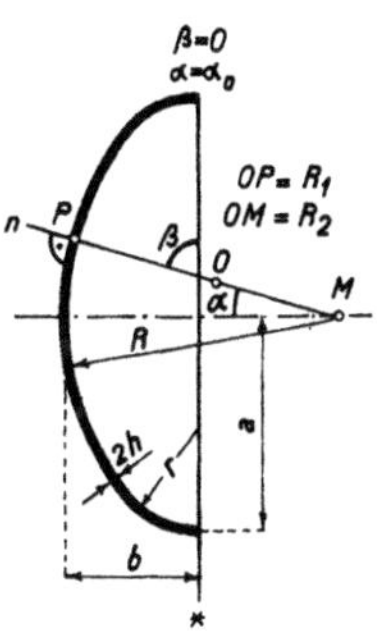

Abb. 26.
Die Bodenschale.

Aus den Gleichungen (34a), (34b), (35a) und (35b) folgt mit Berücksichtigung der Vereinfachungen

$$T_1 = \frac{V_\beta}{R_2}\,tg\,\beta \tag{73a}$$

$$T_2^0 = - \frac{1}{R_1}\,\frac{\delta V_\beta}{\delta \beta} \tag{73b}$$

$$G_1^0 = + \frac{h^2}{3(1-\nu^2)}\,\frac{R_2}{R_1^3}\,\frac{\delta^3 V_\beta}{\delta \beta^3} \tag{73c}$$

$$G_2^0 = - \frac{h^2}{3(1-\nu^2)}\,\frac{tg\,\beta}{R_1^2}\,\frac{\delta^2 V_\beta}{\delta \beta^2} + \nu G_1^0 \tag{73d}$$

während die Grundgleichung (32) unverändert bestehen bleibt. Aus den Beziehungen (1a), (1b), (1c) erhalten wir die Gleichungen für die Spannungen

$$\tau^0 = \frac{1}{2hR_2}\,e^{-k\beta}\,(c_1 \cos k\beta - c_2 \sin k\beta) \tag{74.1}$$

$$\sigma_{01}^0 = \frac{tg\beta}{2hR_2}\,e^{-k\beta}\,(c_1 \cos k\beta - c_2 \sin k\beta) \tag{74.2}$$

$$\sigma_{o2}^{o} = \frac{\sqrt{2}}{2h} \frac{k}{R_1} e^{-k\beta} \left[c_1 \sin\left(k\beta + \frac{\pi}{4}\right) + c_2 \cos\left(k\beta + \frac{\pi}{4}\right)\right] \quad (74.3)$$

$$\sigma_{h1e}^{o} = \frac{\sqrt{2}}{2h} \frac{k}{R_1} \sqrt{\frac{3}{1-\nu^2}}\, e^{-k\beta} \left[c_1 \cos\left(k\beta + \frac{\pi}{4}\right) - c_2 \sin\left(k\beta + \frac{\pi}{4}\right)\right] \quad (74.4)$$

$$\sigma_{h2e}^{o} = -\frac{tg\beta}{2h\,R_2} \sqrt{\frac{3}{1-\nu^2}}\, e^{-k\beta} \left(c_1 \sin k\beta + c_2 \cos k\beta\right) + \nu\, \sigma_{h1e}^{o} \quad (74.5)$$

während die Gleichungen für die Verschiebungen aus den Grundgleichungen (38) und (39) nach einiger Umrechnung [14]) erhalten werden. Es ist

$$u^o = \cos\beta \int_0^\beta \frac{1}{\cos\beta} \left(R_1\, \varepsilon_{o1}^o - R_2\, \varepsilon_{o2}^o\right) \delta\beta \quad (74.6)$$

$$w^o = -\sin\beta \int_0^\beta \frac{1}{\cos\beta} \left(R_1\, \varepsilon_{o1}^o - R_2\, \varepsilon_{o2}^o\right) \delta\beta + R_2\, \varepsilon_{o2}^o \quad (74.7)$$

Für die Winkeländerung folgt aus Gleichung (70c)

$$\vartheta^o = -\frac{\sqrt{12\,(1-\nu^2)}}{(2h)^2\, E}\, e^{-k\beta} \left(c_1 \sin k\beta + c_2 \cos k\beta\right) \quad (74.8)$$

Sind $\sigma_{o2}^{o\prime}$, $\sigma_{h1e}^{o\prime}$ die Unstetigkeitsspannungen in einem beliebigen Punkte der Meridiankurve mit dem Normalenwinkel β', so erhalten wir zur Berechnung der Integrationskonstanten c_1, c_2 nach den Gleichungen (74.3) und (74.4)

$$c_1 = \frac{2h}{\sqrt{2}} \frac{R_1}{k} \frac{1}{e^{-k\beta'}} \left[\sigma_{o2}^{o\prime} \sin\left(k\beta' + \frac{\pi}{4}\right) + \sigma_{h1e}^{o\prime} \sqrt{\frac{1-\nu^2}{3}} \cos\left(k\beta + \frac{\pi}{4}\right)\right] \quad (75\text{a})$$

$$c_2 = \frac{2h}{\sqrt{2}} \frac{R_1}{k} \frac{1}{e^{-k\beta'}} \left[\sigma_{o2}^{o\prime} \cos\left(k\beta' + \frac{\pi}{4}\right) - \sigma_{h1e}^{o\prime} \sqrt{\frac{1-\nu^2}{3}} \sin\left(k\beta' + \frac{\pi}{4}\right)\right] \quad (75\text{b})$$

Da k veränderlich ist, so sind diese Beiwerte von Punkt zu Punkt der Meridiankurve verschieden. Ist der Schalenrand durch den Breitenkreis $\beta' = 0$ gegeben, so vereinfachen sich diese Gleichungen zu

$$c_1 = R_1^* \frac{h}{k^*} \left(\sigma_{o2}^{o*} + \sigma_{h1e}^{o*} \sqrt{\frac{1-\nu^2}{3}}\right) \quad (75\text{a})^*$$

$$c_2 = R_1^* \frac{h}{k^*} \left(\sigma_{o2}^{o*} - \sigma_{h1e}^{o*} \sqrt{\frac{1-\nu^2}{3}}\right) \quad (75\text{b})^*$$

Für die Verschiebung w und den Verdrehungswinkel ϑ der Flächennormalen des Randbreitenkreises $\beta = 0$ erhalten wir nach Gleichung (74.7) und (78.8), wenn für diesen besondern Breitenkreis $R_2^* = a$ ist.

$$w^{0*} = a\,\varepsilon_{02}^{0*} = \frac{a}{E}\,\sigma_{02}^{0*} \tag{74.$\overset{*}{7}$}$$

$$\vartheta^{0*} = -\frac{\sqrt{3\,(1-\nu^2)}}{2\,h\,E}\,\frac{R_1^*}{k^*}\left(\sigma_{02}^{0*} - \sigma_{h1e}^{0*}\sqrt{\frac{1-\nu^2}{3}}\right) \tag{74.$\overset{*}{8}$}$$

Um die Spannungen und Verschiebungen zu berechnen, unterteilen wir die Meridiankurve vom Schalenrand $\beta = 0$ ausgehend in Linienelemente von solcher Länge, daß wir k praktisch als konstant ansehen dürfen. Dem Charakter der Meridiankurve der Kesselbodenschale entsprechend, wird sich in der sog. Bodenkrempe eine gedrängte Unterteilung ergeben, während in der mittleren Bodenwölbung gegen den Bodenscheitel zu die Länge der Linienelemente erheblich größer gewählt werden kann. Aus den Gleichungen (75 a), (75 b) berechnen wir die für das betrachtete Linienelement gültigen Beiwerte c_1, c_2, wobei $\sigma_{02}^{0'}$, $\sigma_{h1e}^{0'}$ die Unstetigkeitspannungen im Anfangspunkte β' sind und R_1, k Mittelwerte für das Element bedeuten. Diese berechneten Beiwerte c_1 und c_2 führen wir in die Gleichung (74.3), (74.4) ein und ermitteln die dem Endpunkt mit dem Flächennormalenwinkel β zukommenden Spannungen, die zugleich die Spannungen am Anfang des nachfolgenden Elementes sind. Mit diesen Werten bestimmen wir in gleicher Weise wie vorhin die Beiwerte c_1 und c_2 des neuen Linienelementes. Durch elementenweises Berechnen der Beiwerte und der Spannungen σ_{01}^{0}, σ_{h1e}^{0} ist der Verlauf der Spannungen schrittweise vom Rand bis zum Bodenscheitel zu ermitteln. Sind die Spannungen und damit die Dehnungen bekannt, so können aus den Gleichungen (74.6), (74.7) die Verschiebungen berechnet werden.

3. Randwerte bei radial frei nachgiebigem und frei drehbarem Rand. Die vorgeschriebenen Werte σ_{02}^{0*}, $\sigma_{h1e}^{0*} = 0$ am Anfang des Randelementes $\beta = 0$ führen nach den Gleichungen (75a)*, (75 b)* zu den Beiwerten

$$c_1 = c_2 = h\,\sigma_{02}^{0*}\,\frac{R_1^*}{k^*} \tag{75}$$

und die übrigen Randspannungswerte folgen aus den Gleichungen (74.1) u. f.

$$\tau_0^{0*} = \frac{R_1^*}{2\,R_2^*}\,\frac{1}{k^*}\,\sigma_{o2}^{0*} \tag{75.1)*}$$

$$\sigma_{o1}^{0*} = 0 \tag{75.2)*}$$

$$\sigma_{h2e}^{0*} = 0 \tag{75.5)*}$$

$$\vartheta^{0*} = -\frac{\sqrt{3\,(1-\nu^2)}}{2\,h\,E}\,\frac{R_1^*}{k^*}\,\sigma_{o2}^{0*} \tag{75.8)*}$$

4. **Randwerte bei radial frei nachgiebigem, nicht drehbarem Rand.** Es ist wieder die Randringspannung σ_{o2}^{0*} gegeben. Die Bedingung, daß der Rand nicht drehbar ist, besagt, daß $\vartheta^{0*} = 0$ sein muß. Aus Gleichung (74.8), (74.3) entnehmen wir, für

$$c_2 = 0, \quad c_1 = 2\,h\,\sigma_{o2}^{0*}\,\frac{R_1^*}{k^*} \tag{76}$$

und für die Randspannungswerte erhalten wir nach Gleichung (74.1) u. f.

$$\tau^{0*} = \frac{1}{k^*}\,\frac{R_1^*}{R_2^*}\,\sigma_{o2}^{0*} \tag{76.1)*}$$

$$\sigma_{o1}^{*} = 0 \tag{76.2)*}$$

$$\sigma_{h1e}^{0*} = \sqrt{\frac{3}{1-\nu^2}}\,\sigma_{o2}^{0*} \tag{76.4)*}$$

$$\sigma_{h2e}^{0*} = \nu\,\sqrt{\frac{3}{1-\nu^2}}\,\sigma_{o2}^{0*} \tag{76.5)*}$$

Damit die geometrische Randbedingung erfüllt wird, muß am Rand eine Biegungsspannung σ_{h1e}^{0*} von gleicher Größe wirken, wie im entsprechenden Falle der Zylinderschale, Gleichung (64). Die Spannungen der dem Randelement folgenden Linienelemente sind nach dem besprochenen allgemeinen Rechnungsgang zu ermitteln. Durch Überlagerung der Hautspannungen nach Gleichung (68 a), (68 b), die der Partikularlösung zukommen, und der Unstetigkeitsspannungen nach Gleichungsfolge (74), die der allgemeinen Lösung des homogenen Gleichungssystems entsprechen, erhalten wir die wirklichen Spannungen an der Zylinderschale.

9. Die Berechnung der Randwerte eines mit gewölbten Böden versehenen zylindrischen Behälters gleicher Blechdicke.

a) Berechnung der Randwerte σ_{0z}^{0*} und σ_{h1e}^{0*}.

Wir setzen die betrachtete Zylinderschale und Bodenschale zu einem geschlossenen Behälter zusammen. Zur Vereinfachung des Rechnungsganges nehmen wir an, daß beide Schalen gleiche Blechdicke aufweisen. Die Lösung der Aufgabe bei ungleicher Blechdicke bietet keine wesentlichen Schwierigkeiten. Die Integrationskonstanten c_{1Z}, c_{2Z} der Zylinderschale und c_{1B}, c_{2B} der Bodenschale folgen aus den Randbedingungen. Im gemeinsamen Schalenkreis müssen die entsprechenden resultierenden Spannungsmomente T_{1Z}^*, T_{1B}^*; N_Z^*, N_B^*, sowie die Spannungsmomente G_{1Z}^*, G_{1B}^* einander gleich sein. Außerdem ist die Ausweitung beider Schalen im Randkreis gleich groß, und die Schalenränder gehen mit stetiger Tangente ineinander über.

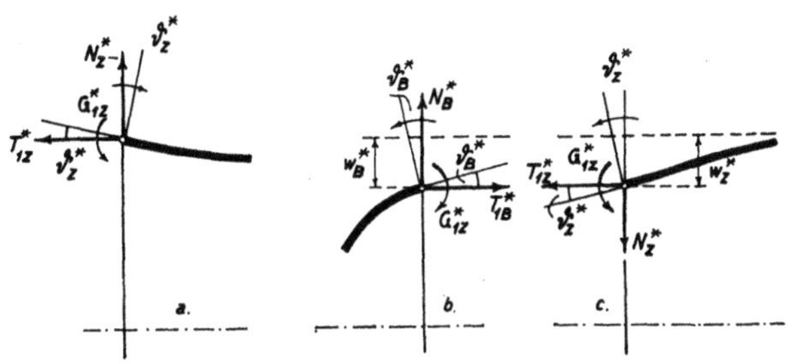

Abb. 27. Die Randwerte der Zylinder- und Bodenschale.
a und b: die Randwerte, wie sie der Gleichungsfolge 56 und 74 entsprechen.
b und c: die wahren Randwerte der Boden- und Zylinderschale eines Behälters.

Die durch Gleichungsfolge (56) bzw. (74) für die Zylinder- bzw. Bodenschale für $x = 0$ bzw. $\beta = 0$ bedingten Randwerte sind in Abb. 27a bzw. Abb. 27b dargestellt. Um die wahren Randwerte, Abb. 18, Abb. 27b und Abb. 27c zu erhalten, müssen wir die Randschubkraft N_Z^* und den Randverdrehungswinkel ϑ_Z^* mit dem negativen Vorzeichen in die Rechnung einführen. Wir erhalten demgemäß für den Randkreis die Bedingungsgleichungen

$$-N_Z^* = N_B^* \qquad (77\,a)$$

$$T_{1Z}^{*} = T_{1B}^{*} \quad ; \quad G_{1Z}^{*} = G_{1B}^{*} \qquad (77\,b), (77\,c)$$

$$-\vartheta_{Z}^{*} = \vartheta_{B}^{*} \quad ; \quad w_{Z}^{*} = w_{B}^{*} \qquad (77\,d), (77\,e)$$

Ersetzen wir die Spannungskräfte und Spannungsmomente durch die Spannungen nach den Beziehungen (1 a), (1 b), (1 c) und berücksichtigen den Umstand, daß die resultierenden Spannungen und Verformungen nach Gleichungen (43 a), (43 b), (43 c), (42 b), (45 b) das Ergebnis der Ueberlagerung zweier Systeme sind, so gehen die Gleichungen (77 a) bis (77 e) unter der vereinfachenden Annahme nach Gleichung (45) über in

$$-\tau_{Z}^{0*} = \tau_{B}^{0*}$$

$$\bar{\sigma}_{01Z}^{*} + \sigma_{01Z}^{0*} = \bar{\sigma}_{01B}^{*} + \sigma_{01B}^{0*} \; ; \qquad \sigma_{h1Z}^{0*} = \sigma_{h1B}^{0*}$$

$$\bar{w}_{Z}^{*} + w_{Z}^{0*} = \bar{w}_{B}^{*} + w_{B}^{0*} \; ; \qquad -\vartheta_{Z}^{0*} = \vartheta_{B}^{0*}$$

Führen wir in diesen Gleichungen die Randwerte ein, die sich für $x = 0$ bzw. $\alpha = \pi/2$, $\beta = 0$ aus Gleichungsfolge (56) und (74) und den Gleichungen (49 a), (51 b), (68 a) und (69 b) ergeben, wobei für den Rand der Bodenschale ($R_1^{*} = r$, $R_2^{*} = a$ zu setzen ist, so erhalten wir für die 4 Integrationskonstanten die Bestimmungs-Gleichungen

$$c_{1Z} = -c_{1B} \; ; \; c_{1Z} - c_{2Z} = c_{1B} - c_{2B}$$

$$c_{2Z} = -c_{2B} \; ; \quad \frac{p\,a^2}{2} = k_B\,(c_{1B} + c_{2B} - c_{1Z} - c_{2Z})$$

woraus folgt, daß

$$c_{1Z} = c_{2Z} = -c_{1B} = -c_{2B} = -\frac{p\,a^2}{8\,r\,k_Z}$$

ist und nach Gleichung (56.₃), (74.₃), 56.₄) und (74.₄)

$$\sigma_{02Z}^{0*} = -\sigma_{02B}^{0*} = -\frac{p\,a^2}{8\,h\,r} = -\frac{p\,a}{8\,h}\,\psi_r$$

$$\sigma_{h1eZ}^{0*} = \sigma_{h1eB}^{0*} = 0$$

wird, wobei

$$k_B^{*} = r\,k_Z \qquad (77\,f)$$

$$\psi_r = \frac{a}{r} \qquad (77\,g)$$

ist. Aus diesen Gleichungen geht hervor, daß der **Schalenrand frei von Biegungsspannungen ist, wobei die Aufgabe auf den besprochenen Belastungsfall des radial nachgiebigen und frei drehbaren Schalenrandes zurück-**

geführt wird. Durch diese Gleichungen sind die Integrationskonstanten und die Randwerte σ_{02}^{0*}, σ_{h1e}^{0*} eindeutig bestimmt, so daß die Spannungen und Verformungen an der Zylinder- und Bodenschale berechnet werden können. Für die Randwerte beider Schalen erhält man

$$\tau_Z^{0*} = -\tau_B^{0*} = -\frac{p}{16\,h\,k_z}\,\psi_r \tag{78.1}^*$$

$$\sigma_{01Z}^{0*} = \sigma_{01B}^{0*} = 0 \tag{78.2}^*$$

$$\sigma_{02Z}^{0*} = -\sigma_{02B}^{0*} = -\frac{p\,a}{8\,h}\,\psi_r \tag{78.3}^*$$

$$\sigma_{h1eZ}^{0*} = \sigma_{h1eB}^{0*} = 0;\ \sigma_{h2eZ}^{0*} = \sigma_{h2eB}^{0*} = 0 \qquad (78.4)^*,\ (78.5)^*$$

$$\vartheta_Z^{0*} = -\vartheta_B^{0*} = \frac{p\,a}{4(2h)^2\,E}\,\frac{\sqrt{3\,(1-\nu^2)}}{k_Z}\,\psi_r \tag{78.6}^*$$

$$u_Z^{0*} = -u_B^{0*} = -\frac{\nu}{E}\,\frac{p\,a}{16\,h\,k_Z}\,\psi_r \tag{78.7}^*$$

$$w_Z^{0*} = -w_B^{0*} = -\frac{p\,a^2}{8\,h\,E}\,\psi_r \tag{78.8}^*$$

Ermittelt man mit diesen Unstetigkeitsspannungen und den Hautrandspannungen, Gleichungen (49a), 49b), (68a) und 68b), die resultierenden Randringspannungen an der Außen- und Innenseite der Schale, so erkennt man, daß die erhaltenen Werte für die beiden Schalenränder verschieden groß ausfallen, während die resultierenden Meridianrandspannungen gleich sind und den Wert $p\,a/4\,h$ aufweisen. Auf den ersten Blick mag dieses Ergebnis befremdend wirken, da in Wirklichkeit die Spannungen an der Schalenaußen- und Innenseite einen stetigen Verlauf nehmen. Unsern rechnerischen Betrachtungen legten wir u. a. die Annahme zugrunde, daß die Querschnitte bei der Verformung eben bleiben, was tatsächlich nicht genau zutrifft. Liegt ein Behälter vor, dessen Bodenschale sich durch das Halbmesserverhältns $\psi_r = a/r = 4$ auszeichnet, also beispielsweise ein elliptischer Boden mit dem Halbachsenverhältnis $a/b = \sqrt{\psi_r} = 2$, so sind auch die genannten Randringspannungen einander gleich und zwar Null.

Aus unsern Versuchsergebnissen geht hervor, dass die Randbedingung (78.4)* nicht genau erfüllt ist, da am Schalenrand ein

Biegungsmoment auftritt. Für Behälter, deren Böden einen verhältnismäßig großen Krempenhalbmesser haben, ist das Randbiegungsmoment so klein, daß dieses für praktische Berechnungen vernachlässigt werden kann (Seite 171). Werden die tatsächlich vorhandenen Randspannungen berücksichtigt, so folgt aus der Bedingung, dass sich die beiden Schalenränder um gleich viel ausweiten, die Beziehung

$$\sigma_{02Z}^{0*} = \sigma_{02B}^{0*} - \frac{p\,a}{4\,h}\,\psi_r \qquad (79)$$

b) Berechnung der resultierenden Spannungen und resultierenden Verschiebungen der Zylinderschale.

1. Lage und Wert der größten Normalspannung. Die Unstetigkeitsspannungen und Unstetigkeitsverschiebungen für die Zylinderschale sind durch die Gleichung (61) und die Randwerte nach Gleichungen (78.3)* und 78.4)* eindeutig festgelegt. Der Verlauf der Unstetigkeitsspannungen ist in Abb. 22 für $\sigma_{02}^{0*} = +1$ kg/cm² dargestellt. Um die Spannungswerte entsprechend den vorgeschriebenen Randwerten zu erhalten, sind die Ordinaten im Maßstab $-p\,a^2/8\,h\,r$ umzuzeichnen. Die Hautspannungen und Hautverschiebungen sind gemäß den Gleichungen (49 a), (49 b) längs der Zylinderschalenmantellinie konstant. Das Ueberlagern der beiden Spannungs- und Verformungszustände ist gleichbedeutend mit einer Parallelverschiebung der Abszissenachse der umgezeichneten Abb. 22 in der negativen Richtung der Ordinatenachse. Diese Verschiebung beträgt für die Spannungen in Richtung des Meridians $p\,a/4\,h$ nach Gleichung (49 a) und in Richtung des Breitenkreises $p\,a/2\,h$ nach Gleichung (49 b). Aus den Abb. 30, 31, 32 und 39, in denen die resultierenden Spannungen der Zylinderschale eines Behälters mit halbkugelförmigen, mit elliptischen und mit besonders kleingekrempten Böden in erwähnter Weise aufgezeichnet sind, geht hervor, daß die größten resultierenden Normalspannungen an der Schalenaußenseite auftreten. Die größte Normalspannung in Richtung des Meridians stellt sich im Abszissenpunkt $k\,x = \pi/4 = 0{,}785$ ein, wo $\tau^0 = 0$ ist, und beträgt nach

Gleichung (48a), (49a), (62a) mit Berücksichtigung von Gleichung (78.3)*

$$\sigma_{e1\,max} = \frac{p\,a}{4\,h}\,(1 + 0{,}292\ \psi_r)$$

$$\sigma_{.max} \text{ für } \psi_r = > 4{,}376;\ k\,x = 0{,}785 \qquad (80\text{a})$$

während die größte Ringnormalspannung nach Gleichungen (48b), (49b), 63b) und 78.3)* im Abszissenpunkte $k\,x = 1{,}848$ den Wert

$$\sigma_{e2\,max} = \frac{p\,a}{2\,h}\,(1 + 0{,}032\ \psi_r)$$

$$\sigma_{max} \text{ für } \psi_r = < 4{,}376;\ k\,x = 1{,}848 \qquad (80\text{b})$$

aufweist.

Ist $\psi_r = a/r < 4{,}376$ oder $r/a > 0{,}228$ so ist die größte, an der Zylinderschale auftretende Normalspannung durch Gleichung (80b) gegeben. Für $\psi_r = a/r = 4{,}376$ oder $r/a = 0{,}228$ sind die beiden Höchstwerte einander gleich, während für $a/r > 4{,}376$ oder $r/a < 0{,}228$ die größte Spannung in Richtung des Meridians

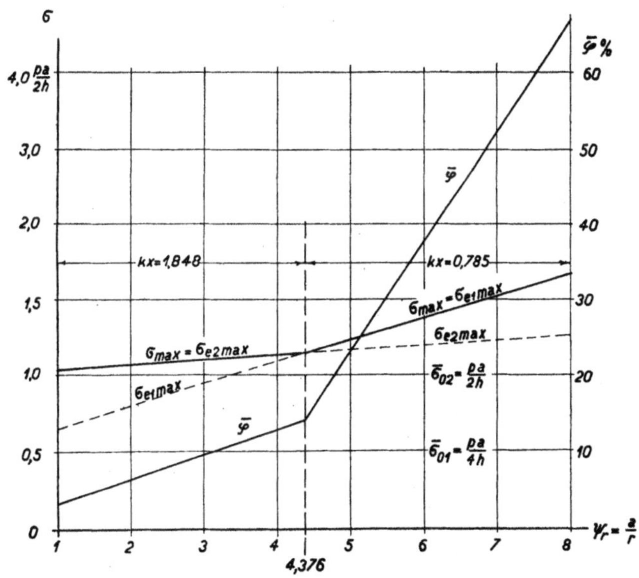

Abb. 28. Die an der Zylinderschale eines mit gewölbten Böden versehenen Behälters auftretende, größte Normalspannung in Abhängigkeit von $\psi_r = a/r$.

sich im Abszissenpunkt $kx = 0{,}785$ einstellt und nach Gleichung (80a) zu berechnen ist, d. h. der Spannungshöchstwert rückt näher an den Schalenrand heran. Der Verlauf der an der Zylinderschale auftretenden größten Normalspannung ist in Abb. 28 in Abhängigkeit von a/r aufgetragen. Wir vergleichen diesen Höchstwert mit der größten Normalspannung $\bar{\sigma}_{max}$, die sich in der von Randspannungen freien Zylinderschale einstellt, und die durch die sog. Kesselformel nach Gleichung (49b) gegeben ist. Wir bilden den Ausdruck

$$\bar{\varphi} = \frac{\sigma_{max}}{\bar{\sigma}_{max}} - 1 \tag{81}$$

der besagt, um wieviel größer die größte Normalspannung in der mit gewölbten Böden versehenen Zylinderschale ist, gegenüber dem Falle, wo eine gleichmäßige Verteilung der Normalspannungen nach der erwähnten Kesselformel vorausgesetzt wird. Die aus Gleichungen (80a), (80b) und (49b) sich ergebenden Werte für $\bar{\varphi}$ sind in Abb. 28 eingetragen. Wir erhalten naturgemäß im Verlaufe von $\bar{\varphi}$ für den Abszissenwert $\psi_r = 4{,}376$ einen Knick. Der Höchstwert der wahren Normalspannung ändert die örtliche Lage auf der Zylinderschalenmantellinie. Außerdem nimmt der Wert von $\bar{\varphi}$ für $\psi_r > 4{,}376$ wesentlich rascher zu, so daß bei verhältnismäßig kleinem Krempenhalbmesser r das Ueberwiegen des wahren Spannungshöchstwertes gegenüber dem Wert der durch die Kesselformel (49b) festgelegt ist, besonders stark ins Gewicht fällt. Ist z. B. die Zylinderschale mit halbkugelförmigen Böden versehen, d.h. ist $a/r = 1$, so ist die größte Normalspannung in der Zylinderschale, Abb. 30 und 31, nach Gleichung (80b) $\sigma_{max} = \sigma_{e1\,max} = 1{,}032\, p\, a/2\,h$, während die Kesselformel den Wert $1{,}0\; p\,a/2\,h$ ergibt. Der wahre Wert der größten Normalspannung ist nach Gleichung (80b) rund das 1,03fache der nach der Kesselformel berechneten größten Spannung, d. h. sie ist 3% größer. Steht die Zylinderschale in Verbindung mit einem elliptischen Boden vom Halbachsenverhältnis $a : b = 2 : 1$, dem ein Krempenhalbmesser $r = 0{,}25\, a$ und damit ein $\psi_r = 4{,}0$ zukommt, so beträgt die größte Normalspannung nach Gleichung (80b) $\sigma_{max} = \sigma_{e2\,max} = 1{,}128\; p\,a/2\,h$, so daß wir gegenüber dem Wert, der die sog. Kesselformel Gleichung (49b) ergibt, in Wirklichkeit eine um rund 13%

höhere Beanspruchung der Zylinderschale erhalten, Ab. 32. Für $\psi_r = 7{,}5$, Abb. 39, wird die größte Spannung gemäß Gleichung (80a) rund das 3fache des Wertes der Kesselformel Gleichung (49b). Diese Betrachtungen zeigen deutlich, daß die auf Grund der Kesselformel durchgeführte Berechnung der Festigkeit der Zylinderschale eines Behälters, wie sie in der Praxis des Kesselbaues allgemein geübt wird, zu unrichtigen Ergebnissen führt. Der wahre Wert der größten Beanspruchung liegt bei den üblichen Formen des Bodenmeridians stets höher wie der durch die Kesselformel bedingte Wert. Der Unterschied dieser beiden Höchstwerte ist um so größer, je kleiner der Krempenhalbmesser der Bodenschale ist. Die in der Zylinderschale durch Verbindung mit der Bodenschale entstehenden Unstetigkeitsspannungen dürfen nicht ohne weiteres vernachlässigt werden.

2. Lage und Wert der größten Verschiebung senkrecht zur Zylinderschalenmantellinie. Aus Gleichung (61.8) geht hervor, daß die größte Unstetigkeits-Verschiebung w^0 an der Stelle eintritt, wo σ_{02}^0 in Abb. 22 ein Minimum erreicht, d. h. für $kx = 1{,}848$. Nach Gleichungen (45b), (51b), (61.8), (63b) und (78.3)* erhalten wir für die resultierende größte Verschiebung

$$w_{max} = \frac{p\,a^2}{4\,h\,E}\left[2 - \nu + 0{,}064\ \psi_r\right], \quad kx = 1{,}848 \qquad (82)$$

Da sich die Berechnung der wahren Spannungen und Verschiebungen der Bodenschale nicht allgemein durchführen läßt, soll der Gang der Rechnung weiter unten an Hand eines Beispiels erläutert werden.

10. Die Beurteilung der größten Beanspruchung nach der Theorie von Guest-Mohr.

Für die Beurteilung der Bruchgefahr nach der Theorie von Guest-Mohr [20]) ist die größte Schubspannung maßgebend, d. h.

1. nur der Unterschied zwischen der (algebraisch) größten und (algebraisch) kleinsten Hauptspannung ist zu berücksichtigen, während

2. die Größe der mittlern Hauptspannung nicht von Belang ist.

Ist z. B. σ_1 die kleinste Hauptspannung, σ_2 die größte Hauptspannung oder umgekehrt, σ_2 die kleinste Hauptspannung, σ_1 die Hauptspannung und σ_3 die mittlere Hauptspannung, so weist die größte Schubspannung*) für Zustände an der Fließgrenze einen konstanten Wert auf von der Größe

$$2\,\tau_{M\,max} = \sigma_1 - \sigma_2 = konstant = k \tag{83}$$

Ist σ_f die Beanspruchung des Materials an der Fließgrenze beim einachsigen Zugversuch, so ergibt die Theorie von Guest-Mohr nach Gleichung (83) für

$$k = 0{,}5\ \sigma_f \tag{84}$$

wobei für Flußeisen z. B. nach Zahlentafel II, Seite 148, für $\sigma_f =$ 2000 kg/cm² zu setzen ist. Nach Gleichung (83) tritt dann Fließen ein, wenn die Differenz der beiden Hauptspannungen die Fließgrenze, also bespielsweise 2000 kg/cm² erreicht hat. Wie wir bereits schon früher erwähnten, darf die Radialspannung σ_3 gegenüber der Meridian- und Ringspannung vernachlässigt werden, d. h. es ist die mittlere Hauptspannung $\sigma_3 \cong 0$, und wir erhalten den ebenen Spannungszustand. Die Grenzwerte von σ_1 und σ_2, bei denen Fließen eintritt, liegen nach der Theorie von Guest-Mohr auf den Seiten eines Sechseckes, Abb. 29. Sind die Hauptspannungen σ_1, σ_2 beide positiv oder beide negativ, d. h. gehören die Spannungen dem I. und III. Quadranten in Abb. 29 an, so fällt die größere der beiden Hauptspannungen für die Beurteilung der größten Beanspruchung allein ins Gewicht, da nach Gleichung (83) die Differenz zwischen σ_1 und $\sigma_3 \cong 0$ bzw. σ_2 und $\sigma_3 \cong 0$ zu bilden ist. In dem Falle, wo die beiden Hauptspannungen σ_1 und σ_2 mit verschiedenen Vorzeichen behaftet sind, Abb. 39, II. und IV. Quadrant, ist für die größte Beanspruchung nach Gleichung (83) die Summe der absoluten Werte der beiden Hauptspannungen maßgebend. Da die Spannungen in der Regel ungleichmässig über die Blechdicke verteilt sind, so nimmt der Fließvorgang dort seinen

*) Der Zusammenhang der Schubspannung und der Hauptspannungen ist im I. Teil, Seite 21 u. f. an Hand des Mohrschen Kreises erläutert.

Anfang, wo die Fließgrenze des Materials zuerst überschritten wird Von dieser Stelle, z. B. Innenseite der Krempe eines Kesselbodens, breitet sich die Fließerscheinung in Gleitebenen mit wachsender Belastung weiter aus und durchdringt schließlich das ganze Material. Die Versuche von Siebel und Körber [22]) zeigen unverkennbar, daß

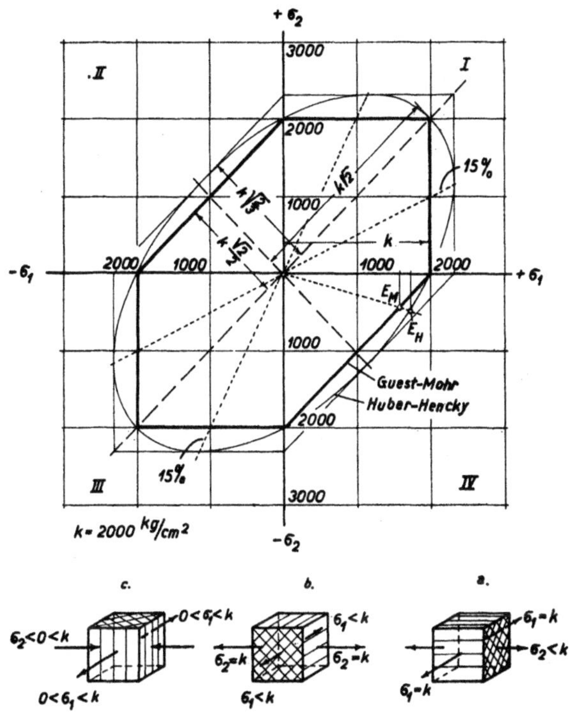

Abb. 29. Zur Beurteilung der größten Beanspruchung nach der Theorie von Guest-Mohr und Huber-Hencky.

die Fließgrenze stets an der Innenseite der Krempe zuerst erreicht wird. Um diese Tatsache zu veranschaulichen, sind in Zahlentafel II die gemessenen resultierenden größten Spannungen eingetragen. Infolge der verhältnismäßig großen Meßlänge (5,0 cm) werden die tatsächlichen, absoluten Werte der Spannungen σ_{i1} und σ_{i2} etwas größer wie die gemessenen Werte ausfallen. Berechnet man aus σ_{i1} und σ_{i2} nach Gleichung (83) die Schubspannung bei $p = 10\ at$, so findet man, daß die Flüssigkeitspressung

Zahlentafel II.

Größte durch Messung ermittelte Beanspruchung der Versuche von Siebel und Körber für $p = 10$ at.

1	2	3	4	5	6	7	8	9	10	11	12	13	14
Boden	p at	σ_{i1} [2]) kg/cm²	σ_{i2} [2]) kg/cm²	$2\tau_{Mmax}$ [4]) kg/cm²	σ_f [1]) kg/cm² aus Versuch	p_{fi} berechnet at	p_{fe} beobachtet at	Zugfestigkeit kg/cm² aus Versuch [1])	a cm	r cm	R cm	$2h$ cm	$\frac{a}{b}$
A I	10	+ 445	— 40	485	2150	44	über 50[3])	3680	64,0	14,0	92,0	2,07	1,97
B I	10	+ 360	— 20	380	2430	64	über 45[3])	3650	63,9	19,6	105,0	2,17	1,97
C I	10	+ 530	— 100	630	2410	38	55	3560	64,0	19,5	118,0	2,00	2,10
D I Ellipse	10	+ 340	— 30	370 (440)[5])	2020	54,6	60	3790	64,0	17,0	127,0	2,01	1,97
E I	10	+ 680	— 100	780	2150	28	40	3630	64,0	14,0	131,0	2,11	2,51
F I	10	+ 1400	— 140	1540	2150	14	unter 25	3680	64,0	5,0	171,0	2,07	3,88
A II	10	+ 240	+ 5	240	2080	87	über 60[3])	3610	63,2	14,8	92,8	3,56	1,99
D II Ellipse	10	+ 175	+ 10	175 (249)[5])	2260	129	über 50[3])	3830	63,2	16,9	122,1	3,50	1,92
E II	10	+ 380	— 40	420	2200	52,4	über 60[3])	3980	63,2	14,8	131,8	3,55	2,56

[1]) Ergebnisse der Materialprüfung.
[2]) Bezogen auf $E = 2{,}15 \cdot 10^{+6}$ kg/cm².
[3]) Die Messung wurde vor dem aussenseitigen Auftreten der Fliesslinien abgebrochen.
[4]) Berechnet nach Gleichung (83).
[5]) Berechnet nach Gleichung (95*e*).

p_{fi}, welcher der an Hand der Materialprüfung ermittelten Streckgrenze σ_f entspricht, und bei welcher das Fließen innenseitig eintritt, wesentlich kleiner ausfällt, wie die Flüssigkeitspressung p_{fe}, bei welcher der Fließbeginn an der Schalenoberfläche beobachtet wurde. Die Größe des Unterschiedes der beiden Werte hängt unter sonst gleichen Verhältnissen von der Größe des Krempenhalbmessers r, der Größe der mittleren Bodenwölbung R und der Größe der Blechdicke $s = 2h$ ab. Bei einer dickwandigen Bodenschale wird infolge des hyperbolischen Spannungsverlaufes der Fließvorgang verhältnismäßig früher beginnen, als bei einem dünnen Boden von der nämlichen Form.

Beim Fließvorgang bilden sich zwei Scharen von Gleitebenen, die sich winkelrecht schneiden. Diese Gleitebenen stehen zudem senkrecht zu den Ebenen, welche die beiden, den Fließvorgang erzeugenden Hauptspannungen enthalten. Die Fließlinien, welche wir auf der Außenseite der Kesselwandung beobachten, sind die Schnittlinien dieser Gleitebenen mit der äußeren Schalenfläche. Je nach dem gegenseitigen Verhältnis von σ_1, σ_2 und $\sigma_3 \cong 0$ bilden sich drei verschiedene Formen von Fließlinien in den zur Schalenmittelfläche parallelen Drehflächen aus. Wir schneiden aus einem beliebig gewählten Punkt der Kesselwand einen Würfel von der Kantenlänge 1 heraus und bringen an seinen Seitenflächen die resultierenden Hauptspannungen σ_1, σ_2, $\sigma_3 \cong 0$ an. Nach dem Gesagten ergeben sich auf den Seitenflächen die in Abb. 29 a, b und c dargestellten Fließlinienbilder, die der Spannungsverteilung des I., III. (Abb. 29 a und b) und II., IV. Quadranten (Abb. 29 c) zukommen). Diese Fließlinienbilder treffen auch dann zu, wenn alle Spannungen das entgegengesetzte Vorzeichen aufweisen. Ist der Würfel derart gelegen, daß die obere Würfelfläche mit der Schalenaußenfläche zusammenfällt, so bedingt Abb. 29 a ringsförmige Fließlinien, Abb. 29 b radial bzw. achsial verlaufende Fließlinien, und Abb. 29 c zwei senkrecht zueinander stehende Fließlinienscharen, welche die Meridianlinie unter 45° schneiden. Diese Fließlinienausbildung an der Außenfläche von Böden deckt sich mit den gemachten Beobachtungen [23]) [24]). Die neueren Versuche über die Frage der Bruchgefahr [25]) [26]) haben gezeigt, daß

1. die Größe der Schubspannung $\tau_{M\,max}$ von der mittleren Hauptspannung abhängig ist;
2. die größte Schubspannung und damit auch der Wert von k verschieden groß ausfällt, je nachdem man die Proportionalitätsgrenze oder die (untere) Fließgrenze ins Auge faßt. Es ist $\tau_p = 0{,}60\ \sigma_p$ für die Proportionalitätsgrenze und $\tau_f = 0{,}57\ \sigma_f$ für die Fließgrenze;
3. die Werte nach der Theorie von Guest-Mohr bis zu 15 % kleiner ausfallen wie die Versuchswerte;
4. die Versuchsergebnisse fast genau mit der neueren Theorie der konstanten Gestaltänderungsarbeit von Huber-Hencky übereinstimmen.

Nach der genaueren Theorie von Huber-Hencky liegen die Grenzpunkte von σ_1 und σ_2, für welche Fließen eintritt auf der Ellipse, welche dem in Abb. 29 dargestellten Grenzwertsechseck umschrieben ist. Der Konstrukteur wird auch fernerhin die Beurteilung der Bruchgefahr mit Vorteil nach der Theorie von Guest-Mohr, Gleichungen (83), (84), vornehmen, da sie ihm in einfachster Weise einen klaren Einblick des Zusammenhanges der Hauptspannungsgrenzwerte vermittelt. Außerdem fällt die Sicherheit der so bemessenen Bauwerke bis zu 15 % größer aus. Ist eine größere Genauigkeit für die Ermittlung des Fließbeginnes erwünscht, so kann die Berichtigung der Werte nach Guest-Mohr an Hand von Abb. 29 bequem ausgeführt werden, aus welcher der Unterschied der Grenzwerte nach Guest-Mohr und Huber-Hencky ersichtlich ist. Bei der Bemessung der Bauwerke wird man folgerichtig auf die Proportionalitätsgrenze bzw. untere Fließgrenze des Materials abstellen, und nicht wie dies üblich ist, auf die Zugfestigkeit, da die Festigkeitsberechnungen Belastungszustände innerhalb der Proportionalitätsgrenze zur Voraussetzung haben.

11. Die Berechnung der Spannungen und Verzerrungen an einem mit halbkugelförmigen oder elliptischen Böden versehenen zylindrischen Behälter gleicher Blechdicke.

A. Zylindrischer Behälter mit halbkugelförmigen Böden.

Die Hautspannungen und Hautverschiebungen der Zylinderschale sind durch die Gleichungen (49a), (49b), (51a) und (51b) bestimmt. Diesem System sind die Unstetigkeitsspannungen und Unstetigkeitsverschiebungen zu überlagern, um die wahren Spannungen und Verschiebungen zu erhalten. Da für die Halbkugelschale $r = a$, d. h. $\psi_r = 1$, ist die Ordinate in Abb. 22 gemäß Gleichung (78.3)* mit $-0{,}25\, p\, a / 2\, h$ zu multiplizieren, um den Verlauf der Unstetigkeitsspannungen zu erhalten. Die Ueberlagerung der beiden Systeme ergibt den in Abb. 30 und 31 dargestellten resultierenden oder wahren Spannungsverlauf. Im Einklange mit Gleichung (80a) tritt die größte Meridianspannung im Abszissenpunkte $k x = \pi / 4 = 0{,}785$ auf und beträgt

$$\sigma_{e1\,max} = 0{,}646 \frac{p\,a}{2\,h} \tag{85a}$$

Sie ist um rund 30% größer wie die entsprechende Hautspannung,

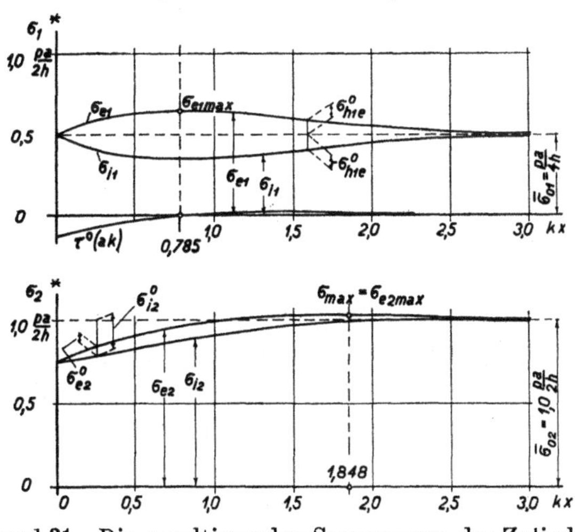

Abb. 30 und 31. Die resultierenden Spannungen der Zylinderschale eines mit halbkugelförmigen Böden versehenen Behälters. $\psi_r = 1{,}0$. σ_{e1}, σ_{i1} = achsiale Spannungen; σ_{e2}, σ_{i2} = Ringspannungen; * = Schalenrand.

Gleichung (49a). Diesem Wert ist keine besondere Bedeutung beizumessen, da in der Ringrichtung die größte Spannung in der Zylinderschale im Abszissenpunkt $kx = 1{,}848$ liegt und nach Gleichung (80b) den Wert

$$\sigma_{max} = \sigma_{e\,z\,max} = 1{,}032\,\frac{p\,a}{2\,h} \tag{85b}$$

erreicht, der **rund 3% größer ist, als die auf Grund der sog. Kesselformel,** Gleichung (49b), **berechnete größte Hautspannung.** Da die Spannungen in der Halbkugelschale kleiner ausfallen wie an der Zylinderschale, so ist der in Gleichung (85b) festgelegte Spannungshöchstwert die größte Beanspruchung des Behälters mit halbkugelförmigen Böden. Von einer eingehenden Untersuchung des Spannungsverlaufes an der Halbkugelschale können wir daher absehen.

B. Zylindrischer Behälter mit elliptischen Böden.

Mit Rücksicht auf die Messungen, die wir an einem Behälter mit elliptischen Böden ausführten, legen wir der elliptischen Meridiankurve die Halbachsen

$$a = 39{,}4 \text{ cm} \qquad b = 19{,}4 \text{ cm} \qquad \frac{a}{b} = 2{,}031$$

zugrunde, woraus für den Krempenhalbmesser r und das Verhältnis ψ_r folgt

$$r = \frac{b^2}{a} = 9{,}55 \qquad \psi_r = \frac{a}{r} = 4{,}13$$

Die mittlere Blechdicke, welche durch Messung am Behälter festgestellt wurde, beträgt

$$2\,h_B \cong 2\,h^Z \cong 1{,}2 \text{ cm}$$

bei einer größten Abweichung von rund $\pm$ 3%.

1. Zylinderschale. Die Hautspannungen und Hautverschiebungen sind durch die Gleichungen (49a) und (49b) gegeben. Die Unstetigkeitsspannungen und die resultierenden Spannungen ermitteln wir in gleicher Weise wie im vorangegangenen Beispiel, indem wir die Ordinaten in Abb. 22 nach Gleichung (78.3)* mit $-1{,}03\; pa/2h$ multiplizieren und die Abszissenachse um $0{,}5\; pa/2h$ bzw. $1{,}0\; pa/2h$ verschieben. Der resultierende Spannungsverlauf ist aus Abb. 32 ersichtlich.

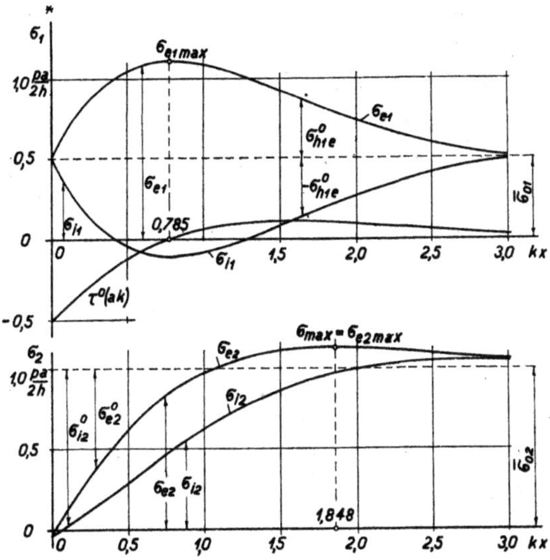

Abb. 32. Die resultierenden Spannungen an der Zylinderschale eines Behälters mit elliptischen Böden, $a : b = 2{,}031$; $\psi_r = 4{,}13$. σ_{e1}, σ_{i1} = achsiale Spannungen; σ_{e2}, σ_{i2} = Ringspannungen; * = Schalenrand.

Nach Gleichung (80a) und (80b) betragen die Höchstwerte der Spannungen

$$\sigma_{e1\,max} = 1{,}103\ \frac{p\,a}{2\,h}\,;\quad kx = 0{,}785 \qquad (86\,\mathrm{a})$$

$$\sigma_{max} = \sigma_{e2\,max} = 1{,}132\ \frac{p\,a}{2\,h}\,;\quad kx = 1{,}848 \qquad (86\,\mathrm{b})$$

Die größte an der Zylinderschale vorhandene Beanspruchung tritt in der Ringrichtung im Abstand $kx = 1{,}848$ vom Schalenrand auf und erreicht den in Gleichung (86b) festgelegten Wert.

Für den vorliegenden Versuchsbehälter wird mit $p = 30$ *at.* nach Gleichung (86a), $\sigma_{e1\,max} = +\ 1086$ kg/cm² im Abstand $kx = 4{,}2$ cm vom Schalenrand und nach Gleichung (86b) $\sigma_{max} = \sigma_{e2\,max} = +\ 1115$ kg/cm² im Abstand $kx = 9{,}9$ cm. Ermitteln wir aus den gemessenen Dehnungen aus Abb. 29, Seite 52, die zugehörigen Spannungen, so erhält man $\sigma_{e1\,max} = +\ 1030$ kg/cm², $kx \cong 4{,}2$ cm, und $\sigma_{max} = \sigma_{e2\,max} = +\ 1051$ kg/cm², $kx \cong 13{,}2$ cm.

Die gemessenen Spannungen sind etwas kleiner wie die aus Gleichungen (86a), (86b) berechneten Werte. Den Gleichungen (86a), (86b) liegen die Randbedingungen (78.3)*, (78.4)* zugrunde, wonach am Schalenrand keine Biegungsspannungen auftreten. Die in Wirklichkeit vorhandenen Biegungsspannungen bewirken eine Herabsetzung der Spannungen in der Zylinderschale, Abb. 37. Die Biegungsspannungen sind jedoch nur klein, woraus sich auch der geringe Unterschied zwischen gerechnetem und gemessenem Wert erklärt. Auf den Einfluß der Randbiegungspannungen werden wir weiter unten noch näher zu sprechen kommen.

Die Verschiebung normal zur Zylinderschale weist gemäß Gleichung (61.8) einen der σ_{02}^{0}-Kurve ähnlichen Verlauf auf. Die größte Verschiebung, die sich im Abszissenpunkt $kx = 1{,}848$ eineinstellt, beträgt nach Gleichung (82) für $\nu = 0{,}3$

$$w_{max} = 1{,}964 \frac{p\,a^2}{4\,h\,E} \tag{86c}$$

Aus Gleichungsfolge (78)* erhält man für die Randunstetigkeitswerte

$$\tau_{0Z}^{0*} = -\tau_{B}^{0*} = -0{,}516 \frac{p}{2h\,k_Z} = \tau^* \qquad (87.1)^*$$

$$\sigma_{01Z}^{0*} = \sigma_{01B}^{0*} = 0 \qquad (87.2)^*$$

$$\sigma_{02Z}^{0*} = -\sigma_{02B}^{0*} = -1{,}032 \frac{p\,a}{2\,h} \qquad (87.3)^*$$

$$\sigma_{h1eZ}^{0*} = \sigma_{h1eB}^{0*} = 0; \qquad \sigma_{h2eZ}^{0*} = \sigma_{h2eB}^{*} = 0 \qquad (87.4)^*,\ (87.5)$$

$$\vartheta_{Z}^{0*} = -\vartheta_{B}^{0*} = 1{,}032 \frac{p\,a}{(2h)^2\,E} \frac{\sqrt{3\,(1-\nu^2)}}{k_Z} = \vartheta_z^* \qquad (87.6)^*$$

$$u_{Z}^{0*} = -u_{B}^{0*} = -0{,}516 \frac{\nu}{E} \frac{p\,a}{2h\,k_Z} \qquad (87.7)^*$$

$$w_{Z}^{0*} = w_{B}^{0*} = -1{,}032 \frac{p\,a^2}{2h\,E} \qquad (87.8)^*$$

Durch Überlagerung der Gleichungen (87.2)*, (49a); (87.3)*, (49b); (87.7)*, (51a); (87.8)*, (51b) ergeben sich die wahren Werte der Randspannungen und Randverschiebungen.

2. Bodenschale.

a) Ermittlung der Hautspannungen und Hautverschiebungen. Für die praktische Berechnung zeichnet man den Meridianschnitt der Bodenschale auf. Um die Hautspannungen nach den Gleichungen (68a) und (68b zu ermitteln, benötigen wir in jedem Punkte der Meridiankurve m der Mittelfläche die beiden Hauptkrümmungshalbmesser R_1 und R_2. Ist

$$\frac{x}{a^2} + \frac{y^2}{b^2} = 1 \tag{88a}$$

die Gleichung der Ellipse, so erhält man für [27])

$$R_1 = \left(\frac{R_2}{a}\right)^3 \frac{b^2}{a} \tag{88b}$$

$$R_2 = \frac{(a^4 y^2 + b^4 x^2)^{\frac{1}{2}}}{b^2} \tag{88c}$$

$$\sin \alpha = \frac{x}{R_2}; \qquad \beta^0 = 90^0 - \alpha^0 \qquad (88d), (88e)$$

Wir teilen die Meridiankurve m von der Krempe ausgehend ($\alpha = \pi/2$ bzw. $\beta = 0$) in eine Anzahl Linienelemente ein, deren Länge von der Krempe gegen den Scheitel zu mit Rücksicht auf das Ausklingen der Unstetigkeitsspannungen zunimmt, Abb. 33. Hierauf berechnet man für die Grenzpunkte der Linienelemente nach Gleichungen (88b) und (88c) in Verbindung mit Gleichung (88a) die Hauptkrümmungshalbmesser und aus Gl. (88d)

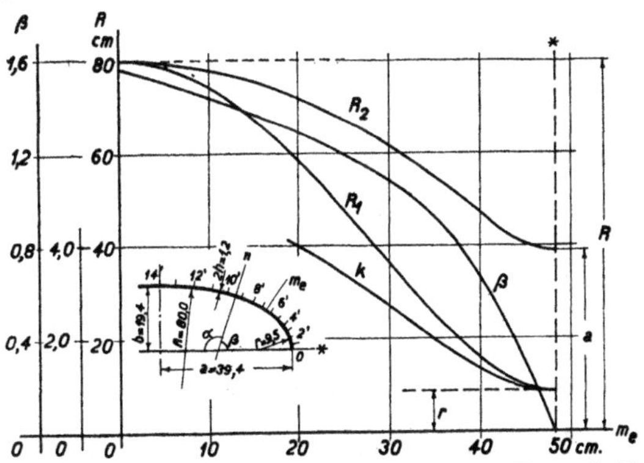

Abb. 33. Die Krümmungshalbmesser R_1 und R_2, sowie die Winkel α, β und die Größe k der elliptischen Bodenschale $a : b = 2{,}031$ über der abgewickelten äußern Meridiankurve m_e aufgetragen. Die beiden gestrichelten Geraden zeigen den Verlauf der Krümmungshalbmesser der üblichen aus Kugel- und Ringflächenschale zusammengesetzten Böden. * = Schalenrand.

den Winkel α, den die Normale n, Abb. 33, mit der Drehachse einschließt.

Ist die Gleichung der Meridiankurve nicht bekannt, so sind die Krümmungshalbmesser nach Gleichung (98 a), (98 b) nach dem dort näher erörterten Verfahren zu ermitteln. Aus den berechneten Krümmungshalbmessern und den Gleichungen (68 a), (68 b) ergeben sich die Hautspannungen, Abb. 34. Im aufgezeichneten Meridianschnitt ermittelt man den Treffpunkt der Normalen n mit der äußeren Meridiankurve m_e, Abb. 33. Die abgewickelte äußere Meridiankurve benützen wir als Abszissenachse für die Austragung

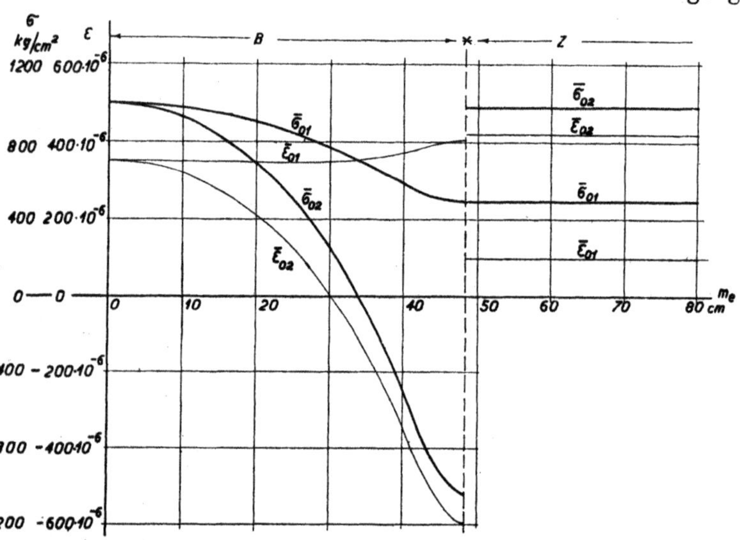

Abb. 34. Die berechneten Hautspannungen $\bar{\sigma}_{01}$, $\bar{\sigma}_{02}$ und Hautdehnungen $\bar{\varepsilon}_{01}$, $\bar{\varepsilon}_{02}$ des zylindrischen Behälters gleicher Dicke $2\,h = 1{,}2$ cm mit elliptischen Böden $a : b = 2{,}031$ für $p = 30$ at. B = Bodenschale. Z = Zylinderschale. $*$ = Schalenrand.

der wichtigsten Größen in Übereinstimmung mit der Austragung der Meßergebnisse. Die Grenzpunkte der Linienelemente bezeichnen wir zum Unterschied zu den Meßpunkten mit $1'$, $2'$, $3'$ usw. Für den vorliegenden elliptischen Boden sind die Zahlenwerte für $p = 1$ at in Zahlentafel III eingetragen.

Die stetige Änderung der Krümmungshalbmesser ist aus Abb. 33 ersichtlich. Bei der üblichen korbbogenähnlichen Meridiankurve ist

Zahlentafel III.

Krümmungshalbmesser, Normalenwinkel und Hautspannungen für $p = 1$ at der elliptischen Bodenschale $a : b = 2{,}031$, $2h = 1{,}2$ cm.

1 Element Nr.	2 R_1 cm Gl. (88b)	3 R_2 cm Gl. (88c)	4 $\bar{\sigma}_{01}$ kg/cm² Gl. (68a)	5 $\bar{\sigma}_{02}$ kg/cm² Gl. (68b)	6 α^0 Gl. (88d)	7 β^0 Gl. (88e)	8 β Bogenmaß	9 m_e cm Abwicklung
1′	9,55 9,95	39,40 39,93	16,42 16,64	— 34,99 — 33,52	90° 0′ 79° 18′	0 10° 42′	0 0,1868	0 1,90
2′	11,13	41,44	17,27	— 29,79	69° 4′	20° 56′	0,3654	3,90
3′	12,84	43,48	18,12	— 25,10	60° 55′	29° 5′	0,5076	5,90
4′	15,66	46,45	19,36	— 18,67	52° 0′	38° 0′	0,6632	7,93
5′	19,77	50,16	20,90	— 11,20	44° 38′	45° 22′	0,7918	10,30
6′	25,41	54,61	22,77	— 3,42	37° 20′	52° 40′	0,9192	13,15
7′	31,31	58.50	24,39	+ 3,27	31° 51′	58° 9′	1,0149	16,00
8′	38.20	62,58	26,09	+ 9,49	26° 49′	63° 11′	1,1027	19,12
9′	46,62	66,80	27.85	+ 15,82	21° 51′	68° 9′	1,1894	22,95
10′	56,20	71,10	29,62	+ 21,82	16° 58′	73° 2′	1,2746	27,29
11′	64,99	74,61	31.10	+ 26,50	12° 35′	77° 25′	1,3512	32,01
12′	73,21	77,62	32,35	+ 30,40	7° 58′	82° 2′	1,4318	37,59
13′	78,23	79,40	33,10	+ 32,65	4° 0′	86° 0′	1,5009	42,90
14′	80,00	80,00	33,35	+ 33,35	0°	90° 0′	1,5708	48,45

Die in einer Zeile stehenden Zahlenwerte beziehen sich auf den Endpunkt der Linienelemente. Für Linienelement Nr. 1′ bezieht sich der obere Wert auf den Anfang ($\beta = 0$) und der untere Wert auf das Ende des Linienelementes.

der Krümmungshalbmesser in der Krempe unveränderlich, um dann unvermittelt auf den konstanten Wert des Krümmungshalbmessers der mittleren Wölbung anzusteigen, wie dies in Abb. 33 durch die gestrichelte Gerade angedeutet ist.

Die Verschiebung $\bar{w}$ normal zur Schalenmittelfläche*) ist aus Gleichung (88f)

$$\bar{w} = \sin\beta \int_0^\beta \frac{1}{\cos\beta} (R_1 \bar{\varepsilon}_{01} - R_2 \bar{\varepsilon}_{02})\, \delta\beta + R_2 \bar{\varepsilon}_{02} \tag{88f}$$

zu berechnen. Diese Gleichung folgt aus Gleichung (69b), indem wir auf den Winkel β übergehen. Zu diesem Zwecke ermittelt man nach Gleichung (27a), (27b) aus den Spannungen (Zahlentafel III, Kolonne 4 und 5) die Dehnungen, um für jedes Element den Ausdruck des Integrals zu bestimmen. Die Integration geschieht für praktische Zwecke am einfachsten graphisch, indem man den Ausdruck $y = (R_1 \bar{\varepsilon}_{01} - R_2 \bar{\varepsilon}_{02}) / \cos\beta$ für den Endpunkt jedes Elementes als Ordinate über dem zugehörigen Bogen β als Abszisse aufträgt, die so erhaltene Fläche in Streifen von der Breite $\delta\beta$ (in Bogenmaß ausgedrückt) zerlegt und den Inhalt der Teilstreifen berechnet, indem man die mittlere Höhe $\bar{y}$ des Streifens bestimmt, diese mit der Streifenbreite $\delta\beta$ multipliziert und ausgehend von der Krempe des Bodens die Streifeninhalte schrittweise summiert. Die Rechnung ergibt nach Zahlentafel IV für die größte Durchbiegung, die im Bodenscheitel auftritt für $p = 30$ at

$$\bar{w}_B = 0{,}0659 \text{ cm.}$$

während die Auslenkung des Schalenrandes nach Gleichung (29b) mit $E = 2000000$ kg/cm², $\nu = 0{,}3$, für $p = 30$ at

$$\bar{w}_B^* = -0{,}0235 \text{ cm.}$$

ergibt. Der Rand der Zylinderschale erfährt nach Gleichung (30a) eine Auslenkung von

$$\bar{w}_Z^* = +0{,}0165 \text{ cm.}$$

Die Abb. 36, in welcher die Auslenkungen aufgetragen sind, zeigt in anschaulicher Weise, wie die beiden Schalenränder auseinander-

*) Berichtigung: Seite 133, Gleichung (69b) lies . . . . . $+ R_2 \bar{\varepsilon}_{02}$, statt $+ \bar{\varepsilon}_{02}$.

Zahlentafel IV.

Berechnung der Verschiebung $\overline{w}$ der elliptischen Schale $a:b = 2{,}031$, $2h = 1{,}2$ cm für $p = 1$ at.

$y = (R_1\ \bar{\varepsilon}_{01} - R_2\ \bar{\varepsilon}_{02}) / \cos\beta$

1 Element Nr.	2 $\delta\beta$	3 $\bar{\varepsilon}_{01}\, 10^{+6}$	4 $\bar{\varepsilon}_{02}\, 10^{+6}$	5 $R_1\, \bar{\varepsilon}_{e1} \cdot 10^{+6}$	6 $R_2\, \bar{\varepsilon}_{02} \cdot 10^{+6}$	7 $\overline{y} \cdot 10^{+6}$	8 $\overline{y}\ \delta\beta$	9 $\Sigma\, \overline{y}\ \delta\beta$	10 $\sin\beta\, \Sigma\, \overline{y}\, \delta\beta$	11 $\frac{p}{\overline{w}} = 1$ at $\cdot 10^{+6}$ cm
1′	0,1868	13,46 13,34	— 19,96 — 19,26	128,4 132,6	— 786,5 — 769,0	915,9	171,1 μ	171,1 μ	31,76 μ	— 786,5 — 737,2
2′	0,1786	13,10	— 17,48	145.9	— 725,0	924,7	165,0 μ	336,1 μ	120,2 μ	— 604,8
3′	0,1422	12,82	— 15,27	164,6	— 664,0	940,7	133,6 μ	469,7 μ	228,2 μ	— 435,8
4′	0,1556	12,48	— 12,24	195,5	— 568,5	959,2	148,2 μ	617,9 μ	380,0 μ	— 188,5
5′	0,1286	12,13	— 8,73	240,0	— 437,6	958,7	123,3 μ	741,2 μ	527,0 μ	+ 89,4
6′	0,1274	11,90	— 5,12	302,5	— 279,9	954,0	121,5 μ	862,7 μ	686,0 μ	+ 406,1
7′	0.0957	11,70	— 2,02	366,5	— 118,2	939,0	89,8 μ	952,5 μ	808,0 μ	+ 689,8
8′	0,0879	11,62	+ 0,83	444,0	+ 51,90	894,0	78.6 μ	1031,1 μ	921,0 μ	+ 972,9
9′	0,0866	11,55	+ 3,73	538,5	+ 249,1	824,0	71,3 μ	1102,4 μ	1024,0 μ	+ 1273,1
10′	0,0852	11,54	+ 6,46	648,5	+ 459,2	713,5	60,8 μ	1163,2 μ	1113,0 μ	+ 1572.2
11′	0,0765	11,57	+ 8,58	752,5	+ 640,0	581,7	44,4 μ	1207,6 μ	1178,0 μ	+ 1818,0
12′	0,0806	11,62	+ 10,35	851,0	+ 804,0	426,7	34,4 μ	1242,0 μ	1230,0 μ	+ 2034,0
13′	0,0691	11,66	+ 11,36	912,0	+ 902,0	241,1	16,6 μ	1258,6 μ	1255,0 μ	+ 2157,0
14′	0,0699	11,67	+ 11,67	934,0	+ 934,0	71,6	5,0 μ	1263,6 μ	1263,6 μ	+ 2197,6

$\mu = 10^{-6}$

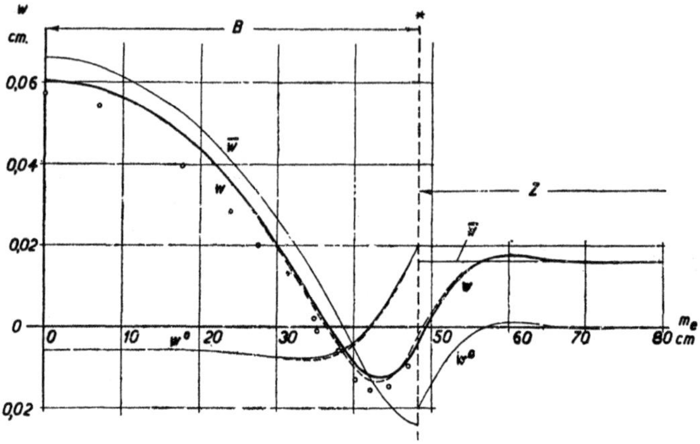

Abb. 35.
Die berechneten Verschiebungen w des zylindrischen Behälters gleicher Dicke $2\,h = 1{,}2$ cm mit elliptischen Böden. $a : b = 2{,}031$, für $p = 30$ at. In Berücksichtigung der Randbiegungsspannungen nach Gleichungen (48a)*, (48b)* ergeben sich die gestrichelten Kurven.
$\overline{w}_B$, $\overline{w}_Z$ = Hautverschiebungen, w_B^0, w_Z^0 = Unstetigkeitsverschiebung, w_B, w_Z = resultierende Verschiebungen.
B = Bodenschale, Z = Zylinderschale, $*$ = Schalenrand.

klaffen. Auch aus Abb. 34 ist ersichtlich, daß die Dehnungen an den beiden Schalenrändern verschieden groß ausfallen. Um den stetigen Übergang zu erzwingen, müssen wir an den Schalenrändern zusätzliche Kräfte und Momente anbringen, welche ein zweites System von Spannungen bedingen.

b) Ermittlung der Unstetigkeitsspannungen und Unstetigkeitsverschiebungen. Wie wir bereits früher angedeutet haben, müssen für jedes Element die beiden Konstanten c_1 und c_2 in den Gleichungen (75a), (75b) berechnet werden. Die Spannungen σ_{o2}^0, σ_{h1e}^0 sind für den Endpunkt des Elementes mit dem Normalenwinkel β nach den Gleichungen (74.3), (75.4) zu ermitteln. Die Spannungen $\sigma_{o2}^{0'}$, $\sigma_{h1e}^{0'}$ sind für den Anfang des Elementes mit dem Normalenwinkel β' gegeben. Für den praktischen Gebrauch schreiben wir diese Gleichungen mit $\nu = 0{,}3$ in der Form

$$c_1 = A\left[\sigma_{o2}^{0'} \sin\left(k\beta' + \frac{\pi}{4}\right) + 0{,}551\ \sigma_{h1e}^{0'} \cos\left(k\beta' + \frac{\pi}{4}\right)\right] \qquad (89.1)$$

Zahlentafel V.

Hilfszahlentafel zur Berechnung der Beiwerte A, B, C, c_1 und c_2 und der Unstetigkeitsspannungen σ^0_{02}, σ^0_{h1e}, für $p = 1$ at der elliptischen Schale $a : b = 2{,}031$; $2h = 1{,}2$ cm.

1 Element No.	2 R_1 Mittelwert Z'Tafel III	3 R_2 Mittelwert Z'Tafel III	4 k Mittelwert Gl. (71a)	5 $k\beta$	6 $k\beta + \frac{\pi}{4}$	7 $\sin\left(k\beta + \frac{\pi}{4}\right)$	8 $\cos\left(k\beta + \frac{\pi}{4}\right)$	9 $e^{-k\beta}$	10 $\frac{\sqrt{2}\,k}{2h\,R_1}$	11 $A = \frac{1}{B}$ Gl. (89.3)	12 B Gl. (90.2)	13 $C = 1{,}815\,B$ Gl. (91.2)
1'	9,74	39,66	1,815	0 0.3390	0,7854 1,1244	+ 0,7071 + 0,9019	+ 0,7071 + 0,4318	1,00000 0,7124	0,2196	4,554 —	0.2196 0,1565	— 0,2840
2'	10,54	40,68	1,939	0.3622 0,7025	1,1476 1.4879	+ 0,9118 + 0,9965	+ 0.4107 + 0,0829	0,6962 0,4955	0,2169	6,625 —	0,1510 0,1074	— 0,1950
3'	11,98	42,46	2,161	0,7895 1,0962	1,5749 1,8816	+ 1,0000 + 0,9521	+ 0,0041 — 0,3057	0,4540 0,3342	0,2125	10,360 —	0,09650 0,07105	— 0,1291
4'	14,25	44,96	2,495	1,265 1,655	2,0504 2,4404	+ 0,8874 + 0,6452	— 0,4613 — 0,7640	0,2822 0,1911	0,2065	17,173 —	0,05825 0,03945	— 0,0716
5'	17,72	48,30	2,991	1,983 2,368	2,7684 3,1534	+ 0,3646 — 0,0116	— 0,9312 — 0,9999	0,1375 0,0937	0,1990	36,511 —	0,02738 0,01866	— 0,03388
6'	22,59	52,38	3,661	2,898 3,364	3,6834 4,1494	— 0.5155 — 0,8456	— 0,8564 — 0,5338	0,05509 0,03460	0,1911	95,002 —	0,01053 0,00661	— 0,0120
7'	28,36	56,55	4.425	4,065 4,490	4,8504 5,2754	— 0,9905 + 0.8457	+ 0,1375 + 0,5336	0,01718 0,01123	0,1841	316,0 —	0,003164 0,002068	— 0,003752
8'	34,76	60,54	5,240	5,315 5,780	6,1004 6,5654	— 0,1816 + 0,2784	+ 0,9834 + 0,9605	4910 μ 3089 μ	0,1777	0,001141 *Mg* —	873 μ 549 μ	— 996,0 μ
9'	42,41	64,69	6,185	6,825 7,355	7,6104 8,1404	+ 0,9703 + 0,9592	+ 0,2419 — 0,2826	1048,2 μ 641,3 μ	0,1720	0,005363 *Mg* —	186,5 μ 110,25 μ	— 200,0 μ
10'	51,41	68,95	7,270	8,640 9,260	9,4254 10,0454	0 — 0,5814	— 1,0000 — 0,8136	177,0 μ 9528,3 μ	0,1667	0,0339 *Mg* —	29,51 μ 15,88 μ	— 28,82 μ
11'	60,59	72,85	8,325	10,60 11,25	11,3854 12.0354	— 0,9250 — 0,5065	+ 0,3800 + 0,8622	24,83 μ 13,03 μ	0,1621	0,2485 *Mg* —	4,025 μ 2,113 μ	— 3,832 μ

Der obere Wert in der Zeile bezieht sich auf den Anfang des Elementes.
„ untere „ „ „ „ „ „ „ das Ende „ „

$\mu = 10^{-6}$; $Mg = \frac{1}{\mu}$

$$c_2 = A\left[\sigma_{02}^{0\prime} \cos\left(k\beta' + \frac{\pi}{4}\right) - 0{,}551\ \sigma_{h1e}^{0\prime} \cos\left(k\beta' + \frac{\pi}{4}\right)\right] \qquad (89{,}2)$$

$$\sigma_{02}^{0} = B\left[c_1 \sin\left(k\beta + \frac{\pi}{4}\right) + c_2 \cos\left(k\beta + \frac{\pi}{4}\right)\right] \qquad (90.1)$$

$$\sigma_{h1e}^{0} = C\left[c_1 \cos\left(k\beta + \frac{\pi}{4}\right) - c_2 \sin\left(k\beta + \frac{\pi}{4}\right)\right] \qquad (91.1)$$

$$A = \frac{2\,h\,R_1}{\sqrt{2\,k}}\ \frac{1}{e^{-k\beta}} = \frac{1}{B} \qquad (89.3)$$

$$B = \frac{\sqrt{2\,k}}{2\,h\,R_1}\ e^{-k\beta} \qquad (90.2)$$

$$C = \frac{\sqrt{2\,k}}{2\,h\,R_1}\sqrt{\frac{3}{1-\nu^2}}\ e^{-k\beta} = 1{,}815\ B \qquad (91.2)$$

Die Größen R_1 und k sind Mittelwerte des Schalenelementes. Wir tragen demgemäß in Zahlentafel V die Mittelwerte von R_1 und R_2 ein und berechnen für $\nu = 0{,}3$ und $2\,h = 1{,}2$ cm nach Gleichung (71 a) die Größe k und hierauf $\sqrt{2\,k}/2\,h\,R_1$. Als weitere vorbereitende Rechnungsarbeit ermitteln wir für den Anfang und das Ende des Elementes die Größen $k\beta$, $k\beta + \pi/4$, $\sin\,(k\beta + \pi/4)$, $\cos\,(k\beta + \pi/4)$, $e^{-k\beta}$ [13]) [15]) [28]). Der Beiwert A nach Gleichung (89.3) ist nur für den Anfang (obere Zahl in der Zahlentafel V), während der Beiwert C nach Gleichung (91.2) nur für das Ende des Elementes zu berechnen ist. Die Beiwerte c_1 und c_2 für das erste Element sind durch die am Schalenrand $\beta = 0$ wirkenden bekannten Unstetigkeitsspannungen σ_{02}^{0*}, σ_{h1e}^{0*} festgelegt. Nach Gleichungen (78.3)*, (78.4)* wird für $p = 1$ at

$$\sigma_{02}^{0*} = \sigma_{02B}^{0*} = +\,33{,}90\ \text{kg/cm}^2$$
$$\sigma_{h1e}^{0*} = \sigma_{h1eB}^{0*} = 0$$

Mit diesen Werten erhalten wir aus Gleichungen (89.1), (89.2) für die Beiwerte $c_1 = c_2 = +\,109{,}15$, welche in die Gleichungen (90.1), (91.1) eingeführt, die Spannungen σ_{02}^{0}, σ_{h1e}^{0} am Ende des ersten Elementes ergeben, die zur Ermittlung der Beiwerte und der Spannungen σ_{02}^{0} für das nächste Element dienen. Nachdem für alle Elemente die Beiwerte und die Spannungen σ_{02}^{0}, σ_{h1e}^{0} bekannt sind,

Zahlentafel VI.

Berechnung der Unstetigkeitsspannungen τ^0, σ_{01}^0, $\sigma_{h\,2e}^0$, des elliptischen Bodens $a : b = 2{,}031$, $2h = 1{,}2$ cm, für $p = 1$ at.

1	2	3	4	5	6	7	8	9	10	11	12	13	14
Element Nr.	c_1 Gl. (89.1)	c_2 Gl. (89.2)	σ_{02}^0 Gl. (90.1)	$\sigma_{h\,1e}^0$ Gl. (91.1)	$\sin k\beta$	$\cos k\beta$	$tg\,\beta$	D Gl. (92.2)	$E = D\,tg\,\beta$ Gl. (93.2)	$F = 1{,}815\,E$ Gl. (94.2)	τ^0 Gl. (93.2)	σ_{01}^0 Gl. (93.1)	σ_{h2e}^0 Gl. (94.2)
1′	+ 109,15	+ 109,15	+ 33,90 + 22,80	0 — 14,57	0 + 0,3327	+ 1,000 + 0,9430	0 0,1885	0,0210 0,01496	0 0,002820	0 0,00512	+ 2,291 + 0,997	0 + 0,188	0 — 5,084
2′	+ 115,9	+ 110,5	+ 13,40	— 19,62	+ 0,6461	+ 0,7633	0,3825	0,01014	0,003875	0,00704	+ 0,172	+ 0,0659	— 7,006
3′	+ 138,5	+ 112,5	+ 6,92	— 19,30	+ 0,8895	+ 0,4571	0,5562	0,00656	0,003651	0,00663	— 0,241	— 0,134	— 6,950
4′	+ 189,5	+ 106,9	+ 1,59	— 15,30	+ 0,9965	— 0,0840	0,7813	0,00354	0,002765	0,00502	— 0,431	— 0,338	— 5,520
5′	+ 308,0	+ 58,0	— 1,15	— 10,41	+ 0,6988	— 0,7153	1,013	0,001618	0,00164	0,002975	— 0,422	— 0,427	— 3,640
6′	+ 522,5	— 187,7	— 2,25	— 5,25	— 0,2204	— 0,9755	1,311	0,000551	0,000722	0,001311	— 0,306	— 0,397	— 1.664
7′	+ 582,0	— 1003	— 2,17	— 2,02	— 0,9754	— 0,2204	1,610	0,0001655	0,0002665	0,000484	— 0,184	— 0,295	— 0,439
8′	— 799	— 2661	— 1,52	— 0.03	— 0,4823	+ 0,8760	1,978	42,50 μ	84,10 μ	152,6 μ	— 0,084	— 0,167	+ 0,020
9′	— 7960	— 2058	— 0,78	+ 0,84	+ 0,8779	+ 0,4787	2,495	8,265 μ	20,62 μ	37,45 μ	— 0,0166	— 0,041	+ 0,550
10′	— 15770	+ 26400	— 0,19	+ 0,81	+ 0,1638	— 0,9865	3,278	1,151 μ	3,775 μ	6,850 μ	+ 0,0129	+ 0,042	+ 0,439
11′	+ 87300	+ 84400	+ 0,06	+ 0,45	— 0,9678	+ 0,2515	4,480	0,1491 μ	0,6680 μ	1,212 μ	+ 0,0155	+ 0,069	+ 0,212

Zeile 1: Oberer Zahlenwert bezieht sich auf den Anfang des Elementes,
unterer " " " das Ende " "
Die übrigen Zahlenwerte beziehen sich auf das Ende des Elementes.

berechnet man nach den Gleichungen (74.1), (74.2) und (74.3), welche wir für die praktische Auswertung auf die Form bringen

$$\tau^0 = D\,[c_1 \cos k\beta - c_2 \sin k\beta] \tag{92.1}$$

$$\sigma_{01}^0 = E\,[c_1 \cos k\beta - c_2 \sin k\beta] \tag{93.1}$$

$$\sigma_{h2e}^0 = -F\,[c_1 \sin k\beta + c_2 \cos k\beta] + \nu\,\sigma_{h1e}^0 \tag{94.1}$$

wobei

$$D = \frac{1}{2\,h\,R_2}\,e^{-k\beta} \tag{92.2}$$

$$E = \frac{tg\beta}{2\,h\,R_2}\,e^{-k\beta} = D\,tg\,\beta \tag{93.2}$$

$$F = \frac{tg\beta}{2\,h\,R_2}\,e^{-k\beta}\,\sqrt{\frac{3}{1-\nu^2}} = 1{,}815\,E \tag{94.2}$$

die Unstetigkeitsspannungen τ^0, σ_{01}^0 und σ_{h2e}^0. Zu diesem Zwecke ermittelt man vorerst für das Ende jedes Elementes den Wert von $\sin k\beta$, $\cos k\beta$, $tg\beta$ [28]) D, E und F, Zahlentafel VI. Die Unstetigkeitsspannungen sind in Abb. 36 über der abgewickelten äußern Meridianlinie aufgetragen. In der nämlichen Abbildung ist der Verlauf der Unstetigkeitsspannungen der Zylinderschale aus Abb. 32 eingezeichnet. Da die Unstetigkeitsspannungen gegen den Bodenscheitel hin auf Null ausklingen, ist ihre Berechnung nur soweit durchzuführen, bis die Werte vernachlässigbar klein ausfallen. Im vorliegenden Beispiel wurde der Rechnungsgang mit dem Linienelement 11′, Abb. 33, abgebrochen. Der Verlauf der Spannungen für die beiden Schalen ist praktisch zentralsymmetrisch, in bezug auf den gemeinsamen Schalenrandpunkt. In Übereinstimmung mit den Randbedingungen ist am Schalenrand die Biegungsspannung gleich Null; sie wächst rasch mit zunehmendem Abstand auf den Höchstwert an, der für beide Schalen praktisch gleich groß ist und nach Gleichung (62a) zu berechnen ist. Der Abstand, in welchem dieser Höchstwert eintritt, ist praktisch ebenfalls für beide Schalen gleich, nämlich $kx = 0{,}785$. Die Biegungsspannung ist an der Zylinderschalenaußenseite positiv, während sie an der Bodenschalenaußenseite negativ ausfällt. Wie wir noch sehen werden, ist dieser Höchstwert der Biegungsspannung maßgebend für die größte an der Bodenschale auftretende

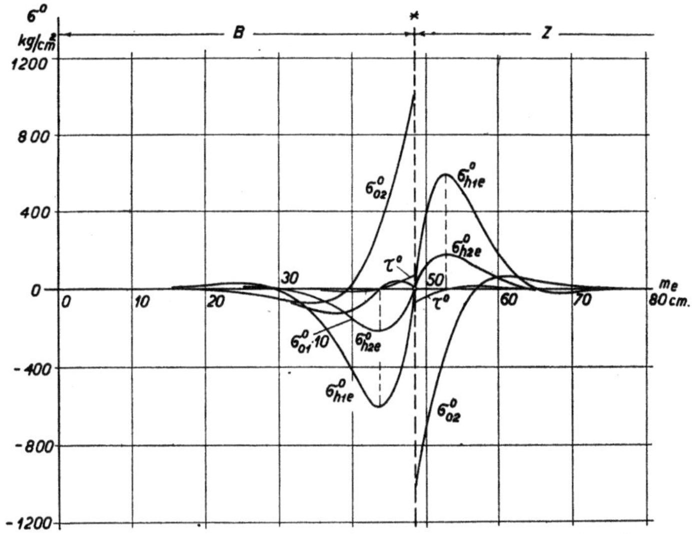

Abb. 36. Die berechneten Unstetigkeitsspannungen τ^o, σ^o_{01}, σ^o_{02}, σ^o_{h1e} und σ^o_{h2e} am zylindrischen Behälter gleicher Dicke $2\,h = 1{,}2$ cm mit elliptischen Böden $a : b = 2{,}031$ für $p = 30$ at
Mit Berücksichtigung der Randbiegungsmomente nach Gleichungen (48a)*, (48b)* ergeben sich die gestrichelten Kurven.
B = Bodenschale, Z = Zylinderschale, * = Schalenrand.

Beanspruchung. Um die auseinanderklaffenden Schalenränder, Abs. 35, zusammenzufügen, müssen die Schubspannungen τ^{o*}_B den Bodenschalenrand nach außen ziehen, wodurch positive Ringspannungen σ^o_{02B} von beträchtlicher Größe entstehen. An der Zylinderschale wirken die entsprechenden Spannungen im entgegengesetzten Sinne, da der Zylinderschalenrand zwangsmäßig gegen die Behälterachse hin bewegt werden muß. Die Spannung σ^o_{01B} ist im Vergleich zu den übrigen Unstetigkeitsspannungen so klein, daß wir sie für die Berechnung in der Praxis vernachlässigen dürfen. Eine weitere Vereinfachung tritt dadurch ein, daß in Gleichung (94.1) das erste Glied vernachlässigt werden kann, so daß $\sigma^o_{h2e} = \nu\,\sigma^o_{h1e}$ wird. Das Ausklingen der Unstetigkeitsspannungen auf Null erfolgt bei beiden Schalen annähernd in gleichem Abstand vom gemeinsamen Schalenrand. Da bei einem gegebenen Behälter oder Kessel die Länge der Abwicklung des Bodenmeridians im Vergleich zur Länge der Zylinderschalenmantellinie verhältnismäßig kurz ausfällt, so besteht die Möglichkeit, daß im Scheitel der Bodenschale Unstetigkeitsspannungen von nennenswerter Größe auftreten. Dies wird insbesonders für Behälter mit verhältnismäßig kleinem Durchmesser und großer Wandstärke zutreffen. Die Berechnung der Scheitelspannung nach der sog. Kugelschalengleichung $\sigma_B' = pR/4h$ führt in diesem Falle zu unrichtigen Ergebnissen. Wir verweisen beispielsweise auf Versuch mit Boden Nr. 7, $R = 72{,}3$ cm, $2h = 2{,}52$ cm, Abb. 26 (Seite 49). Die durch Messung ermittelte Scheitelspannung beträgt bei 45 at, $\sigma_B = 998$ kg/cm² ($E = 2\,150\,000$ kg/cm², $\nu = 0{,}3$), während die nach der genannten Formel berechnete Spannung $\sigma_B' = 645$ kg/cm² ist, d. h. die tatsächlich im Bodenscheitel auftretende Spannung ist das 1,55fache der in üblicher Weise berechneten Scheitelspannung.

Die Unstetigkeitsverschiebung w^0 der Bodenschale ist in gleicher Weise zu ermitteln wie die Hautverschiebung $\bar{w}$. In Gleichung (88f) sind an Stelle von $\bar{\varepsilon}_{01}$, $\bar{\varepsilon}_{02}$ die Unstetigkeitsdehnungen ε_{01}^0, ε_{02}^0 zu setzen. In Abb. 35 ist der Verlauf von w^0 eingetragen. Infolge der Randkräfte bewegt sich der Schalenscheitel nach innen und zwar für $p = 30$ *at*

um $$w^0 = -0{,}0057 \text{ cm}$$

während der Schalenrand gemäß Gleichung (78.8)* um

$$w^{0*} = +0{,}0200 \text{ cm} = -w_Z^{0*}$$

nach außen gebogen wird. Dieses Ausmaß entspricht der radialen Einschnürung des Zylinderschalenrandes.

c) Ermittlung der resultierenden Spannungen und Verschiebungen. Überlagern wir die in Abb. 34 und 36 aufgezeichneten Spannungen, so erhalten wir gemäß Gleichungen (48a) und (48b) die resultierenden Spannungen auf der Schalenaußenseite, während sich nach den nämlichen Gleichungen mit $\sigma_{h1e}^0 = -\sigma_{h1i}^0$, $\sigma_{h2e}^0 = -\sigma_{h2i}^0$ die resultierenden Spannungen an der Schaleninnenseite ergeben, Abb. 37.

Die größte Normalspannung tritt auf der Innenseite der Krempe in Richtung des Meridians der

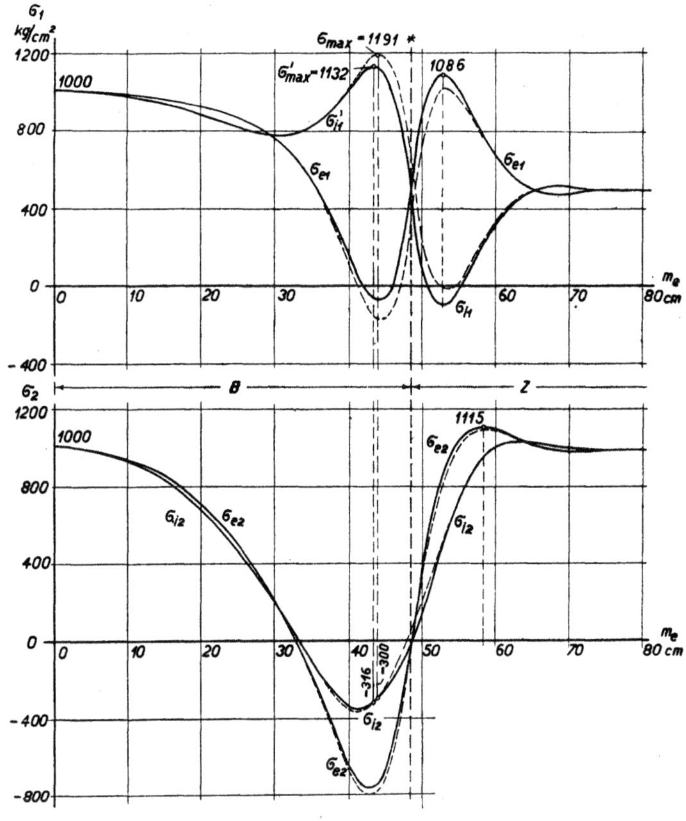

Abb. 37. Die berechneten resultierenden Spannungen τ, σ_{e1}. σ_{e2}, σ_{i1}, σ_{i2} des zylindrischen Behälters gleicher Dicke $2\,h = 1{,}2$ mit elliptischen Böden $a : b = 2{,}031$, für $p = 30$ at.
Mit Berücksichtigung der Randbiegungsspannungen nach Gleichungen (48a)*, (48b)* ergeben sich die gestrichelten Kurven.
B = Bodenschale, Z = Zylinderschale, * = Schalenrand.

elliptischen Bodenschale ein. Sie beträgt für $p = 30$ at nach Abb. 37

$$\sigma_{max} = \sigma'_{i1} = +\,1132 \text{ kg/cm}^2$$

und ist rund 13 % größer wie die Spannung im Scheitel des Bodens (Zahlentafel III, 14. Zeile, $p = 1$ at). Die größte Spannung, die in der Zylinderschale nach Gleichung (86b) vorhanden ist, erreicht den Wert $\sigma_{max} = +\,1116$ kg/cm². **Die größte Normal-**

spannung des mit elliptischen Böden versehenen Behälters gleicher Blechdicke liegt auf der Innenseite der Krempe der Bodenschale.

Die resultierende Verschiebung w ergibt sich ebenfalls durch Überlagerung der berechneten Hautverschiebung $\bar{w}$ und der Unstetigkeitsverschiebung w^0, Abb. 35. Für praktische Berechnungen wird in der Regel nur die resultierende Verschiebung von Interesse sein. Diese ist aus Gleichung (88f) zu berechnen, indem wir dort an Stelle von $\bar{\varepsilon}_{01}$, $\bar{\varepsilon}_{02}$ die resultierenden Dehnungen ε_{01}, ε_{02} einführen. Wir erhalten für den Bodenscheitel die Auslenkung für $p = 30$ at

$$w_B = \bar{w}_B + w_B^0 = 0{,}0659 - 0{,}0057 = +0{,}0602 \text{ cm}$$

während der Schalenrand eine resultierende radiale Einschnürung von

$$w_B^* = w_Z^* = \bar{w}_B^* + w_B^{0*} = -0{,}0235 + 0{,}0200 = -0{,}0035 \text{ cm}$$

erleidet.

d) Die größte Beanspruchung am Behälter. Ermittlung des größten zulässigen Flüssigkeitsdruckes. Die größte am Behälter auftretende Normalspannung tritt auf der Innenseite der Bodenkrempe auf. Zudem weisen an dieser Stelle die beiden Hauptspannungen entgegengesetzte Vorzeichen auf, Abb. 37, so daß zur Beurteilung der Bruchgefahr nach Guest-Mohr nicht die größte Hauptspannung, sondern die Summe der absoluten Werte der beiden Hauptspannungen nach Gleichung (83) in Rechnung zu stellen ist. Ermittelt man in Abb. 37 für eine Anzahl Punkte der abgewickelten Meridiankurve in der Umgebung des Normalspannungshöchstwertes den Verlauf von $2\tau_M'$, so erkennt man, daß mit guter Annäherung die größte Schubspannung τ_M' an der nämlichen Stelle auftritt wie die größte Normalspannung. Aus Abb. 37 entnehmen wir für

$$\sigma_{i1}' = +1132 \text{ kg/cm}^2, \quad \sigma_{i2}' = -316 \text{ kg/cm}^2,$$

so daß nach Gleichung (83)

$$2\tau_{M\,max}' = 1448 \text{ kg/cm}^2$$

bei $p = 30$ at wird. Dieser Wert ist um rund 27% größer wie die größte Normalspannung und rund 45% größer wie die im

Bodenscheitel auftretende Spannung. Nehmen wir die Fließgrenze des Materials zu $\sigma_f = 2000$ kg/cm², so ergibt sich eine zulässige Flüssigkeitspressung $p \cong 41$ at, wobei die beiden Grenzwerte auf $\sigma_{i1}' = + 1564$ kg/cm² und $\sigma_{i2}' = - 436$ kg/cm² ansteigen. Diese Grenzwerte ergeben in Abb. 29 eingetragen den Punkt E_M. Um die zugehörigen Grenzwerte nach der Theorie von Huber-Hencky*)

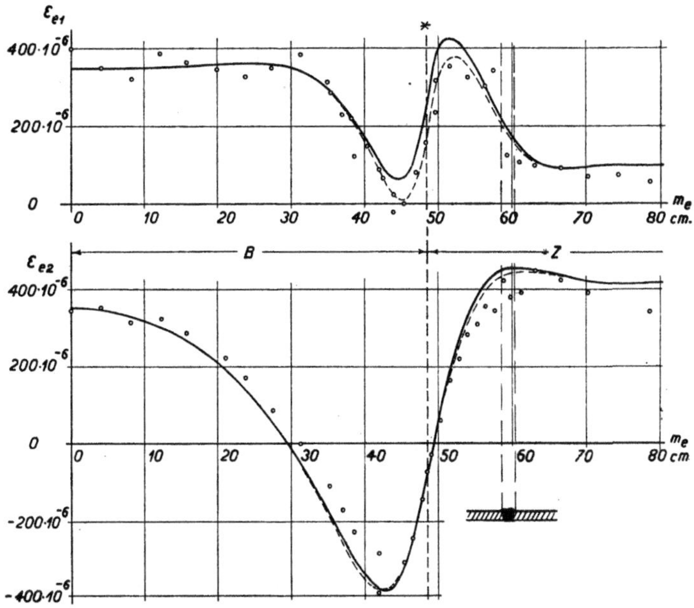

Abb. 38. Die an der Schalenaußenseite des zylindrischen Behälters gleicher Dicke $2h = 1{,}2$ cm mit elliptischen Böden $a : b = 2{,}031$ durch Rechnung und Messung ermittelten resultierenden Dehnungen ε_{e1}, ε_{e2} für $p = 30$ at

O gemessen

—— berechnet auf Grund der theoretischen Randbedingungen Gleichungen (78.3)*, (78.4)*

------ berechnet mit den aus dem Versuch und nach den Gleichungen (48 a)*, (48 b)* sich ergebenden Randbedingungen (siehe S. 206 u. f.)

B = Bodenschale, Z = Zylinderschale, * = Schalenrand.

zu erhalten, ermitteln wir den Treffpunkt E_H des Fahrstrahles $O\,E_M$ mit der Grenzellipse, dem die Koordinaten $\sigma_{i1}' = + 1720$ kg/cm², $\sigma_{i2} = -- 472$ kg/cm² zukommen. Diese Grenzwerte fallen rund 9% höher aus, d. h. es dürfte der Flüssigkeitsdruck um 9% erhöht

*) Siehe I. Teil, Seite 24.

werden, bis die Fließgrenze erreicht ist. Dabei ist zu berücksichtigen, daß sich nach unserer Voraussetzung die Dehnungen und Spannungen linear über die Blechdicke verteilen. In Wirklichkeit weist dieser Verlauf hyperbolischen Charakter auf und die Dehnung ist an der Schaleninnenseite größer wie der Wert, welcher der linearen Verteilung zukommt. Der zulässige Flüssigkeitsdruck wird dementsprechend kleiner ausfallen, so daß der erstgenannte Wert nach Guest-Mohr den wirklichen Verhältnissen besser Rechnung trägt. Wir werden bei der kritischen Betrachtung der Versuchsergebnisse auf diese Frage näher eintreten.

e) Vergleich der Ergebnisse der rechnerischen und meßtechnischen Untersuchung der Aufgabe. Um über die Brauchbarkeit des Näherungsverfahrens Aufschluß zu erhalten, haben wir an einem Behälter mit den erwähnten elliptischen Böden eingehende Messungen vorgenommen. In Abb. 38 sind die an der Schalenaußenseite gemessenen und die aus den oben berechneten Spannungen nach den Gleichungen (15a), (16b) für $z = e$ ermittelten totalen Dehnungen eingetragen. Beachtet man die praktisch unvermeidlichen Abweichungen in der Blechdicke und in der Form der Bodenschale gegenüber den Sollmassen, den Einfluß des nicht in allen Punkten gleichmäßig beschaffenen Materials, so erweist sich die rechnerische Lösung mit den Randbedingungen nach Gleichungen ($78._3$)*, ($78._4$)* (ausgezogene Kurven) vom praktischen Standpunkt aus als recht gut brauchbar. Unter Benützung der durch den Versuch nach den Gleichungen (48a)*, (48b)* ermittelten wirklichen Randspannungen (siehe Seite 206), fällt die Annäherung an die Versuchswerte noch besser aus (vergleiche in Abb. 38 die gestrichelte Kurve und die gemessenen Werte, die durch eine Null gekennzeichnet sind).

12. Allgemeine Betrachtungen über die Anwendung der Näherungslösung zur Berechnung der Festigkeit zylindrischer Behälter mit gewölbten Böden.

Die Vereinfachungen, die wir am Ausdruck des Differentialoperators Gleichung (36) vorgenommen haben, um eine Näherungslösung des homogenen Gleichungssystems zu erhalten, sind u. a.

an die Bedingungen geknüpft, dass der Krümmungshalbmesser R_1 gegenüber dem Krümmungshalbmesser R_2 nicht zu klein ist (siehe Seite 134). Je kleiner der Krempenhalbmesser r ist, um so größer wird somit die Abweichung der Näherungslösung von der genauen Lösung ausfallen. Eine weitere Fehlerquelle liegt unter Umständen in der Annahme, daß die Lösung der biegungsfreien, dehnbaren Schale, die wir als Hautlösung bezeichneten, die Partikularlösung des inhomogenen Gleichungssystems darstelle. Daß diese Annahme streng genommen nicht zutrifft, kann an Hand der Differentialgleichung der ebenen randeingespannten Platte eingesehen werden, wo die Partikularlösung vorwiegend Biegungs- und Schubspannungen bedingt, während die gleichmäßig verteilten Normalspannungen in der Regel vernachlässigbar klein ausfallen. Je flacher die gewölbte Schale ist, um so stärker werden sich beide Fehlerquellen bemerkbar machen. In Ermangelung eines strengen Kriteriums über die Zulässigkeit dieser beiden Näherungen prüfen wir die Brauchbarkeit der Näherungslösung an Hand sorgfältiger Messungen an gewölbten Schalen. Die Versuchsergebnisse des Behälters mit elliptischen Böden vom Achsenverhältnis $a : b \cong 2 : 1$ zeigen, dass das Näherungsverfahren für stetig gekrümmte Bodenschalen mit nicht zu kleinem Krempenhalbmesser eine brauchbare Berechnungsgrundlage darstellt.

Wie wir gesehen haben, führt die rechnerische Lösung der Festigkeitsberechnung zylindrischer Behälter mit gewölbten Böden auf die in Wirklichkeit nicht zutreffende Randbedingung des biegungsfreien Schalenrandes. Um über die Größe des am Rande auftretenden Biegungsmomentes einen Anhaltspunkt zu erhalten, wurden aus den am Schalenrande der Böden Nr. 5, 7, 8, 9 und 10 gemessenen Dehnungen ε_{01}^*, ε_{02}^* vorerst die Spannungen σ_{01}^*, σ_{02}^* mit $E = 2\,000\,000$ kg/cm², $\nu = 0{,}3$ berechnet. Die Hautrandspannungen $\bar{\sigma}_{01}^*$, $\bar{\sigma}_{02}^*$ folgen aus den Gleichungen (68a) und (68b). Da $\sigma_{01}^{0*} = 0$ ist, erhält man aus den Gleichungen (48a)* und (48b)* die Randwerte σ_{h1e}^{0*} und σ_{02}^{0*}. Damit sich der Schalenrand nicht verdreht, d. h. seine Tangente stets parallel zur Behälterachse bleibt, muß am Schalenrand nach Gleichung (64) eine Biegungsspannung von der Größe $\sigma_{h1e}^{*\prime} = 1{,}815\,\sigma_{02}^{0*}$ wirken. Wir setzen die am Schalenrand tatsächlich auf-

Zahlentafel VII.

Die aus den gemessenen Randdehnungen ε_{e1}^*, ε_{e2}^* bzw. Randspannungen σ_{e1}^*, σ_{e2}^* nach Gleichungen (68a), (68b)*, 48a) und (48b)* ermittelten Randwerte σ_{o2}^{0*}, σ_{h1e}^{0*}. Vergleich der Randbiegungsspannung bei fest eingespanntem Rand ($\sigma_{h1e}^{0*\prime}$).

1	2	3	4	5	6	7	8	9	10	11	12	13
Boden Nr.	p at	ε_{e1}^* 10^{+6} gemessen	ε_{e2}^* 10^{+6} gemessen	σ_{e1}^* Gl. (16a) $(z=e)$	σ_{e2}^* Gl. (16b) $(z=e)$	$\bar{\sigma}_{01}^*$ Gl. (68a) $R_2 = R$	$\bar{\sigma}_{o2}^*$ Gl. (68b) $R_1 = r$ $R_2 = R$	σ_{h1e}^{0*} Gl.(48a)*	σ_{o2}^{0*} Gl.(48b)*	$\sigma_{h1e}^{0*\prime}$ Gl.(64)	$\frac{\sigma_{h1}^{0*}}{\sigma_{h1e}^{0*\prime}} 100$	ε_{h1e}^* 10^{+6}
5	24	— 180	— 360	— 620	— 910	+ 340	— 3225	— 950	+ 2600	4715	20 %	— 433
7	45	+ 145	0	+ 310	+ 96	+ 331	— 575	— 12	+ 674	1225	~1 %	— 264
8	24	+ 105	— 180	+ 112	— 350	+ 346	— 1627	— 233	+ 1348	2450	9,5 %	— 106
9	32	+ 500	— 30	+ 1080	+ 264	+ 445,0	— 1723	+ 635	+ 1797	3260	19,5 %	+ 289 (+ 200)
10	30	+ 154	— 66	+ 295	— 45	+ 493	— 1050	— 197	+ 1065	1933	10,2 %	— 90 (— 88)

$E = 2{,}0 \cdot 10^{+6}$ kg/cm², $\nu = 0{,}3$; übrige Werte siehe Zahlentafel IV, Seite 40. Da $\sigma_{h2e} = \nu\sigma_{h1e}$ wird $\varepsilon_{h1e} = (1-\nu^2)\,\sigma_{h1e}/E$.
Kolonne 13: Die eingeklammerten Werte wurden durch Messung ermittelt.

tretende Biegungsspannung σ_{hie}^{0*} ins Verhältnis mit $\sigma_{hie}^{*\prime}$. Aus Zahlentafel VII geht hervor, daß die am Schalenrand wirkende Biegungsspannung nur 10 % bis 20 % der Biegungsspannung bei fest eingespanntem Schalenrand beträgt. Die in Wirklichkeit vorhandenen Einspannungsverhältnisse des Schalenrandes entsprechen in roher Annäherung dem Belastungsfall des freidrehbaren Randes. Das Biegungsmoment wirkt am Schalenrand in dem Sinne, daß die Außenfaser gestaucht wird. Durch das Biegungsmoment werden die resultierenden Spannungen an der Bodenschale größer, an der Zylinderschale hingegen kleiner, Abb. 37 und 38 gestrichelte Kurven. Eine Ausnahme bildet der verhältnismäßig flache Boden Nr. 9, bei welchem durch das Biegungsmoment an der Schalenaußenseite positive Dehnungen bewirkt werden. Für Boden Nr. 9 und Nr. 10 wurden aus den Meßergebnissen die Dehnung ε_{hie}^{0*} ermittelt (Zahlentafel VII, eingeklammerte Werte), um zu zeigen, daß die Gleichungen (48a)* und (48b)* praktisch hinreichend genaue Randwerte liefern. Das Biegungsmoment ist in Wirklichkeit noch etwas größer, als es durch die genannten Gleichungen bedingt ist.

13. Die günstigste Form des Bodens und die Berechnung der grössten Beanspruchung.

a) Einfluß des Krempenhalbmessers, des Scheitelkrümmungshalbmessers, des unstetigen Verlaufes der Meridiankurve und der Blechdicke auf die größte Beanspruchung. Die Ergebnisse der Zürcher- und Düsseldorfer-Versuche und der theoretischen Betrachtungen führen zu grundlegenden Richtlinien für die Formgebung der gewölbten Böden. Bei den im Kesselbau üblichen gewölbten Böden tritt die größte Beanspruchung in der Krempe und zwar auf der Innenseite der Bodenschale auf. Die Größe des Wertes dieser Beanspruchung ist in erster Linie durch die Größe des Krempenhalbmessers bedingt, hängt aber in empfindlicher Weise auch von der übrigen Form des Bodenmeridians ab. Der sog. mittlere Wölbungshalbmesser R des Bodens ist demgemäß ebenfalls von Einfluß auf den Wert der größten Beanspruchung. Die Anschauung, daß durch einen tunlichst großen Krempenhalbmesser allein schon eine günstigere Bodenform erhalten werde, ist irreführend. Eine Gegenüberstellung der Versuchsergebnisse von Boden Nr. 9 und Nr. 10 bestätigt diese Erkenntnis in besonders ausgeprägter Weise. Der Boden Nr. 9 weist ein Verhältnis $a/r = 2{,}93$ und eine Blechdicke $2h = 2{,}64$ cm auf. Bei 32 at beträgt die größte Beanspruchung in der Krempe $2\tau'_{M\,max} = 1800$ kg/cm², Abb. 55, während der Mittelwert der Spannung im Bodenscheitel 768 kg/cm² ist, d. h. wir erhalten ein Spannungsverhältnis $\tau'_{M\,max} : \sigma_B \simeq 2{,}3$. Für Boden Nr. 10 ist $a/r = 4{,}13$, die größte Beanspruchung in der Krempe $2\tau'_{M\,max} = 1558$ kg/cm², Abb. 56, die mittlere Spannung im Scheitel $\sigma_B = 1038$ kg/cm², womit sich ein Spannungsverhältnis von rund 1,5 ergibt. Trotzdem der Krempenhalbmesser des Bodens Nr. 9 wesentlich größer ist, wie bei Boden Nr. 10, liegt die Beanspruchung bedeutend höher. Vergleicht man die Werte der Krümmungshalbmesser im Scheitel, so erkennt man, daß die Bodenschale Nr. 9 flacher ist wie Bodenschale Nr. 10. Würde der Boden Nr. 9 als elliptische Schale vom Halbachsenverhältnis 2 : 1 ausgeführt, so folgt aus Gleichung (95f), daß der Flüssigkeitsdruck für Fließen bei 48 at liegt, während bei der vorliegenden Bodenform die Fließgrenze bei $p = 35{,}6$ at erreicht wird. Für die elliptische Bodenform von 2,64 cm Dicke liegt diese Pressung somit rund 40% höher. Die Grenzpressung $p_{fi} = 35{,}6$ at würde andererseits bei elliptischer Meridiankurve nach Gleichung (95f) eine Blechdicke von 1,96 cm genügen, d. h. die Blechdicke dürfte um rund 25% dünner angenommen werden. Eine Gegenüberstellung der Versuchsergebnisse der Bodenschalen A_I und E_I, A_{II} und E_{II} in Zahlentafel II lehrt, daß unter sonst gleichen Verhältnissen beim flachern Boden bei einem bedeutend kleinern Flüssigkeitsdruck p_{fi} die Fließgrenze erreicht ist. Die Frage, in welcher Weise der Krümmungshalbmesser im Scheitel die Festigkeit von korbbogenförmigen Bodenschalen beeinflußt, wurde im ersten Teil der vorliegenden Arbeit näher erörtert. Darnach weist bei gegebenem Tiefenverhältnis $k = a : b$ und gegebenem Halbmesser a unter den unendlich vielen Korbbogen derjenige die zweckmäßigsten Abmessungen R und r

auf, für den $r/R = \sqrt{k^2 + 1} - k/\sqrt{k^2 + 1} - 1$ ist. Dieser an sich zweckmäßig bemessene, korbbogenförmige Boden ist nicht gleichbedeutend mit der günstigsten Bodenform. Die Meridiankurve des korbbogenförmigen Bodens setzt sich aus zwei Kreisbogen vom Halbmesser r und R zusammen. Die Bodenschale entsteht somit durch Zusammenfügen eines Teiles der Ringflächenschale (Krempe) und der Kugelschale (sog. mittlere Wölbung). Der sprunghafte Übergang von einer Schalenform in die andere bedingt die Unstetigkeitsspannungen, wie sie z. B. für die Übergangsstelle von Boden und Zylinderschale eingehend besprochen wurden. Die Versuchsergebnisse zeigen, daß an der Übergangsstelle oder in unmittelbarer Nähe davon, die größte Beanspruchung liegt. Die Unstetigkeitsspannungen an der Übergangsstelle zweier Krümmungshalbmesser, die sich hauptsächlich als Biegungsspannungen bemerkbar machen, fallen um so geringer aus, je kleiner der Unterschied der Krümmungshalbmesser ist. Diese Erkenntnis bedingt streng genommen die stetige Vergrößerung des Meridiankrümmungshalbmessers vom Schalenrand nach dem Bodenscheitel. Praktisch kann der Ausgleich zwischen den beiden Krümmungshalbmessern R und r auch dadurch erreicht werden, daß wir die Meridiankurve aus einer größeren Anzahl von Kreisbogenstücken zusammensetzen, deren Halbmesser in kleinen Stufen zunehmen. In der Praxis des Kesselbaues findet man nicht selten die Auffassung vertreten, daß eine aus mehreren Kreisbogenstücken zusammengesetzte Meridiankurve sichtlich eine stetige Kurve darstelle. Diese Ansicht ist unrichtig. Das Kriterium der Stetigkeit ist nicht durch die äußere Form der Meridiankurve, sondern durch den Verlauf der ersten Krümmung gegeben. Diese ändert sich aber sprungweise, d. h. wir würden z. B. an Stelle der Kurve R_1 in Abb. 33 einen treppenförmigen Anstieg vom Schalenrand nach dem Scheitel hin erhalten. Auf die Annehmlichkeit, welche die Zusammensetzung des Bodenmeridians aus zwei Kreisbogen für den Konstruktionstisch und die Herstellung der Preßform in sich schließt, muß verzichtet werden, falls auf eine wirtschaftliche Ausnützung der Festigkeit des Materials Wert gelegt wird. Es gibt unendlich viele Kurven, welche die Bedingung der Stetigkeit erfüllen. Die naheliegendste und bekannteste Form der Meridiankurve ist die Ellipse, da diese Kurve in eine geschlossene mathematische Gleichung eingekleidet werden kann, wodurch der rechnerischen Untersuchung der Festigkeitsaufgabe ein bedeutender Vorteil erwächst. Aus der Tatsache, daß die über die Fließgrenze beanspruchten korbbogenförmigen Böden eine ellipsenähnliche Gestalt mit dem Achsenverhältnis $a : b = 2 : 1$ annehmen, wurde der nicht zutreffende Schluß gezogen, daß der elliptische Boden vom Achsenverhältnis 2 : 1 die günstigste Bodenform ist. Ob die Meridiankurve der günstigsten Bodenschale einer Ellipse entspricht oder eine ellipsenähnliche Kurve darstellt, ist für den praktischen Kesselbau von nebensächlicher Bedeutung. Die Bodenschale wird im Vergleich zu der Gestalt, welche in der Konstruktionszeichnung festgelegt ist, ohnehin gewisse Abweichungen aufweisen, die durch die Fabrikation bedingt sind. Zieht man diese unumgänglichen Fehlerquellen in Erwägung, so werden auch dann die Bedingungen der günstigsten Bodenform praktisch erfüllt sein, wenn sich die Meridiankurve aus einer größeren Zahl von Kreisbogenstücken zusammensetzt und die Hauptabmessungen des Bodens, wie z. B. Achsenverhältnis, Krümmungshalbmesser in der Krempe und im Scheitel annähernd den unten näher festgelegten Werten entsprechen (Gleichung 95 u. f.) Die Meridiankurve ist in diesem Falle keine stetige Kurve. Die Zahl der Kreisbogen, sowie die Aufeinanderfolge des zu wählenden Ausmaßes des zugehörigen Halbmessers wird man zweckmäßig so festlegen, daß die Stufen des oben erwähnten treppenförmigen Verlaufs des Krümmungshalbmessers insbesondere in der Krempe nicht zu groß werden. Wie wir schon weiter oben gezeigt haben, ist die Blechdicke ebenfalls von Einfluß auf die größte Beanspruchung. Je dicker das Blech z. B. im Vergleich zum Krümmungshalbmesser R_1 ist, um so mehr überwiegt die wirkliche, an der Innenseite der Schale vorhandene Spannung den Wert, der dem linearen Spannungsverlauf zukommt.

b) Das elementweise Berechnen der Spannungen und der größten Beanspruchung. Die Tatsache, daß die größte Beanspruchung stets in der Krempe auftritt, ermöglicht eine bedeutende Kürzung des besprochenen Rechnungsverfahrens, indem dieses auf einige wenige Elemente in der Krempe beschränkt werden kann. Es genügt, wenn der Rechnungsgang etwas über den Punkt der abgewickelten Meridiankurve durchgeführt wird, für den die Biegungsspannung σ_{h1e} den Höchstwert erreicht. Für die oben berechnete elliptische Bodenschale kann somit das Berechnungsverfahren mit dem dritten Elemente abgebrochen werden, Abb. 33.

Ist der Krempenhalbmesser kleiner wie bei der elliptischen Schale mit dem Halbachsenverhältnis $a:b=2:1$, so rückt der genannte Höchstwert noch näher gegen den Schalenrand zu und begünstigt dadurch weiterhin die Kürzung des Rechnungsganges. Eine weitere Vereinfachung ermöglicht der Umstand, daß die Größe der Schubspannung τ^0 und der Längungsspannung σ^0_{01} vernachlässigt werden kann und für $\sigma^0_{h2e}=\nu\sigma^0_{h1e}$ (siehe Seite 165) gesetzt werden darf. Die Rechnungsarbeit vermindert sich somit auf die Auswertung der Gleichungen (68a), (68b) und der Gleichungen (89.1), (89.2), (90.1), (90.2), (91.1), (91.2). Sind die Spannungen bekannt, so ist nach Gleichung (83) die größte Beanspruchung festgelegt.

c) Die Berechnung der größten Beanspruchung an elliptischen oder ellipsenähnlichen Böden. Die günstigste Form des Bodens. Wie wir oben zeigten (Seite 167), sind die absoluten Werte der resultierenden Spannungen am Rand der Zylinderschale und der elliptischen Bodenschale mit dem Halbachsenverhältnis $a:b\cong 2:1$ nahezu gleich groß. Die größte Beanspruchung stellt sich an der Bodenschale annähernd dort ein, wo die größte Biegungsspannung auftritt (s. Seite 164). Dieser Wert ist praktisch gleich der im Abstande $kx=0{,}785$ vom Rande nach Gleichung (62a) und (78.3)* an der Zylinderschale auftretenden größten Biegungsspannung. Da $\sigma^0_{01}\cong 0$ ist, erhält man für

$$\sigma^0_{i1}=-\sigma^0_{h1e}=+0{,}585\,\frac{p\,a}{8\,h}\,\psi_r \tag{95a}$$

An der nämlichen Stelle ist $\sigma^0_{02}=+0{,}322\,\sigma^{0*}_{02}=+0{,}322\,p\,a\,\psi_r/8\,h$ (siehe z. B. Abb. 22), so daß mit $\sigma_{h2e}=\nu\sigma_{h1e}=-0{,}176\,p\,a\,\psi_r/8\,h$

$$\sigma^0_{i2}=\sigma^0_{02}+\sigma^0_{h2i}=\sigma^0_{02}-\sigma^0_{h2e}=(0{,}322+0{,}176)\,p\,a\psi_r/8\,h$$

$$=+0{,}498\,\frac{pa}{8\,h}\,\psi_r \tag{95b}$$

wird. Für die Hautspannungen setzen wir die Werte, welche durch die Gleichungen (68 a), (68 b) mit $R_2^* = a$, $R_1^* = r$ am Rand der Bodenschale bedingt sind. Diese Werte fallen etwas größer aus wie in dem um $kx = 0{,}785$ vom Rande entfernten Punkt (siehe z. B. Abb. 34). Es ist jedoch zu beachten, daß sich die genannten Gleichungen auf den biegungsfreien Rand der Schale beziehen. In Wirklichkeit treten am Schalenrande Biegungsmomente auf (siehe Seite 167, Abb. 37), welche in den Gleichungen (95 a), (95 b) etwas größere Beiwerte bedingen. Die resultierenden Spannungen

$$\sigma_{i1} = \bar{\sigma}_{01} + \sigma_{i1}^0 = \frac{p\,a}{4\,h}\,(1 + 0{,}292\,\psi_r) \tag{95 c}$$

$$\sigma_{i2} = \bar{\sigma}_{02} + \sigma_{i2}^0 = \frac{p\,a}{2\,h}\,(1 - 0{,}376\,\psi_r) \tag{95 d}$$

nach Gleichungen (68 a), (68 b), (95 a), (95 b) genügen mit guter Annäherung den tatsächlich auftretenden Randbedingungen. Für die größte zulässige Beanspruchung, welche für den Fließbeginn maßgebend ist, erhält man gemäß Gleichung (83) die vereinfachte Beziehung

$$2\,\tau_{M\,max} = -\frac{p\,a}{4\,h}\left(1 - \frac{a}{r}\right) < \sigma_f \tag{95 e}$$

die für den elliptischen Boden mit dem Halbachsenverhältnis $a : b = 2 : 1$ die Gleichung

$$2\,\tau_{M\,max} = 3{,}0\,\frac{p\,a}{4\,h} < \sigma_f \tag{95 f}$$

liefert. Aus Gleichung (95 e) folgt z. B. für Boden Nr. 9 ($a = 39{,}4$ cm, $a/r = 4{,}13$, $2\,h = 1{,}2$ cm) bei $p = 30$ at für $\tau_{M\,max} = 1542$ kg/cm², während der Versuch, Abb. 56, 1558 kg/cm² ergab. Auch die Versuchsergebnisse in Zahlentafel II der eingenieteten elliptischen Böden D_I und D_{II} bestätigen, daß Gleichung (95 e) zutreffende Ergebnisse liefert. Der Krümmungshalbmesser im Scheitel muß der Beziehung

$$R = a\sqrt{\frac{a}{r}} \tag{95 g}$$

genügen, so daß wir Gleichung (95 e) auch in der Form

$$2\,\tau_{M\,max} = -\frac{p\,a}{4\,h}\left(1 - \frac{R}{r}\sqrt{\frac{r}{a}}\right) < \sigma_f \tag{95 h}$$

schreiben können. Die beste Form des Bodens würde dann vorliegen, wenn das Material sowohl in Richtung senkrecht zur Mittelfläche, wie in der Meridian- und Ringrichtung möglichst gleich großen Beanspruchungen unterliegt. Diese ideale Forderung kann für Böden mit gleichbleibender Blechdicke aus den mehrfach angeführten Gründen nicht erfüllt werden. Wir müssen gezwungenermaßen die Forderung nach der günstigsten Beanspruchung dahin einschränken, daß für den Scheitel und die Krempe des Bodens die Beanspruchung möglichst gleich groß sein soll. Die Ergebnisse der Rechnung und der Messung (s. Abb. 37 und 56) lehren, daß der elliptische Boden mit dem Achsenverhältnis $a:b = 2:1$ diese Bedingung nicht erfüllt. Die größte Beanspruchung in der Krempe dieses Bodens ist mindestens rund das 1,4 bis 1,5fache der Scheitelspannung. Wir erreichen schon erheblich früher die Fließgrenze des Materiales als nach der Größe der Scheitelspannung zu erwarten ist.

Die Gleichung (95e) ist nur dann für die Beurteilung der größten Beanspruchung anzuwenden, wenn die beiden Hauptspannungen σ_{i1}, σ_{i2} entgegengesetzte Vorzeichen aufweisen. Mit $\psi_r \leqq 2{,}66$ weisen diese Spannungen gleiche Vorzeichen auf, so daß nur noch die größere von beiden, nämlich σ_{i1} zu berücksichtigen ist. Die Bodenschale $\psi_r = 2{,}66$ zeichnet sich durch die Hauptabmessungen

$$\psi_r = \frac{a}{r} = 2{,}66. \quad \frac{a}{b} = \frac{R}{a} = \sqrt{\frac{a}{r}} = 1{,}63 \qquad (95\text{i})$$

aus. Die Scheitelspannung ist mit $\sigma_B = p\,R/4\,h$

$$\sigma_B' = 1{,}63\,\frac{p\,a}{4\,h} \qquad (95\text{k})$$

während die größte in der Krempe auftretende Beanspruchung nach Gleichung (95c)

$$\sigma_{max} = 1{,}77\,\frac{p\,a}{4\,h} < \sigma_f \qquad (95\text{l})$$

ist. Dieser Boden wird um rund 23 % tiefer wie der elliptische Boden vom Halbachsenverhältnis 2 : 1. Seine Beanspruchung ist jedoch rund 40% geringer. Aus Gleichung (95k) und (95l) ist ersichtlich, daß die Scheitelspannung rund 9 v. H. kleiner ist wie die größte in der Krempe auftretende Beanspruchung. Damit beide Spannungswerte gleich groß werden, ist der Scheitelkrümmungshalbmesser R größer als nach Gleichung (95i) auszuführen, nämlich $R = 1{,}77\,a$, wodurch die Schale flacher und somit weniger tief ausfällt. Für die Kugelschale folgt aus Gleichung (95c) mit $\psi_r = 1$, daß die an der Innenseite der „Krempe" vorhandene größte Beanspruchung rund 29 % größer ist wie die Scheitelspannung. Der halbkugelförmige Boden ist sowohl wirtschaftlich wie praktisch (infolge der großen Tiefe) wesentlich ungünstiger wie der Boden, dessen Hauptabmessungen durch die Gleichung (95i) festgelegt sind. Die vorliegenden Betrachtungen geben einen wertvollen Wink, in welcher Richtung die Hauptabmessungen zu ändern sind, um sich der Bodenform größter Widerstandsfähigkeit zu nähern. Weitere Untersuchungen sind im Gange.

14. Zweckmäßige Lage der Verbindungsstelle von Boden- und Zylinderschale.

Die Verbindung von Zylinder- und Bodenschale zu einem geschlossenen Behälter geschieht durch Nietung und Schweißung. Die Nietverbindung bedingt eine zylindrische Fortsetzung des Randes der Bodenschale, die im Kesselbau als zylindrisches Bord bezeichnet wird. Um die Nieten von der Zugbeanspruchung, welche durch die gegenläufige Bewegung der Schalenränder hervorgerufen werden, zu entlasten, ist es zweckmäßig, die Zylinderschale in die Bodenschale einzuziehen und die innenliegende Zylinderschalenkante mittels elektrischer Lichtbogenschweißung abzudichten. Die gleiche Anordnung kann auch dann getroffen werden, wenn die beiden Schalen „überlappt" geschweißt mit einander verbunden werden, um die Schweißnaht von den zur Schalenmittelfläche senkrecht wirkenden Schubspannungen zu entlasten. Diese Anordnung des Verbandes ergibt gegenüber der freidrehbaren Auflagerung eine Versteifung der Schalenränder. Wie wir gesehen haben, bedingt die Einschränkung der freien Drehbarkeit des Schalenrandes in der Bodenschale größere und in der Zylinderschale kleinere Spannungen. Der Einfluß der teilweisen Einspannung ist jedoch nicht bedeutend, so daß er für praktische Berechnungen im Hinblick auf die übrigen mehrfach erwähnten Fehlerquellen und Vereinfachungen vernachlässigt werden darf. Mit Rücksicht auf die Herstellung der Bodenschale ist es zweckmäßig, die Höhe des zylindrischen Bordes möglichst kurz zu bemessen. Die kleinste Bordhöhe ist anderseits durch die Art der Vernietung gegeben. Durch diese

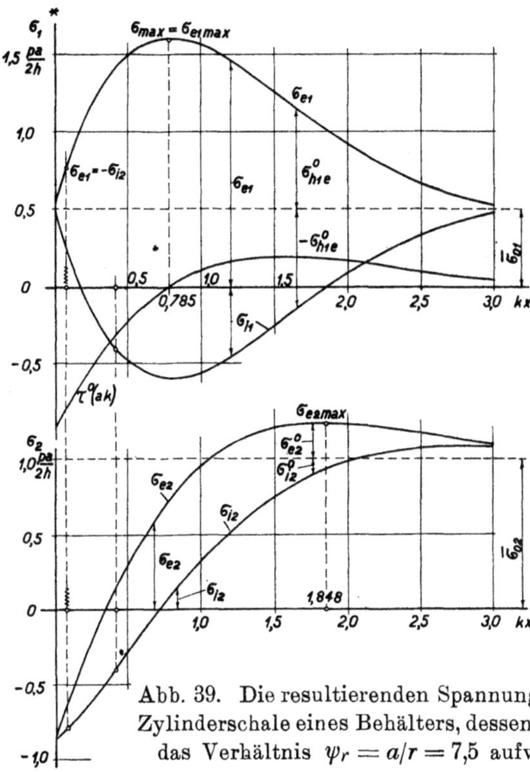

Abb. 39. Die resultierenden Spannungen der Zylinderschale eines Behälters, dessen Boden das Verhältnis $\psi_r = a/r = 7{,}5$ aufweist.

praktischen Erwägungen ist die Größe der Bordhöhe und damit auch die Lage der Nietverbindung in engsten Grenzen festgelegt, so daß sich eine Untersuchung über ihre günstigste Lage erübrigt. Eine größere Bedeutung kommt dieser Frage dann zu, wenn die beiden Schalen „stumpf“ miteinander verschweißt werden. Für derartige Behälter und Kessel werden ohne irgendwelche Bedenken die handelsüblichen Böden verwendet. Die Bordkante wird für die

Schweißung entsprechend zugerichtet und die Schalen zusammengefügt. Dieses im Behälterbau noch allgemein übliche Verfahren ist vom Standpunkte der Festigkeit als unzweckmäßig zu verwerfen. Unsere Versuche zeigen, daß **die Schweißnaht, welche an einem geschweißten Behälter oder Kessel ohnehin als schwächste Stelle angesehen wird, stets an den Ort oder in unmittelbare Nähe der größten Beanspruchung zu liegen kommt.** Um über die zweckmäßige Lage der Schweißnaht einen Anhaltspunkt zu erhalten, untersuchen wir diese Frage an dem mit gewölbten Böden versehenen zylindrischen Behälter gleicher Blechdicke. Die größte Spannung und ihre Lage ist durch die Gleichung (80a), (80b) bestimmt, Abb. 28. Würde somit die zylindrische Bordhöhe für $\psi_r \geqq 4{,}376$ gleich $kx = 0{,}785$ bzw. für $\psi_r \leqq 4{,}376$ gleich $kx = 1{,}848$ ausgeführt werden, so fällt die Schweißnaht in die Zone der größten Beanspruchung. Um die Stelle der geringsten Beanspruchung zu ermitteln, müssen wir die Größe der in einem bestimmten Ringschnitt auftretenden resultierenden Spannungen σ_{e1}, σ_{e2}, σ_{i1} und σ_{i2} ins Auge fassen. Ermittelt man für eine Anzahl von Behältern mit verschieden großem ψ_r die Spannungspläne der Zylinderschale, wie sie z. B. in den Abb. 30, 31, 32 und 39 für $\psi_r = 1{,}0$; 4,13 und 7,5 ersichtlich sind, so zeigt sich, daß die Stelle der **geringsten Beanspruchung** für $\psi_r \overline{\leqq} 6$ **in den Schalenrand fällt.** Die **größte Beanspruchung** ist dort für $\psi_r \leqq 2$ durch σ^*_{e2} gegeben und beträgt

$$\psi_r \leqq 2 \qquad \sigma_s = 0{,}75\,\frac{p\,a}{2\,h}; \qquad kx_s = 0 \qquad (96\,\mathrm{a})$$

während für $2 \leqq \psi_r \leqq 6$ mit $\sigma^*_{e1} = \overline{\sigma}_{01}$ die größte Beanspruchung den Wert

$$2 \leqq \psi_r \leqq 6 \qquad \sigma_s = 0{,}50\,\frac{p\,a}{2\,h} \qquad kx_s = 0 \qquad (96\,\mathrm{b})$$

erlangt. Die senkrecht zur Schalenmittelfläche wirkende Schubspannung erreicht am Schalenrand nach den Gleichungen $(61._1)^*$ und $(78._3)^*$ den Wert

$$\tau^* = -\frac{\psi_r}{8\,ak}\,\frac{p}{2\,h}; \qquad kx = 0 \qquad (96\,\mathrm{c})$$

Mit $\psi_r > 6$ rückt die Stelle der geringsten Beanspruchung vom Schalenrand ab, da die Randspannung $\sigma_{i2}^* > \sigma_{e1}^*$ wird, siehe z. B. Abb. 39. Den Abstand kx_s vom Schalenrand erhält man aus der Bedingung, daß die verhältnismäßig geringste Beanspruchung in dem Ringschnitt eintrete, für welchen $\sigma_{e1} = -\sigma_{i2}$ ist. Aus den für die resultierenden Spannungen σ_{e1} und

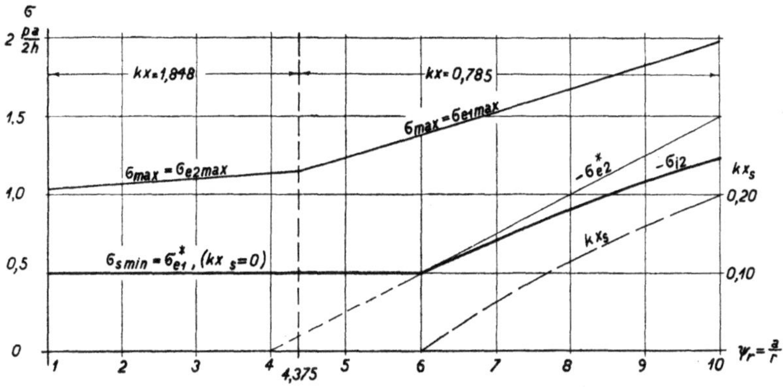

Abb. 40. Zweckmäßigste Lage der Schweißnaht für zylindrische Behälter gleicher Blechdicke. σ_{max} = größte Beanspruchung an der Zylinderschale. σ_s = größte Beanspruchung an der günstigsten Stelle. kx_s = Abstand der günstigsten Stelle vom Schalenrand.

σ_{i2} geltenden bekannten Gleichungen ergibt sich der in Abb. 40 dargestellte Verlauf von kx_s und σ_s, der sich mit guter Annäherung durch eine Gerade ersetzen läßt und zu den Formeln

$$\psi_r > 6 \qquad \sigma_s = [0{,}18\,(\psi_r - 6) + 0{,}5]\,\frac{pa}{2h} \tag{97a}$$

$$kx_s = 0{,}05\,(\psi_r - 6) \tag{97b}$$

führt, während die Schubspannung näherungsweise den Wert

$$\tau = -0{,}75\,\frac{pa}{2h} \tag{97c}$$

erreicht.

Aus diesen Betrachtungen geht hervor, daß die zylindrische Bordhöhe möglichst kurz zu bemessen ist. Bei Behältern mit verhältnismäßig großem Krempenhalbmesser ist die Schweißnaht nach dem Schalenrand zu legen.

II. Vergleichende Betrachtungen der Ergebnisse aus Theorie und Versuch.

15. Die Meßgeräte zur Ermittlung der Blechdicke und des Krümmungshalbmessers der Bodenmeridiankurve.

a) Allgemeine Betrachtungen. In den nachfolgenden Untersuchungen befassen wir uns mit der Anwendung der obenerläuterten Gleichungen. Insbesondere soll an Hand der Versuchsergebnisse die Brauchbarkeit der für die Bodenschale aufgestellten Näherungslösung geprüft werden. Für die Bewertung der Versuchsergebnisse und für die vergleichende Untersuchung der Ergebnisse aus Rechnung und Messung ist der Bau der Meßgeräte und ihre Handhabung von Wichtigkeit, so daß es angezeigt ist, das von uns geübte Meßverfahren zu erläutern. Mit Ausnahme von Versuchen Nr. 1, 2 und 10 mußten die Versuche in der Kesselschmiede der betreffenden Lieferfirma vor der Ablieferung des Kessels vorgenommen werden. Die Zeit für die Ausführung der Versuche war in diesen Fällen äußerst kurz bemessen. Wir mußten uns daher auf die Ermittlung der Dehnungen beschränken.*) Einzig bei Versuch an Kesseln 9 und 10 konnte die angestrebte vollständige Ausführung des geplanten Messungsverfahrens in beschränktem Umfang verwirklicht werden.

b) Meßgeräte zur Ermittlung der Blechdicke. Während wir unseren theoretischen Betrachtungen eine unveränderliche Blechdicke zugrunde legen, sind durch die Fabrikationsverfahren Abweichungen nicht zu umgehen. Die Prüfung der Blechdicke erweist sich als unerläßlich. Wir bauten zu diesem

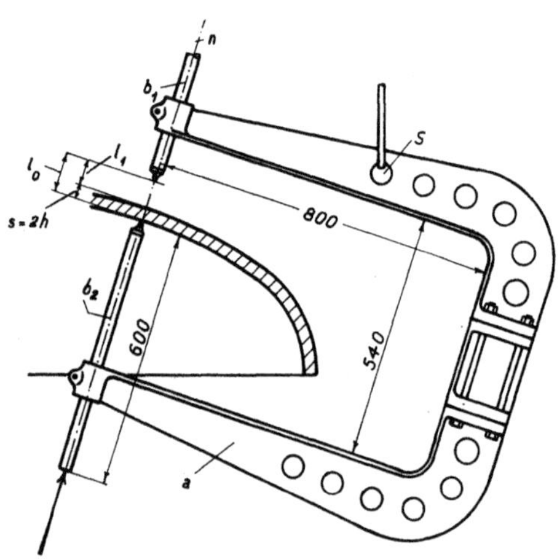

Abb. 41. Gerät zur Ermittlung der Blechdicke in der Bodenwölbung.

---

*) Die Versuchsergebnisse sind im I. Teil, Kap. 4, beschrieben.

Zwecke zwei Meßgeräte, deren Bau und Anwendung in Abb. 41 und 42 angedeutet ist. Die vorgesehene Stelle, an welcher die Blechdicke gemessen werden soll, wird vermittels feinem Schmirgeltuch von Rost und Zunder befreit. Der Bügel a wird im Punkt s aufgehängt und der Abstand l_0 zwischen den Enden der festgeklemmten Stellstifte b_1 und b_2 mit Hilfe eines Mikrometers gemessen. Hierauf wird der Bügel eingefahren, Abb. 41, und so eingestellt, daß die Stellstifte normal zur Schalenmittelfläche stehen. Den untern Stellstift b_2 drückt man leicht gegen die Schale und mißt den Abstand l_1 zwischen Schalenaußenseite und Stellstift b_1. Die Differenz der beiden Meßergebnisse ergibt die Blechdicke $s = 2\,h = l_0 - l_1$. Beim Einmessen des Abstandes l_0 bzw. l_1 ist darauf zu achten, daß der Mikrometer leicht eingeschoben wird, um ein Verspannen des Bügels zu vermeiden. Die Tiefe des Bügels beträgt 800 mm und die Maulweite 540 mm. Zur Ermittlung der Blechdicke in der Krempe wurde eine besondere Rachenlehre, Abb. 42, gebaut. In geschlossenem Zustande berühren sich sowohl die Anschlagnasen b_1 und b_2 wie die Anlegenasen a_1 und a_2. Die Rachenlehre wird in der Weise gehandhabt, daß beispielsweise die rechte Hand an den Holzgriff q gelegt wird, während die linke Hand die Kinnlade r_2 leicht gegen die Schaleninnenseite drückt. Die Schraubenfeder o bewirkt zudem, daß sich beide Schlagnasen b_1 und b_2 dauernd an die Schalenbegrenzungsflächen anlegen. Die Verbindungsgerade der beiden Schlagnasen b_1 und b_2 muß in die Richtung der Flächennormalen n fallen. Die Entfernung der beiden Anlegenasen a_1 und a_2, die der Blechdicke $s = 2\,h$ entspricht, wird mittelst einer Schublehre ermittelt. Die Blechdicke der Böden Nr. 5 usw. wurde in dieser Weise nachgeprüft.

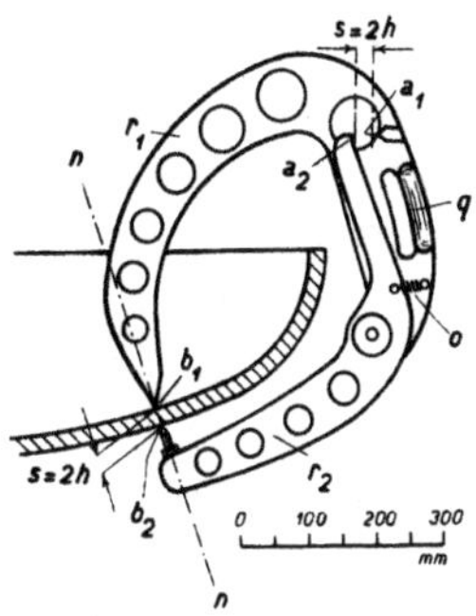

Abb. 42. Gerät zur Ermittlung der Blechdicke in der Krempe.

c) Meßgerät zur Ermittelung des Krümmungshalbmessers R_1 bei gegebener Meridiankurve der Bodenschale. Durch die Meridiankurve ist die Form der Bodenschale eindeutig festgelegt. Für die rechnerische Untersuchung bilden die beiden Hauptkrümmungshalbmesser

R_1 und R_2 die Grundlage. Ist die Gleichung der Meridiankurve $y = f(x)$ bekannt, Abb. 43, so ist

$$R_1 = \frac{\left[1 + \left(\frac{\delta y}{\delta x}\right)^2\right]^{\frac{3}{2}}}{\frac{\delta^2 y}{\delta x^2}} \tag{98 a}$$

$$R_2 = \frac{x}{\sin\alpha} \tag{98 b}$$

Von jeder Bodenschale wurde für die Schalenaußenseite eine Schablone hergestellt. Der nach dieser Schablone mit Berücksichtigung der gemessenen Blechdicke ermittelte Verlauf der mittlern Meridiankurve m kann, abgesehen vom elliptischen Boden im allgemeinen, nicht genau in eine Gleichung eingekleidet werden. Um nach Gleichung (98a) den Krümmungshalbmesser R_1 zu ermitteln, bedienten wir uns des in Abb. 44 schematisch dargestellten Gerätes, das aus dem Halter c, dem gebräuchlichen, biegsamen Stahlmaßstab t und dem Richtungszeiger z besteht. Der Stahlmaßstab t wird durch den Stift e und die Schraubenfeder f gegen die beiden Auflagerstellen A_1 und A_2 gedrückt. Durch diese Bauweise wird erreicht, daß der Zeiger z stets senkrecht zum Stahlmaßstab t steht, wie auch derselbe verbogen wird. Legt man den Stahlmaßstab an die Meridiankurve m_e der Schalenaußenseite, Abb. 43, die durch die Schablone gegeben ist, so stellt sich der Richtungs-

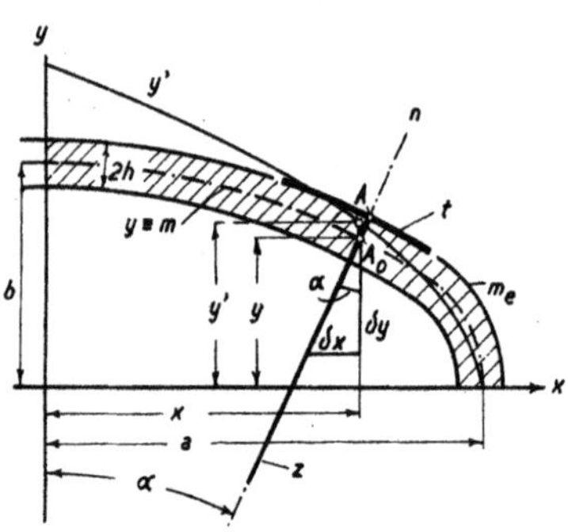

Abb. 43. Ermittlung des Krümmungshalbmessers R_1 bei gegebener Meridiankurve.

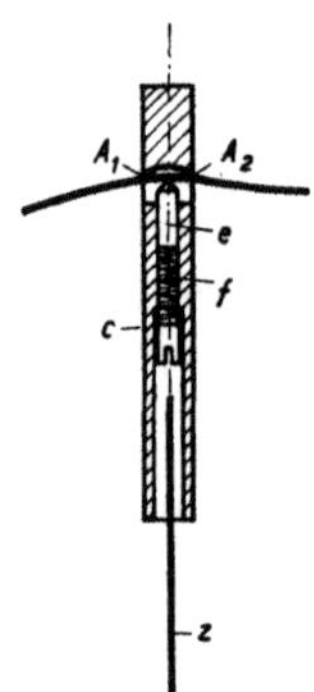

Abb. 44. Meßgerät zur Bestimmung der Richtung der Normalen zur Meridiankurve.

zeiger z in die Normale n ein, und das Verhältnis $\delta y / \delta x = y'$ ergibt die erste Ableitung, die wir im Abszissenpunkte x, Abb. 43, als Ordinate auftragen. Aus der erhaltenen Kurve y' bestimmen wir in gleicher Weise die zweite Ableitung $\delta y' / \delta x = \delta y^2 / \delta x^2$, womit die für die Auswertung der Gleichung (98a) notwendigen Größen bekannt sind. Da der Krümmungshalbmesser R_1 in der mittleren Wölbung des Bodens für einen großen Bereich in der Regel konstant ist und mit Hilfe des Zirkels durch Probieren leicht bestimmt werden kann, ist dieses Verfahren nur für die Punkte der Krempe anzuwenden. Die an dem elliptischen Boden von Versuch Nr. 10 nach der Rechnung und nach diesem Verfahren ermittelten Hauptkrümmungshalbmesser R_1 zeigen eine praktisch gute Übereinstimmung.

16. Ermittelung der Verzerrungen durch den Versuch.

a) Verzerrungen an der Außenseite der Schale. Wir denken uns in dem zu untersuchenden Körper ein System von parallelen Flächen gelegt, die z. B. parallel zur äußeren Begrenzungsfläche verlaufen mögen. Auf jeder dieser Flächen bringen wir ein Liniennetz an, das beispielsweise aus zwei Linienscharen bestehe, die sich unter einem bestimmten Winkel schneiden. Bringen wir nun an diesem Körper äußere Kräfte als Lasten an, so äußert sich die Verformung des Körpers in der Verzerrung dieses Netzes. Ein solcher Körper ist das in Abb. 1 dargestellte Schalenelement. Die erwähnten Flächen sind in diesem Falle parallel zur Schalenmittelfläche. Das Netzwerk besteht aus sphärischen Vierecken, deren eine Seite in der Meridianebene liegen und die Länge δl_{z1} aufweisen möge, während die andere Seite durch ein Bogenelement von der Länge δl_{z2} des Breitenkreises gebildet wird. Ist die Maschenweite genügend klein, so dürfen wir diese Linienelemente praktisch als Gerade annehmen. Unter dem Einfluß der am Körperelement angreifenden Spannungskräfte und Spannungsmomente verändert sich die Länge dieser Linienelemente, wie wir bereits früher eingehend gezeigt haben. Die Längenänderung oder Verzerrung längs des Meridians bzw. Breitenkreise bezeichneten wir mit $\delta(\delta l_{z1})$ bzw. $\delta(\delta l_{z2})$. Diese Verzerrungen können wir auch entstanden denken durch eine reine Längung und durch eine dehnungslose Verbiegung der Schalenmittelfläche. Die Verzerrungen der inneren und äußeren Schalenbegrenzungsfläche sind für die meßtechnische Erforschung zugänglich. Bei den vorliegenden Versuchen mußten wir uns auf das Messen an der äußeren Schalenbegrenzungsfläche beschränken, da ein Feinmeßgerät zur Durchführung von Messungen an der Innenseite eines geschlossenen Behälters noch nicht vorlag. Zur Ermittlung der Verzerrungen an Behältern Nr. 1 und 2 bedienten wir uns des Dehnungsmessers von Okhuizen [17]), während die übrigen Versuche mit dem nachfolgend beschriebenen Dehnungsmesser von Huggenberger (Tensometer Modell *A*) ausgeführt wurden, welcher den erstgenannten Dehnungsmesser zur Grundlage hat.

b) Bauart des Feinmeßgerätes zur Ermittlung der totalen Verzerrungen — Dehnungsmesser.*) In Abb. 45 ist das Prinzip dargestellt, während Abb. 46 die normale Ausführung zeigt. Die beiden Schneiden *a* und *b* werden auf die von Walzhaut, Rost und Farbanstrich usw. gereinigte Oberfläche des Baustoffes aufgesetzt. Die feststehende, auswechselbare Schneide *a* und das um die Scheidenachse sich drehende Prisma *b* grenzen die Meßlänge δl_{e1} bzw. δl_{e2} ab, deren Verzerrung $\delta(\delta l_{e1})$ bzw. $\delta(\delta l_{e2})$ durch den Hebel *h* und die Kupplung *i* an den Dreharm *k* und damit an den Zeiger *n* übermittelt wird. Die Skala 0 umfaßt 50 Teilstriche zu 1 mm Abstand. Durch diese Übertragung wird die Verzerrung *n*-fach vergrössert, wo *n* die Übersetzungszahl des Meßgerätes bedeutet. Im allgemeinen ist $n = 1200$ bis 1500. Die Zugfeder *m* bewirkt die dauernde Verbindung von Hebel *h* und Dreharm *k*. Da alle wichtigen Drehlager als Schneidelager ausgebildet sind, wird jede die Präzision schädlich beinflußende Reibung und jeder tote Gang vermieden. Infolge der hohen Empfindlichkeit spricht dieser Dehnungsmesser selbsttätig auf die geringste Längenänderung an. Die besonders geartete Befestigung des Zeigers *n* gestattet diesen auf jeden gewünschten Punkt der Skala als Ausgangspunkt einzustellen. Der

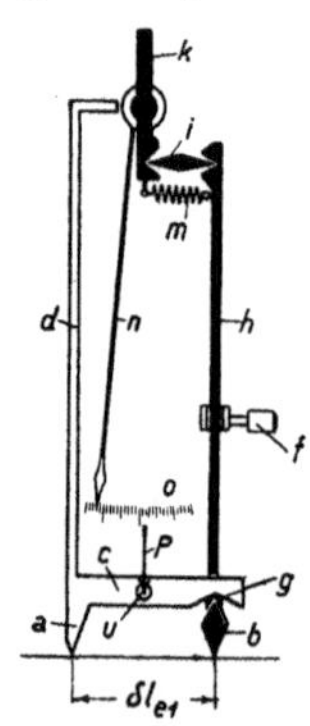

Abb. 45. Schematische Darstellung des Dehnungsmessers.

*) Siehe Seite 193.

Übertragungsmechanismus wird mittels der Arretierung f festgeklemmt. Zur Vermeidung von Ablesefehlern durch Parallachse ist unter der Skala ein Spiegel s angebracht. Zudem wird der Spiegel bei häufiger Wiederholung der Ablesungen als angenehm empfunden, da er das Ablesen erleichtert und dem Ermüden der Augen vorbeugt. Die Meßlänge d. h. die Länge von δl_{e1} bzw. δl_{e2} beträgt normalerweise 20 mm. In den Fällen, wo der Verlauf der Verzerrungen innerhalb dieser Meßlänge große Veränderungen aufweist, kann die Meßlänge durch Lösen der Schraube v und Umstellen der Schneide a auf 10 mm verkürzt werden. Außerdem besteht die Möglichkeit, durch Benützung von Ersatzschneiden, die Meßlänge auf jedes praktisch wünschbare Maß herabzusetzen. Für größere Meßlängen als 20 mm sind Verlängerungsstangen zu verwenden, die rasch und ohne Mühe am Apparat befestigt werden können. Sämtliche arbeitende Teile sind aus bestem Spezialstahl gefertigt, gehärtet und genau geschliffen. Der Schneidenkasten c und der Übertragungshebel h mit dem zugehörigen Prisma b sind aus einem Stahlstück herausgearbeitet. Alle Stahlteile sind mit einem dauerhaften Nickelüberzug versehen, soweit sie nicht im Gehäuse c untergebracht sind. Bei den vorliegenden Messungen wurde mit Meßlängen von 10 mm und 20 mm gearbeitet. Das geringe Gewicht von ca. 70 Gramm, die kleine Höhe von 145 mm und der kleine Raumbedarf ermöglichen eine rasche und sichere Befestigung an jedem Objekt und in jeder beliebigen Lage. Die einfache und bequeme Form erleichtert die Handhabung und das Anlegen in hohem Maße.

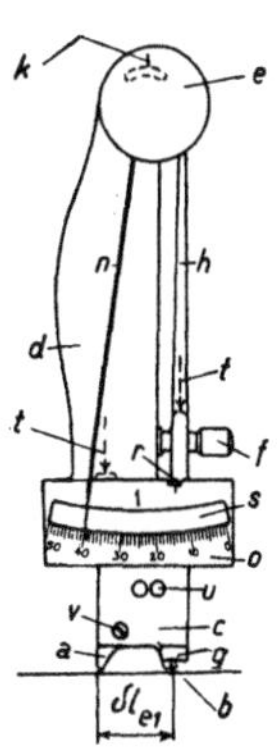

Abb. 46. Normale Ausführung des Dehnungsmessers.

c) Handhabung des Dehnungsmessers. Auf der Aussenseite der zu untersuchenden Schale wird die Meridianlinie m_e mit den Meßpunkten festgelegt. Hierauf werden je zwei Stehschrauben L_1, Abb. 47 und 48, winkelrecht zur Meridianlinie m_e zu beiden Seiten des Meßpunktes durch elektrische Lichtbogenschweißung oder durch Löten leicht angeheftet. Der Abstand der beiden Stehschraubenreihen beträgt rd. 180 mm bei einer Länge der Nadel N_1 bzw.

N_2 von 200 mm. Durch die Bohrung u (Abb. 45 und 46) des Tensometers und den Schlitz der Stehschrauben zieht man eine Nadel N_1 bezw. N_2 und drückt durch Drehen der Schraubenspindel t, Abb. 47, den Tensometer mit geschlossener Arretierung leicht gegen die Oberfläche der Schale. Vor dem Anspannen hat man sich zu vergewissern, dass sich der Tensometer in seiner normalen Ruhestellung befindet, d. h. es soll bei geschlossener Arretierung der Zeiger n in der Mitte der Skala stehen, und der Strich am Drehhebel k soll mit der Marke auf dem Deckel (Rückseite des Meßgerätes) übereinstimmen. Durch das Andrücken des Tensometers entstehen durch die Schneiden a und b auf der Materialoberfläche feine Kerben. Nun öffnet man die Arretierung und belastet den zu untersuchenden Gegenstand, um Drehsinn und Ausschlagweite festzustellen. Will man den Zeiger verstellen, so legt man auf der Rückseite des Apparates als Gegenhalter z. B. die Zeigefingerspitze seitlich an den Dreharm k und verschiebt den Zeiger durch einen leichten Druck, den man dicht an der Austrittsstelle aus dem Gehäuse ausübt, in die gewünschte Stellung. Bei einiger Übung kann der Zeiger auch ohne Benützung des Stellmechanismus rascher und bequemer eingestellt werden. Zu diesem Zweck umfaßt man das Meßgerät mit der Hand, wobei man den Daumen an die eine, den Zeigefinger an die gegenüberliegende Schmalseite der Skala legt. Nun kippt man das Gerät in seiner Ebene soweit auf die bewegliche Schneide b über, bis die feste Schneide a freiliegt. Hierauf verschiebt man das Gerät in seiner Ebene, bis der Zeiger auf die vorgesehene Stellung einspielt, worauf der Apparat auf die feste

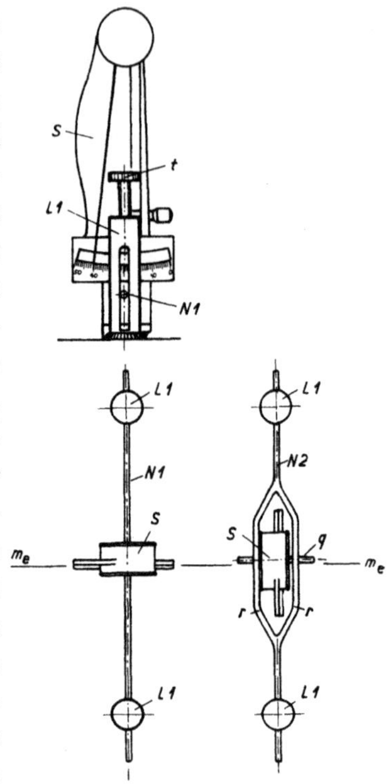

Abb. 47 u. 48. Übliche Befestigung des Dehnungsmessers an Behältern und Kesseln.[18])

Schneide a wieder zurückgekippt wird. Damit die Anzeige des Tensometers infolge allfällig möglicher Veränderung der Kerben, in denen die Schneiden a und b stehen, nicht beeinflusst wird, empfiehlt es sich, wenn möglich vor der eigentlichen Messung eine 2- bis 3malige Belastung vorzunehmen. Es ist stets darauf zu achten, daß der Stift r, Abb. 46, keine der beiden Anschlagflächen des Ausschnittes am obern Rand der Skala 0 berührt, da der Apparat Schaden leiten könnte. Bei einer einwandfreien Ablesung muß sich die Zeigerschneide mit dem Spiegelbild decken. Nach dem Entfernen des Tensometers ist die Arretierung zu schliessen und der Zeigermechanismus in seine Ruhestellung zu verbringen. Befestigen wir das Meßgerät mit Hilfe einer glatten Nadel N_1, Abb. 47, so ermitteln wir bei der erwähnten Anordnung der Stehschrauben L_t die Verzerrung $\delta(\delta l_{e1})$ längs des Meridians. Um die Verzerrung längs des Breitenkreises $\delta(\delta l_{e2})$ zu messen, verwenden wir die sog. Schlaufennadel N_2, Abb. 48. Die beiden Schlaufenschenkel r ruhen auf einem kurzen Querstift q, der durch die Bohrung u des Tensometers eingezogen wird. Unter gleichzeitiger Benützung beider Nadelarten können bei der nämlichen Stellung der Stehschrauben Zwischenpunkte eingemessen werden.

d) Auswertung der Ablesungen. Ist $\Delta(\delta l_{e1})'$ bzw. $\Delta(\delta l_{e2})'$ der an der Skala abgelesene Wert der totalen Verzerrung, so erhalten wir den wahren Wert der Verzerrung durch die Beziehungen

$$\Delta(\delta l_{e1}) = \delta(\delta l_{e1})_0 + \delta(\delta l_{e1})_h = \frac{1}{n}\,\Delta(\delta l_{e1})' \qquad (99\,\text{a})$$

$$\Delta(\delta l_{e2}) = \delta(\delta l_{e2})_0 + \delta(\delta l_{e2})_h = \frac{1}{n}\,\Delta(\delta l_{e2})' \qquad (99\,\text{b})$$

Aus den Gleichungen (4a und 4b) — entsprechend der Außenseite, ist die Fußnote z durch e zu ersetzen — sind die Dehnungen ε_{e1} und ε_{e2} zu berechnen. Die Spannungen folgen aus den Gleichungen (16a und 16b). Aus Gleichung (7a) geht hervor, daß die totale Verzerrung mit dem Abstande z von der Mittelfläche veränderlich ist. Durch das erläuterte Meßverfahren erhalten wir die totale Verzerrung an der Schalenaußenfläche. Selbst in dem Falle, wo sich die Dehnungen nach Gleichung (7a) gesetzmäßig über die Blechdicke verteilen, sind wir nicht in der Lage, z. B. die Verzerrung und damit die Dehnung und die Spannung an der innern Schalenseite zu berechnen, die unter Umständen bedeutend größer ausfallen kann als die entsprechende Größe an der gegenüberliegenden Schalenaußenseite. Beschränken wir die Messungen auf die Schalenaußenseite, so ist nach Gleichungen (7a, 7c, 7d, 9c usw.) der übrige Verzerrungsverlauf bestimmt, wenn außer der totalen Verzerrung noch eine der beiden Verzerrungskomponenten $\delta(\delta l_{e1})_o$, $\delta(\delta l_{e1})_h$ bekannt ist. Diese Erkenntnis führt zur Aufgabe, den Verdrehungswinkel ϑ und seine Veränderung $\delta\vartheta$ durch Messung zu ermitteln.

e) Ermittelung des Verdrehungswinkels ϑ mit Hilfe von Nadeln. In den theoretischen Betrachtungen über die Verformung der Schalenmittelfläche ist der Weg bereits vorgezeichnet, in welcher Weise der Verdrehungswinkel zu messen ist. Die praktische Durchführung kann in der Weise verwirklicht werden, daß man in den festgelegten Meßpunkten normal zur Schalenaußenfläche Stifte z, Abb. 51, von 3 mm Durchmesser und 18 mm Länge auflötet. Über diese Stifte wird eine Hülse gestossen, die mit einem Schräubchen festzuklemmen ist und die einen Zeiger aus Aluminiumblech trägt. Die Länge des Zeigers betrug im Mittel $rd.\ l = 1000$ mm. Um die Bewegung der Zeigerspitze zu ermitteln, stellt man z. B. einen Tisch in der Höhe der Zeigerspitzen auf. Den Ausschlag der Spitzen markiert man auf einem Blatt Papier, das unmittelbar unter der Zeigerspitze auf dem Tisch zu befestigen ist. Mit v als Wert für den Zeigerausschlag ergibt sich näherungsweise für den Verdrehungswinkel im Bogenmaß

$$\vartheta = \frac{v}{l} \qquad (100)$$

Nach Gleichung (6b) ist damit die Biegungsdehnung ε_{h2} quer zur Meridianlinie bestimmt. Dieses Verfahren ist mit verschiedenen Mängeln behaftet. Es ist zu beachten, daß sich die Zeiger nicht allein um ihre Fußpunkte drehen. Die Fußpunkte bewegen sich auch längs des Meridians um die unbekannte Verschiebungsgröße u. Solange diese Verschiebungsgröße im Vergleich zum Zeigerspitzenausschlag so klein ist, daß er vernachlässigt werden darf, kann der Drehungswinkel gemäß Gleichung (100) ermittelt werden. Für die Meßstellen, die in unmittelbarer Nähe der Übergangsstelle von Boden- und Zylinderschale liegen, besteht die Möglichkeit, diese Verschiebungskomponente aus der Längung der Zylinderschale zu berechnen, um den gemessenen Zeigerspitzenausschlag zu berichtigen. Das Meßverfahren wird näherungsweise für die mittlere Wölbungsfläche der Bodenschale zutreffende Werte liefern, wobei aber zu berücksichtigen ist, daß dort der Einfluß der Verbiegung gegenüber der reinen Längung zurücktritt. Das zweite Glied des Klammerausdruckes von Gleichung (4b), welches die dehnungslose Verbiegnng der Schalenmittelfläche längs des Breitenkreises kennzeichnet, kann somit näherungsweise ermittelt werden. Das entsprechende Glied in Gleichung (4a), das die Verbiegung längs des Meridians charakterisiert, ließe sich an Hand der Entfernungsänderung der Spitzen zweier benachbarter Zeiger bestimmen. Die Versuche, die wir in dieser Hinsicht unternahmen, zeigten aber, daß die erwähnten Fehlerquellen infolge Differenzenbildung in unzulässig hohem Maße ins Gewicht fallen. Solche Versuche wurden später u. a. auch von Stromeyer ausgeführt.[19]) Da der meßtechnischen Ermittlung der Verbiegung eine ebenso große Bedeutung beizulegen ist wie der versuchsweisen Ermittlung der totalen Verzerrung, so mußte zur einwandfreien Lösung dieser Aufgabe vorerst ein zweckmäßig gebautes Feinmeßgerät geschaffen werden.

f) Feinmeßgerät zur Ermittlung der Biegungsverzerrungen - „Biegungsverzerrungsmesser". *)

1. Bauart des Feinmeßgerätes zur Ermittlung der Biegungsverzerrungen. Die Grundform dieses Feinmeßgerätes ist durch das Meßverfahren mit zwei benachbarten Nadeln gekennzeichnet. Um die Verdrehungswinkeländerung in einem gleich-

---

*) Für die Anregung zum Bau dieser Feinmeßgeräte und die Möglichkeit, ihre praktische Brauchbarkeit an einer großen Anzahl von Messungen eingehend zu prüfen, spreche ich dem Schweizerischen Verein von Dampfkessel-Besitzern, insbesondere Herrn Obering. E. Höhn, meinen verbindlichsten Dank aus. Für die freundliche Unterstützung, insbesondere bei der Prüfung der Meßgeräte, bin ich der Eidg. Materialprüfungsanstalt an der Eidg. Techn. Hochschule Zürich, dessen Direktor Herrn Prof. Dr. h. c. Roš, und dem wissenschaftlichen Mitarbeiter Herrn Diplomingenieur Eichinger zu Dank verpflichtet.

zeitig auf Längung und Verbiegung beanspruchten Körper zu messen, sollte das Gerät so gebaut sein, dass es nur auf die Verbiegung allein anspricht. Die eingehenden Versuche, die mit verschiedenen Modellausführungen vorgenommen wurden zeigten, dass sowohl die konstruktive Verwirklichung wie auch die sichergehende Nachprüfung über die restlose Erfüllung dieser Bedingung erhebliche Schwierigkeiten bereitet. Auf Grund dieser Erfahrungen wurde der in Abb. 51 dargestellte „Biegungsverzerrungmesser" gebaut. Auf dem zu untersuchenden Körper werden an jeder Meßstelle zwei Stifte, Abb. 51, angebracht. In den vorliegenden Versuchen wurden die Stifte aufgelötet, wozu ein leicht schmelzbares Lot verwendet wurde, um die Meßstelle von Wärmespannungen frei zu halten. Der Abstand der Fußpunkte zweier Stifte ist gleich der Meßlänge.

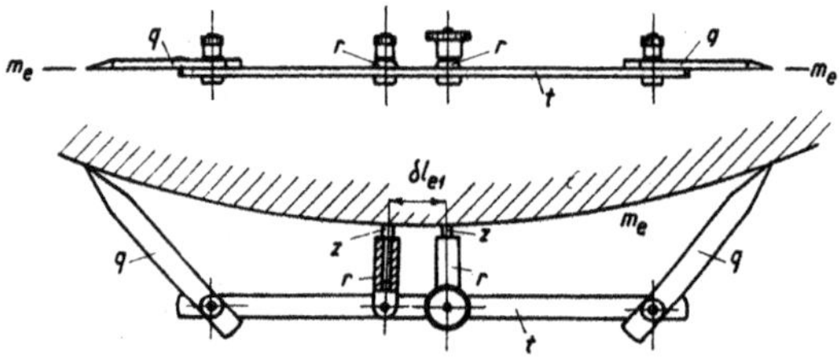

Abb. 49. Einrichtung zum Auflöten der Stiften, die zur Befestigung des Biegungsverzerrungsmessers dienen.

Diese betrug rd. 20 mm. Um ein rasches Anbringen der Stifte zu ermöglichen, benützten wir die in Abb. 49 angedeutete Einrichtung. Diese besteht aus dem Tragstück t, an welchem die beiden Stiftefassungen r leicht drehbar befestigt sind. Der Abstand der Drehpunkte der Stiftenfassungen beträgt 20 mm. Die Stifte werden mit Hilfe dieses Hilfsgerätes senkrecht gegen die zu prüfende Fläche gedrückt. Damit die Stifte in die Ebene des Meridians zu liegen kommen, ist das Gerät so einzustellen, daß die Spitzen der beiden Richtungszeiger q in die Meßlinie m_e fallen. Hierauf kann das Festlöten vorgenommen werden. Die Hülsen H_1 und H_2, Abb. 51, die das eigentliche Meßgerät tragen, werden auf die Stifte z geschoben und mittels der Schräubchen r festgeklemmt. Der Hebel k_1 trägt das Zeigerlager C und die Skala 0, die 40 Teilstriche zu 1 mm Abstand umfasst. Zur Vermeidung von Ablesefehlern durch

Parallachse ist die Skala mit einem Spiegel versehen. Der Endpunkt E des Hebels k_2 ist vermittelst der Kupplung i mit dem Zeigermechanismus verbunden. Die beiden Hebel können durch Lösen einer Klemmschraube f, die sich auf der Rückseite des Meßgerätes befindet, in ihrer Ebene verdreht werden, was insbesondere bei stark gekrümmten Flächen notwendig ist. Außerdem kann durch Lösen und Verdrehen des einen Hebels der Zeiger n in die gewünschte Stellung der Skala gebracht werden. Die Schraubenfeder m bewirkt die dauernde Wirkungsverbindung der Kupplung i.

2. Handhabung des „Biegungsverzerrungsmessers". Wir befestigen an den vorgesehenen Meßstellen die erwähnten Stifte, was ohne Mühe mit der beschriebenen Einrichtung ausgeführt werden kann. Hierauf drückt man das Meßgerät mittelst der Hülsen H_1 und H_2 auf die Stifte, nachdem vorher die eine Hebelklemmschraube f gelöst wurde. Mittels der seitlich an den Hülsen befindlichen Schräubchen r wird der „Biegungsverzerrungsmesser" festgeklemmt. Nun stellt man den noch losen Hebel fest, wobei man gleichzeitig den Zeiger in die gewünschte Stellung der Skala bringt. Es empfiehlt sich, vor dem Ablesen z. B. mit einem Bleistift an eine der beiden Hülsen leicht zu klopfen.

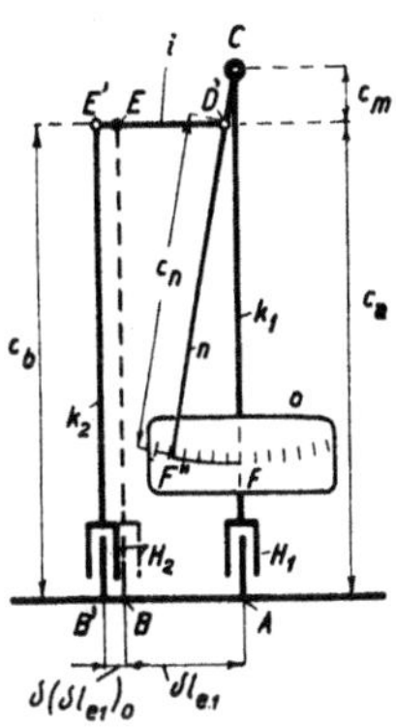

Abb. 50. Der Einfluß der Längung auf die Ablesung des Biegungsverzerrungsmessers.

3. Auswertung der Ablesung. Reine Längung. Ist der zu untersuchende Körper einer reinen Längung unterworfen, so ergibt die Längung der ursprünglichen Meßstrecke δl_{e1} an der Skala einen Ausschlag von der Größe $\delta(\delta l_{e1})'_0$. Bei dieser Art der Längungsübertragung wirkt das Verhältnis aus Zeigerlänge $(c_m + c_n)$ und dem Abstand c_m von Zeigerdrehachse C und Kupplungseinhängepunkt D als Vergrößerungszahl. Die wirkliche Größe der Längung folgt aus der Beziehung

$$\delta(\delta l_{e1})'_0 \frac{c_m + c_n}{c_m} = \delta(\delta l_{e1})_0$$

Da die Größe c_m im Vergleich zu c_n als kleine Größe vernachlässigt werden darf, nimmt diese Gleichung nach $\delta(\delta l_{e1})$ aufgelöst die Form

$$\delta(\delta l_{e1})_0 = \frac{1}{n_h} \delta(\delta l_{e1})'_0 \tag{101 a}$$

an, wo $n_h = c_n/c_m$ die Übersetzungszahl des Biegungsverzerrungsmessers bedeutet. Bei dem Meßgerät, das wir bei den vorliegenden Messungen verwendeten, war $c_m = 1{,}53$ mm, $c_n = 110{,}16$ mm, somit $n_h = 72$.

Dehnungslose Verbiegung. Besteht die Verformung in einer dehnungslosen Verbiegung, dann verdreht sich der Hebel k_1

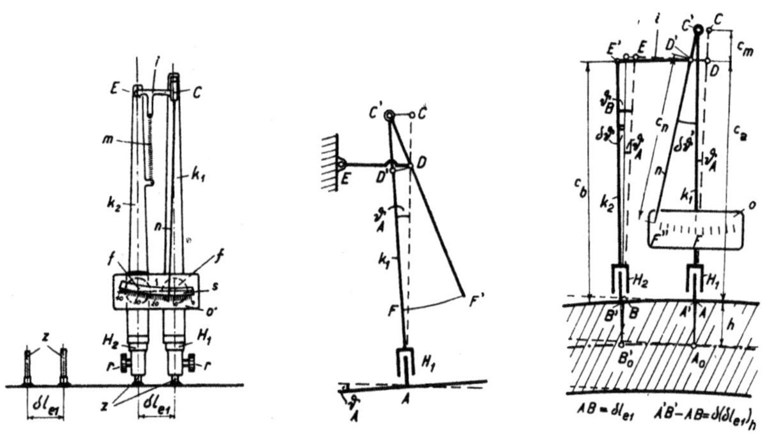

Abb. 51, 52 und 53. Biegungsverzerrungsmesser.
Verdrehung des Skalenhebels k_1 um ϑ_A bei ruhendem Hebel k_2. Die Wirkung der dehnungslosen Verbiegung auf den Biegungsverzerrungsmesser.

bzw. k_2 um A_0 bezw. B_0 als Drehpunkt, Abb. 53. Bei der Verdrehung des Hebels k_1 um den Drehwinkel ϑ_A bei ruhendem Hebel k_2 gelangt die Zeigerspitze F nach F', Abb. 52. In dieser Lage halten wir den Hebel k_1 fest und verdrehen den Hebel k_2 um den Winkel ϑ_B in gleichem Sinne. Wir zerlegen diesen Verdrehungswinkel, Abb. 53, in zwei Teile: in den Drehwinkel ϑ_A und in den Drehwinkel $\delta\vartheta$ um welchen sich die Verdrehung des Hebels k_2 gegenüber der Verdrehung des Hebels k_1 unterscheidet. Während der ersten Teilbewegung gelangt die Zeigerspitze wieder nach dem ursprünglichen Skalenpunkt F. Bei der zweiten Teilbewegung, die der Verdrehungswinkeländerung $\delta\vartheta$ zukommt, begibt sich die Zeigerspitze von F nach F'''. Bezeichnen wir mit $\delta\vartheta'$ den Winkelausschlag des Zeigers, so ist die Bogenlänge $FF''' = [(c_m + c_n)\,\delta\vartheta']$ gleichbedeutend mit der Anzahl der abgelesenen Skalateilstriche. Der Deutlichkeit wegen umgeben wir diesen Ausdruck, dem ein bestimmter Zahlenwert zukommt, mit einer eckigen Klammer. Aus der Bogenlänge FF''' berechnen wir den entsprechenden Ausschlag des Kupplungspunktes D, der anderseits gleich $(c_b + h)\,\delta\vartheta$ ist. Damit erhalten wir die Beziehung zwischen der wahren Verdrehungswinkeländerung und der Ablesung wie folgt

$$\delta\vartheta = \frac{c_m}{(c_m + c_n)(c_b + h)}\,[(c_m + c_n)\,\delta\vartheta']$$

Mit der erwähnten Vernachlässigung vereinfacht sich diese Gleichung zu

$$\delta\vartheta = \frac{1}{n_h\,(c_b + h)}\,[c_n\,\delta\vartheta'] \tag{101 b}$$

Die Biegungsverzerrung an der äußersten Faser $z = +h$ ist somit

$$\delta\,(\delta l_{e1})_h = h\,\delta\vartheta = \frac{h}{n_h\,(c_b + h)}\,[c_n\,\delta\vartheta'] \tag{101 c}$$

womit aus Gleichung (9 c) die Dehnung zu berechnen ist.

G l e i c h z e i t i g e L ä n g u n g u n d d e h n u n g s l o s e V e r b i e g u n g. Besteht die Verformung in einer gleichzeitigen Längung und dehnungslosen Verbiegung, so umfaßt die abgelesene Anzahl Skalastriche die Wirkung beider Verzerrungen. Bezeichnen wir mit $\Delta\,(\delta l_{e1})''$ die Ablesung, welche dieser totalen Verzerrung an der äußersten Faser $z = +h$ zukommt, so wird nach Gleichungen (101 a), (101 c)

$$\Delta\,(\delta l_{e1})'' = \delta\,(\delta l_{e1})_0' + [c_n\,\delta\vartheta'] = n_h \left[\delta\,(\delta l_{e1})_0 + \frac{c_b + h}{h}\,\delta\,(\delta l_{e1})_h\right] \tag{102}$$

In dieser Gleichung sind $\delta\,(\delta l_{e1})_0$ und $\delta\,(\delta l_{e1})_h$ unbekannte Größen. Für angenäherte Rechnungen darf das Glied $\delta\,(\delta l_{e1})_0$ gegenüber $(c_b + h)\,\delta\,(\delta l_{e1})_h/h$ vernachlässigt werden, so daß nach Gleichung (102) die Biegungsverzerrung $\delta\,(\delta l_{e1})_h$ direkt aus der Ablesung ermittelt werden kann. Diese Vernachlässigung kommt um so weniger zur Geltung, je größer die Biegungsverzerrung gegenüber der Längungsverzerrung ist. Um die beiden Verzerrungsanteile ermitteln zu können, sind wir genötigt, eine zweite Messung auszuführen. Wir messen über dem gleichen Meßpunkte und wenn möglich für die gleiche Meßlänge (δl_{e1}) mit Hilfe des Dehnungsmessers die totale Verzerrung. Aus den beiden Gleichungen (99a) und (102) folgt

$$\delta(\delta l_{e1})_o = -\frac{h}{c_b}\,\frac{\varDelta(\delta l_{e1})''}{n_h} + \frac{c_b + h}{c_b}\,\frac{\varDelta(\delta l_{e1})'}{n} \tag{102a}$$

$$\delta(\delta l_{e1})_h = \frac{h}{c_b}\left(\frac{\varDelta(\delta l_{e1})''}{n_h} - \frac{\varDelta(\delta l_{e1})'}{n}\right) \tag{102b}$$

wo $\varDelta(\delta l_{e1})''$, $\varDelta(\delta l_{e1})'$ die Anzahl der Teilstriche ist, die an der mit mm-Teilung versehenen Skala abgelesen werden. Führen wir die aus Gleichung (102a) und (102b) berechneten Werte in die Gleichung (9c) ein, so erhalten wir die Dehnungen ε_{o1e}, ε_{h1e}, womit auch die übrigen Dehnungen in Abhängigkeit der Blechdicke nach den Gleichungen $(8\,a)_e$, $(8\,a)_i$, (8a) bestimmt sind. Dieses ausführliche Meßverfahren wurde bei Versuch Nr. 9 und 10 durchgeführt. Durch die zunehmende Zahl der Begehren um Erhöhung des Betriebsdruckes bestehender Kesselanlagen gewinnt dieses Meßverfahren an praktischer Bedeutung, da wir durch Messung der totalen Verzerrung und der Biegungsverzerrung die Beanspruchung sowohl an der Schalenaußenseite wie auch an der Schaleninnenseite ermitteln können und somit eine einwandfreie Grundlage für die Beurteilung der Schalenfestigkeit, insbesondere der Bodenschalenfestigkeit, erhalten.

f) Ermittelung der Verschiebung senkrecht zur Schale mittels Meßuhr. Um die Verschiebung w senkrecht zur Schalenmittelfläche zu messen, werden auf einen Tisch [18]) mit Hilfe von Winkeleisen die bekannten Meßuhren von Zeiß und Roch befestigt. Der Tisch wird in der Weise aufgestellt, daß der Taststift der Meßuhr in die Höhe des Meridians zu liegen kommt, der die Meßpunkte enthält. Diese Einrichtung hat den Vorteil, daß sie unabhängig von den Abmessungen des Versuchskessels ist und rasch versuchsbereit aufgestellt werden kann. Der Nachteil, daß z. B. bei der Messung der Verschiebungen an der Bodenschale das Meßergebnis durch die Verlängerung der Zylinderschale beeinflusst wird, kann durch entsprechende Korrektur behoben werden. Zu diesem Zweck ist an beiden diametral gegenüber liegenden Punkten der Stemmkante der Zylinderschale die achsiale Verschiebung zu ermitteln. Mit Hilfe dieses Wertes ist die gemessene Auslenkung der Bodenschale sinngemäß zu berichtigen. Im Bodenscheitelpunkt ist der volle Betrag in Abzug zu bringen, während in den übrigen Punkten nur die zur Schalenmittelfläche normale Komponente zu berücksichtigen ist. Die in dieser Hinsicht einwandfreie Versuchseinrichtung, bei der die Meßuhren an einem die Bodenschale längs des Meridians überspannenden Bügel befestigt sind, der auf der Stemmkante in den genannten Punkten ruht, konnte für unsere Versuche nicht in Frage kommen, da bei jedem Versuchskessel die Abmessungen verschieden sind. Für die Messung sehr kleiner Auslenkungen erwiesen sich die genannten Meßuhren als unbrauchbar, da die Fehler, welche durch die Zahnradübertragung bedingt sind, zu stark ins Gewicht fallen. Mit Hilfe dieser Einrichtung wurden die Verschiebungen an der Bodenschale des Versuchskessels Nr. 9 und 10 gemessen. Im Hinblick auf die übrigen Meßverfahren kommt der Messung der Verschiebung w eine geringe Bedeutung zu, so daß wir im allgemeinen von deren Durchführung absehen konnten.

17. Ermittelung der größten Beanspruchung an einem Dampfkesselboden durch den Versuch.

a) Die totalen Verzerrungen und die Biegungsverzerrungen an der Außenseite der Dampfkesselbödeu. Die totalen Verzerrungen und die Biegungsverzerrungen wurden in den Meßpunkten 1—12 des Dampfkesselbodens Nr. 9, Abb. 28 (S. 51) für die Meßlänge $\delta l_{e1} = 20$ mm in der oben erläuterten Weise bei 16 und 32 at gemessen. Da die Meßresultate in Uebereinstimmung mit den Druckstufen linear zunehmen, beschränken wir die nachfolgenden Angaben auf den Abpreßdruck von 32 at. Die Messungen wurden in der Kesselschmiede der Lieferfirma kurz vor der Ablieferung ausgeführt. Die verhältnismäßig kurze Zeit, welche für die Erstellung der Versuchseinrichtung und die Durchführung der Messungen zur Verfügung stand zeigt, daß auch eingehende Untersuchungen zur

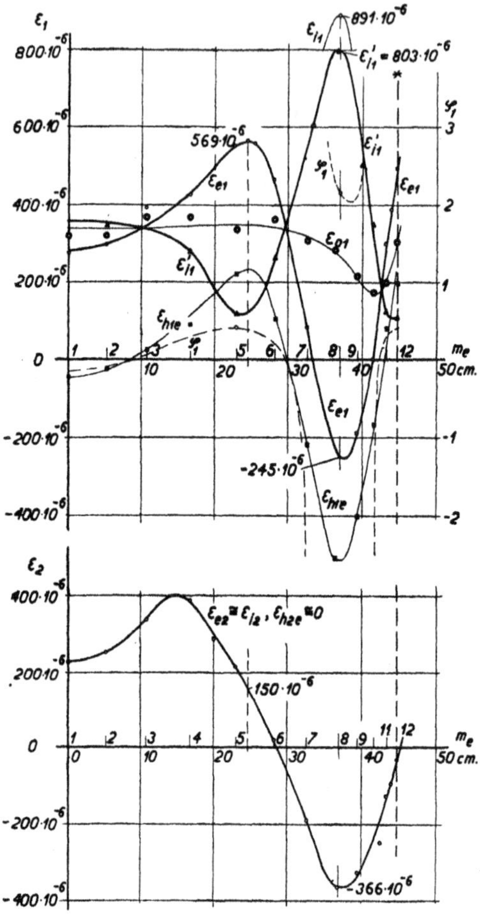

Abb. 54. Die gemessene resultierende Dehnung ε_{e1}, Längungsdehnung ε_{01}, Biegungsdehnung ε_{h1e} in der Meridianrichtung und die Größe φ_1 am Dampfkesselboden Nr. 9 für $p = 32$ at.

Klärung der Frage der größten Beanspruchung im Werkstattbetrieb mit Erfolg ausgeführt werden können. Aus der Ablesung $\Delta\,(\delta\,l_{e1})'$ am Dehnungsmesser und der Ablesung $\Delta\,(\delta\,l_{e1})''$ am Biegungsverzerrungsmesser berechnet man nach Gleichung (102a) und (102b) für jeden Meßpunkt die Längungsverzerrung $\delta\,(\delta\,l_{e1})_0$ und die Biegungsverzerrung $\delta\,(\delta l_{e1})_h$, Zahlentafel VIII. Die Summe der beiden Verzerrungen ist gleich der totalen Verzerrung $\Delta\,(\delta\,l_{e1})$, die auch nach Gleichung (99a) aus der Ablesung $\Delta\,(\delta\,l_{e1})'$ bestimmt werden kann. Infolge einer konstruktiven Abänderung am Biegungsverzerrungsmesser ist gegenüber früheren Angaben $n_h = 73$. Die Biegungsverzerrungen $\delta\,(\delta\,l_{e2})_h$ in der Breitenkreisrichtung sind, wie die Versuche bestätigen, praktisch Null. Für die Breitenkreisrichtung ist somit $\Delta\,(\delta\,l_{e2}) = \delta\,(\delta\,l_{e2})_0$. Die resultierende Verzerrung $\Delta\,(\delta\,l_{02})$ ermittelt man nach Gleichung (99b).

b) Die Dehnung an der Außen- und Innenseite der Schale. Die größte am Boden auftretende Dehnung. Aus den gemessenen Verzerrungen ermittelt man an Hand der Gleichung (9c), Seite 104,

Zahlentafel VIII.

Berechnung der Längungs- und Biegungsverzerrung in Richtung des Meridians des Dampfkesselbodens Nr. 9 für $p = 32$ at.

Meß-stelle Nr.	Dehnungsmesser		Biegungs-verzerrungsmesser		Verzerrungs-komponenten		Dehnungen		
	n	$\Delta(\delta l_{1e})'$ mm	$\Delta(\delta l_{e1})''$ mm	c_b mm	$\delta(\delta l_{e1})_o$ Gl. 102a	$\delta(\delta l_{e1})_h$ Gl. 102b	ε_{o1e} Gl. 9c, S. 104	ε_{h1e} Gl. 9c, S. 104	$\varepsilon_{e1} = \varepsilon_{o1e} + \varepsilon_{h1e}$
1	1043	+ 5,7	— 0,4	158	+ 6374 μ	— 907 μ	+ 318,7 μ	— 45,3 μ	+ 273,4 μ
2	1030	+ 6,1	0,0	155	+ 6420 μ	— 501 μ	+ 321,0 μ	— 25,0 μ	+ 296,2 μ
3	1030	+ 8,1	+ 1,0	159	+ 7371 μ	+ 481 μ	+ 368,6 μ	+ 24,0 μ	+ 392,6 μ
4	1143	+ 10,4	+ 2,2	156	+ 7370 μ	+ 1766 μ	+ 368,5 μ	+ 88,3 μ	+ 456,8 μ
5	1070	+ 11,8	+ 4,6	156	+ 6690 μ	+ 4375 μ	+ 334,5 μ	+ 218,7 μ	+ 553,2 μ
6	1375	+ 12,7	+ 2,5	159	+ 7220 μ	+ 2058 μ	+ 361,0 μ	+ 102,9 μ	+ 463,9 μ
7	1143	+ 1,9	— 3,7	156	+ 6060 μ	— 4400 μ	+ 303,0 μ	— 220,0 μ	+ 83,0 μ
8	1070	— 4,9	— 9,2	156	+ 5620 μ	— 10205 μ	+ 281,0 μ	— 510,2 μ	— 229,2 μ
9	1070	— 4,1	— 7,4	156	+ 4255 μ	— 8093 μ	+ 212,7 μ	— 404,6 μ	— 191,9 μ
10	1030	0,0	— 3,0	157	+ 3430 μ	— 3430 μ	+ 171,5 μ	— 171,5 μ	0,0 μ
11	1043	+ 5,7	+ 1,8	158	+ 3898 μ	+ 1588 μ	+ 194,9 μ	+ 79,4 μ	+ 274,3 μ
12	1043	+ 10,3	+ 4,2	162	+ 6030 μ	+ 3850 μ	+ 301,5 μ	+ 192,5 μ	+ 494,0 μ

Meßlänge δl_{e1} = konstant = 20 mm.
Uebersetzungszahl der Dehnungsmesser = n.
Uebersetzungszahl des Biegungsverzerrungsmessers $n_h = 73$.
Halbe Blechdicke $h = 13,1$ mm.
$\mu = 10^{-6}$.

die Längungsdehnung ε_{01e} und die Biegungsdehnung ε_{h1e}, Abb. 54. Die resultierende Dehnung ε_{e1} an der Schalenaußenseite ist nach Gleichung (10a), Seite 99

$$\varepsilon_{e1} = \varepsilon_{01e} + \varepsilon_{h1e}$$

Sie kann aber auch direkt aus der gemessenen resultierenden Verzerrung $\Delta(\delta l_{e1})$ der Schalenaußenseite nach Gleichung (4a, $z = e$) berechnet werden. Für 10 Böden wurde die resultierende Dehnung ε_{e1} und ε_{e2}, (Gleichung 4b, $z = e$) in dieser Weise ermittelt und als Ordinate in den Abb. 20—30 (Seite 43 u. f.) über der abgewickelten äußeren Meridianlinie m_e als Abszissenachse aufgetragen. Der Verlauf der Dehnungen ε_{e1} und ε_{e2} am Dampfkesselboden Nr. 9 ist aus Abb. 28 (Seite 51) ersichtlich. Aus den beiden Dehnungen ε_{e1} und ε_{h1e} wurden nach Gleichung (12d)

$$\varepsilon_{i1}' = \varepsilon_{e1} - 2\,\varepsilon_{h1e}$$

unter der Annahme des linearen Verlaufes die Dehnungen ε_{i1}' an der Schaleninnenseite ermittelt. Da die Biegungsdehnung an der Breitenkreisrichtung ε_{h2e} vernachlässigt werden darf, wird

$$\varepsilon_{i2} \cong \varepsilon_{e2}$$

Die größte Dehnung tritt an der Schaleninnenseite zwischen Meßpunkt 8 und 9 auf und beträgt $\varepsilon_{i1}' = +803 \cdot 10^{-6}$. Die zugehörige Ringdehnung ist $\varepsilon_{i2} \cong \varepsilon_{e2} = -366 \cdot 10^{-6}$. An der Schalenaußenseite erreichen die Meridiandehnungen in unmittelbarer Nähe des Meßpunktes 5 den Höchstwert $\varepsilon_{e1} = +569 \cdot 10^{-6}$, während die Ringdehnung $\varepsilon_{e2} = +150 \cdot 10^{-6}$ ist. In Abb. 54 ist der Wert $\varphi_1 = \varepsilon_{h1e}/\varepsilon_{e1}$ aufgetragen. An den Stellen, wo die Dehnungshöchstwerte auftreten, beträgt $\varphi_1 = +2{,}14$ bzw. $+0{,}4$. Da der erstgenannte Wert > 1, so muß nach den Ausführungen Seite 102 u. f. die Dehnung an der Innenseite größer ausfallen wie auf der Schalenaußenseite, und zwar ergibt die Gleichung (12d) für

$$\varepsilon_{i1}' = \varepsilon_{e1}(1 - 2\,\varphi_1) = -245\,(1 - 4{,}28) = +803 \cdot 10^{-6}$$

in Übereinstimmung mit dem oben erwähnten Ergebnis. Berücksichtigt man noch, daß der Verlauf der Dehnungen über die Blechdicke nicht linear ist, sondern einen hyperbolischen Charakter aufweist, so sind die Dehnungswerte ε_{i1}' in der Krempe, die einen Halbmesser $R_1 = 25{,}0$ cm aufweist, um rund 11 % zu erhöhen, da mit $h = 1{,}32$ cm nach Gleichung (12c, Seite 100) $\psi_1 = 1{,}11$ wird. Der Dehnungshöchstwert erreicht den Betrag

$$\varepsilon_{max} = \varepsilon_{i1} = +\,891 \cdot 10^{-6}.$$

c) Die resultierenden Spannungen und die größte Beanspruchung. Aus den in Abb. 54 aufgezeichneten Dehnungen ε_{e1}, ε'_{i1}, $\varepsilon_{e2} \cong \varepsilon_{i2}$ ergeben sich nach den Gleichungen (16a) und (16b) mit $E = 2 \cdot 10^{+6}$ kg/cm² die resultierenden Normalspannungen an der Innen- und Außenseite der Schale. Der Berechnung der Spannungshöchstwerte dürfen mit hinreichender Genauigkeit die Dehnungshöchstwerte zugrunde gelegt werden (siehe Zahlentafel IV, Seite 40), obschon genau genommen die Dehnungshöchstwerte nicht mit den Spannungshöchstwerten zusammenfallen. Aus Abb. 55 ist ersichtlich, daß die größte Normalspannung des Bodens auf der Innenseite der Krempe auftritt und bei $p = 32$ at den Wert

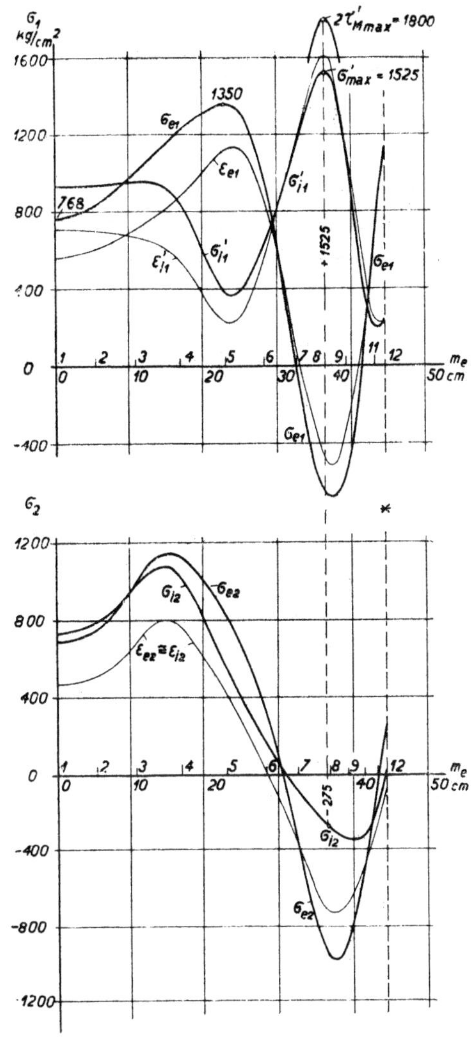

Abb. 55. Die resultierenden, aus den Meßergebnissen berechneten Normalspannungen an der Innen- und Aussenseite und die größte Beanspruchung am Dampfkesselboden Nr. 9 für $p = 32$ at.

$$\sigma'_{max} = \sigma'_{i1\,max} = +\,1525 \text{ kg/cm}^2$$

aufweist.

Für die größten im Meßpunkt 5 an der Schalenaußenseite auftretende Normalspannung erhält man

$$\sigma_{e1\,max} = +\,1350\ \mathrm{kg/cm^2}$$

Diese ist rund 13 % kleiner wie der Spannungshöchstwert. Für die Beurteilung der größten Beanspruchung ist nach der Theorie von Guest-Mohr die größte Schubspannung maßgebend. Da an der Stelle des Spannungshöchstwertes beide Hauptspannungen entgegengesetzte Vorzeichen aufweisen, so wird nach Gleichung (83) in ihrer nächsten Umgebung die gesuchte größte Beanspruchung zu erwarten sein. Ermittelt man in Abb. 55 für eine Anzahl Punkte in unmittelbarer Nähe von $\varphi_1 = 2{,}14$ die Größe $2\,\tau'_M$ nach Gleichung (83), so erkennt man, daß praktisch genommen an der Stelle der größten Normalspannung die größte Beanspruchung herrscht. Mit $\sigma'_{i1} = +\,1525\ \mathrm{kg/cm^2}$, $\sigma_{i2} = -\,275\ \mathrm{kg/cm^2}$ wird nach Gleichung (83)

$$2\,\tau'_{M\,max} = 1800\ \mathrm{kg/cm^2}$$

Beachtet man, daß die innenseitigen Dehnungen in der Meridianrichtung um 11 % größer ausfallen wie der Wert, welcher nach dem Geradliniengesetz an der Innenseite vorhanden sein müßte, so wird mit $\varepsilon_{e1} = +\,891 \cdot 10^{-6}$, $\varepsilon_{i2} \cong \varepsilon_{e2} = -\,336 \cdot 10^{-6}$

$$\sigma_{max} = \sigma_{i1\,max} = +\,1718\ \mathrm{kg/cm^2};\quad \sigma_{i2} = -\,217\ \mathrm{kg/cm^2},$$

so daß die größte Beanspruchung den Wert $2\,\tau_{M\,max} = 1935\ \mathrm{kg/cm^2}$ bei $p = 32$ at erreicht. Dieser Wert ist nur wenig verschieden von dem erstgenannten, so daß wir für praktische Berechnungen der größten Beanspruchung von der Berücksichtigung des hyperbolischen Verlaufs der Dehnungen absehen dürfen. Ist $\sigma_f = 2000\ \mathrm{kg/cm^2}$ (siehe Zahlentafel II), so wird der Fließbeginn des Materials entsprechend $2\,\tau'_{M\,max} = 1800\ \mathrm{kg/cm^2}$ bei einem Flüssigkeitsdruck

$$p_{fi} = 35{,}6\ \mathrm{at}$$

an der Innenseite der Krempe zwischen Meßpunkt 8 und 9 zu erwarten sein. Der Betriebsdruck dieses Dampfkessels war mit 17 at festgesetzt. Die Sicherheitszahl gegen Fliessen beträgt somit rund 2,1. Die Grenzwerte der Spannungen betragen bei 35,6 at $\sigma'_{i1} = +\,1910\ \mathrm{kg/cm^2}$, $\sigma_{i2} = -\,241\ \mathrm{kg/cm^2}$. Tragen wir diese Grenzspannungen in gleicher Weise, wie dies für den elliptischen Boden geschah (siehe Seite 169), in Abb. 29 ein, so erkennen wir, daß die entsprechenden Grenzwerte nach Huber-Hencky keinen nennenswerten Unterschied aufweisen. Dieses praktische Beispiel zeigt, daß die versuchsmäßige Ermittlung der totalen Verzerrungen und der Biegungsverzerrungen besonders in den Fällen angezeigt ist, wo die eindeutige und zuverlässige Angabe über die Größe und Lage der größten Beanspruchung der Schale unerläßlich ist. Dieser Frage kommt sowohl wirtschaftlich wie sicherheitstechnisch eine hohe Bedeutung zu, wenn es sich um die Erhöhung des Betriebsdruckes bestehender Dampfkessel handelt und die an sich noch einwandfrei beschaffenen Böden den schwächsten Teil der Anlage darstellen. Die Ermittlung der größten Beanspruchung ermöglicht unter Berücksichtigung der Änderung der Festigkeitseigenschaften in Abhängigkeit der Temperatur eine wohlbegründete Entscheidung zu treffen, ob die Festigkeit des Bodens der vorgesehenen Druckerhöhung genügt und somit weiter im Betrieb belassen werden kann, oder ob er ausgewechselt werden muß. Hinsichtlich des Kriteriums über die Form des Bodens verweisen wir auf die Erörterungen von Seite 174.

18. Vergleichende Untersuchung der Ergebnisse aus Theorie und Versuch des mit elliptischen Böden versehenen zylindrischen Behälters gleicher Blechdicke.

Die wichtigsten Abmessungen der elliptischen Böden wurden schon früher (Seite 152) mitgeteilt. Das zylindrische Bord des Bodens beträgt 10 cm. Aus der Aufzeichnung der äußeren Schalenmeridiankurve, die dem Halbachsenverhältnis $a : b = 2{,}031 : 1$ entspricht und der tatsächlichen Meridiankurve, die an Hand einer Blechschablone ermittelt wurde, geht hervor, daß die beiden Böden keine mathematisch genaue Ellipsenform aufweisen. Bis zum Punkt $2'$, Abb. 33, decken sich die beiden Schalenkurven genau. Hierauf weicht die wirkliche Meridiankurve um 1,0 bis 1,4 mm, d. h. rund 0,5 bis 0,7 v. H. von der Bodentiefe nach außen ab, um sich bei Punkt $8'$ der theoretischen Meridiankurve bis auf 0,4 mm zu nähern. Zwischen Punkt $8'$ und $11'$ tritt wieder eine größere Abweichung in der erwähnten Richtung ein, die in Punkt $9'$ den größten Wert von 1,4 mm erlangt. Von Punkt 11' bis zum Scheitelpunkt 14 können an Hand der Schablone nur unbedeutende Abweichungen festgestellt werden. Durch ein leichtes Überstreichen mit der Handinnenfläche konnten hingegen flache Stellen in der mittleren Wölbung festgestellt werden, die sich bei den Messungen durch Streuung der Meßergebnisse bemerkbar machen. Die Zylinderschale weist eine Länge von 200 cm auf. Der Behälter ist mittels Quasi-Arc-Elektroden geschweißt, wobei die eine Bodenrundnaht innenseitig nachgeschweißt wurde. Mit Rücksicht auf die besondere Bedeutung der Versuchsergebnisse wurden an diesem Behälter eingehende Messungen mit großer Sorgfalt durchgeführt. Die Messungen erstrecken sich auf die Ermittlung der totalen Verzerrungen in beiden Hauptrichtungen, der Biegungsverzerrungen in Richtung des Meridians, der Verschiebungen senkrecht zur Mittelfläche und der Winkeländerungen der Flächennormalen in der Nähe des Schalenrandes. Die Meßergebnisse der beiden Bodenschalen zeigen praktisch gute Übereinstimmung, so daß wir uns bei der Wiedergabe auf die eine Bodenschale beschränken, deren Dehnungen in Abb. 29 (Seite 52) aufgezeichnet sind. Die Ablesungen wurden bei 15 at und 30 at vorgenommen.

a) Ermittlung der totalen Verzerrungen und der Biegungsverzerrungen. Größte Normalspannung und größte Beanspruchung. Aus den mit Hilfe des Dehnungs- und Biegungsverzerrungsmessers ermittelten Werten werden in gleicher Weise, wie dies im obigen Beispiel (Boden Nr. 9) eingehend erläutert wurde, die totalen Dehnungen ε_{e1}, ε_{e2}, die Biegungsdehnungen ε_{h1e} und damit die totalen Dehnungen ε_{i1}' an der Schaleninnenseite berechnet. Die Werte sind in Abb. 56 und 57 für $p = 30$ at eingetragen. Am Rand der beiden Schalen wurden die Randwerte $\varepsilon_{e1}^{*} = +154{,}0 \cdot 10^{-6}$ und $\varepsilon_{e2}^{*} = -66{,}1 \cdot 10^{-6}$ festgestellt. Diese Randwerte ergeben nach Gleichungen (16a), (16b) mit $E = 2 \cdot 10^{+6}$ kg/cm², $\nu = 0{,}3$ die resultierenden Randspannungen $\sigma_{e1}^{*} = +295{,}0$ kg/cm², $\sigma_{e2}^{*} = -43{,}7$ kg/cm², während die Hautrandspannungen nach Gl. (68a), (68b) $\bar{\sigma}_{o1}^{*} = +492{,}6$ kg/cm², $\bar{\sigma}_{o2}^{*} = -1049{,}7$ kg/cm² betragen. Aus den Gleichungen (48a)*, (48b)* folgen die Randunstetigkeitsspannungen $\sigma_{o2}^{0*} = +1065{,}2$ kg/cm², $\sigma_{h1e}^{0*} = -197{,}4$ kg/cm² oder für $p = 1$ at, $\sigma_{o2}^{0*} = +35{,}5$ kg/cm²,

$\sigma_{h1e}^{0*} = -6{,}58 \text{ kg/cm}^2$, während die rechnerischen Randwerte $+33{,}90 \text{ kg/cm}^2$ und 0 (Seite 162) betragen. Wir erkennen aus der Gegenüberstellung der Ergebnisse, daß am Schalenrand in Wirklichkeit ein Biegungsmoment wirkt. Um über seine Größe einen Maßstab zu erhalten, berechnen wir nach Gleichung (76.3)* die

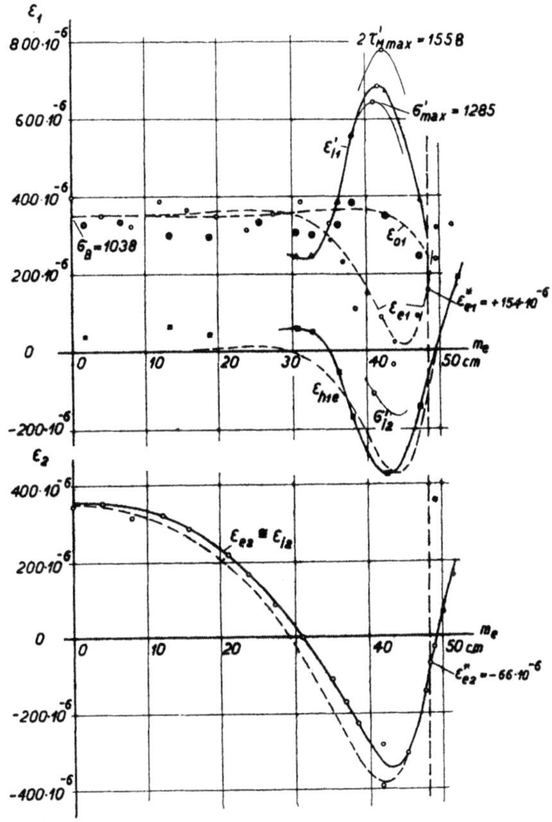

Abb. 56. Die am elliptischen Boden $a : b = 2{,}013$ des zylindrischen Behälters gleicher Dicke $2\,h = 1{,}2$ cm bei $p = 30$ at gemessenen resultierenden Dehnungen ε_{e1}, ε_{e2}, ε_{h1e} und die hieraus ermittelte Dehnungen ε'_{i1} bzw. ε_{i1}.

○ an der Schalenaußenseite gemessene totale Dehnung ε_{e1}, ε_{e2}.

⊞ Biegungsdehnung ε_{h1e} aus den Meßergebnissen an Hand der Gl. (102a), (102b) ermittelt.

◎ Längungsdehnung ε_{01} nach Gleichungen (11c, Seite 102) berechnet.

△ resultierende Dehnung nach Gleichung (12d, Seite 102) an der Schaleninnenseite.

Biegungsspannung, welche notwendig ist, damit sich der Schalenrand überhaupt nicht verdreht, also starr eingespannt ist. Der Randwert σ_{o2}^{o*} wird durch die Wirkung des Biegungsmomentes nur unwesentlich beeinflußt. Wir erhalten nach Gleichung (76.3)* mit $\sigma_{o2}^{o*} = 1065{,}2$ kg/cm² für den extremen Wert der Biegungsspannung $\sigma_{h1e}^{o*\prime} = +\,1933{,}5$ kg/cm². In Wirklichkeit beträgt somit der Einfluß der Einspannung nur 10% der starren Einspannung (siehe a. Seite 171 u. f.). Die Uebereinstimmung, welche das rechnerische Näherungsverfahren mit den durch die Theorie nach Gleichungen (78.2)*, (78.3)* bedingten Randwerten und den Meßergebnissen ergibt, ist nach Abb. 38 recht befriedigend. Mit den oben angeführten Randspannungen wurde das eingehend erläuterte Rechnungsverfahren erneut durchgeführt. Die Wiederholung des Rechnungsganges beschränkt sich auf die Ermittlung der Beiwerte c_1, c_2 und der anschließenden Berechnung der Unstetigkeitsspannungen. Die vorangehenden Rechnungsergebnisse werden durch veränderte Randbedingungen nicht beeinflußt. Wir erhalten damit die in den Abb. 35—38, 56 eingezeichneten, gestrichelten Kurven, die zeigen, daß eine weitere Annäherung an die Meßergebnisse erzielt wird. Durch das Auftreten von Biegungsspannungen nehmen die Spannungen gegenüber dem Falle des freidrehbaren Schalenrandes am Boden etwas höhere Werte an, während die Spannungen an der Zylinderschale etwas kleiner ausfallen, Abb. 37. Die größte an der Innerseite der Krempe auftretende berechnete Normalspannung ist $\sigma'_{max} = \sigma'_{i1} = 1191$ kg/cm², während die Ringspannung $\sigma_{12} = -\,300$ kg/cm² beträgt, so daß nach Gleichung (83) $2\,\tau'_{M\,max} = 1491$ kg/cm² wird. Der Unterschied dieser Spannungswerte gegenüber den entsprechenden des freidrehbaren Schalenrandes ist nicht von Bedeutung, Zahlentafel IX.

Ermitteln wir aus den gemessenen Dehnungen, Abb. 56, in der nächsten Umgebung des Dehnungshöchstwertes die Normalspannungen σ'_{i1}, σ'_{i2}, so erhalten wir für die größte an der Innenseite der Krempe auftretende Normalspannung $\sigma'_{max} = \sigma'_{i1} = +\,1285$ kg/cm². An Hand der beiden Kurvenäste der Normalspannungen berechnet man nach Gleichung (83) die Größe der Schubspannung und findet mit $\sigma'_{i1} = +\,1275$ kg/cm², $\sigma'_{i2} = -\,283$ für $2\,\tau'_{M\,max} = 1558$ kg/cm². Infolge der Streuung der Meßpunkte sind die beiden Hauptdehnungs-

Zahlentafel IX.

Resultierende Normalspannung σ'_B im Scheitel, größte Normalspannung σ'_{max} und größte Schubspannung $2\tau'_{M\,max}$ am elliptischen Boden $a:b = 2{,}031:1$ des zylindrischen Behälters gleicher Dicke $2h \cong 1{,}2$ cm für $p = 30$ at unter der Annahme der linearen Spannungsverteilung.

Art der Einspannung des Schalenrandes $p = 30$ at	Abbildung	σ'_B kg/cm²	σ'_{max} kg/cm²	$2\tau'_{M\,max}$	$\frac{\sigma'_{max}}{\sigma'_B}$	$\frac{2\tau'_{M\,max}}{\sigma'_B}$
Rand frei drehbar $\sigma^{0*}_{h1e} = 0$	37	+ 1000	+ 1132	1448	1,13	1,45
Rand bedingt drehbar $\sigma^{0*}_{h1e} = -197{,}4$ kg/cm²	37	+ 1000	+ 1191	1491	1,19	1,49
Durch Messung ermittelt $\sigma^{0*}_{h1e} = -193{,}8$ kg/cm²	38 56	+ 1038	+ 1285	1558	1,24	1,50

σ_B = nach Gleichung $\sigma'_B = pR/4h$ berechnete Scheitelspannung.
„'" bedeutet nach den Ausführungen von Seite 102 u. f., daß sich die Größe auf den linearen Verlauf der Spannungen bzw. Dehnungen bezieht.

werte im Bodenscheitel nicht eindeutig bestimmt. Wir entnehmen aus Abb. 38 für $\varepsilon_{e1} = +372 \cdot 10^{-6}$, $\varepsilon_{e2} = +350 \cdot 10^{-6}$ kg/cm² und erhalten mit $E = 2 \cdot 10^{+6}$ kg/cm² und $\nu = 0{,}3$ als Mittelwert der beiden Scheitelspannungen für $\sigma'_B = +1038$ kg/cm². Die Zusammenstellung dieser Spannungswerte in Zahlentafel IX bestätigt das an früherer Stelle bereits Gesagte, daß bei elliptischer Bodenschale mit dem Halbachsenverhältnis von rund $a:b = 2:1$.

1. die größte Normalspannung und die größte Beanspruchung, welche für den Fließbeginn maßgebend ist, nicht im Bodenscheitel, sondern auf der Innenseite der Krempe auftritt. Im vorliegenden Versuch war der Normalspannungshöchstwert rund 24% größer und nach den theoretischen Untersuchungen rund 13% bzw. 19% größer wie die Scheitelspannung.
2. die größte Beanspruchung, welche für den Fließbeginn ausschlaggebend ist, wesentlich größer

ausfällt wie die Scheitelspannung und der Normalspannungshöchstwert. Bei dem vorliegend untersuchten Behälter folgt aus den Meßergebnissen, daß die für den Fließbeginn maßgebende Beanspruchung rund 50% und nach der Rechnung rund 45% bzw. 49% größer ist wie die Scheitelspannung.

3. d. h. der elliptische Boden vom Halbachsenverhältnis rund $a:b=2:1$ ist somit **nicht** die günstigste Bodenform.

Wir haben bereits früher (Seite 178 u. f.) kurz angedeutet, in welcher Weise das Halbachsenverhältnis zu ändern ist, damit die günstigste Form erreicht wird, die dadurch gekennzeichnet ist, daß die größte Beanspruchung in der Krempe möglichst gleich der Scheitelspannung wird.

b) Ermittlung der Verschiebungen senkrecht zur Mittelfäche. Am Boden des Behälters wurde in besprochener Weise (Seite 198) mittelst Meßuhren die Verschiebung winkelrecht zur Schalenmittelfläche ermittelt. Die gemessene, achsiale Verschiebung des Schalenrandes beträgt $u_z^* = 0{,}00265$ cm. Das Koordinatensystem legten wir so, daß sein Ursprung in der Schalenrandebene liegt, d. h. die Verschiebung des Schalenrandpunktes in achsialer Richtung ist Null. Um den wirklichen Wert der Verschiebung w zu erhalten, muß vom gemessenen Wert w_B' im Bodenscheitel die Größe u_z^* und in den übrigen Meßpunkten der Wert $u_z^* \sin \beta$ in Abzug gebracht werden. Es ist somit für jeden Meßpunkt im aufgezeichneten Meridianschnitt des Bodens der Winkel β der Normalen zu bestimmen. Die so berichtigten Werte sind in Zahlentafel X und in Abb. 35 eingetragen.

Die gemessene Auslenkung des Bodenscheitels beträgt 0,0570 cm, während für den frei aufliegenden Schalenrand 0,0602 cm, d. h. einen um rund 5% größeren Wert berechnet wurde (siehe Seite 168). Die Veränderung der Randbedingung gegenüber dem vorigen Falle ist für die Größe der Scheitelauslenkung ohne praktischen Einfluß, wie die Berechnung der Verschiebung unter Berücksichtigung der oben angeführten wirklichen Randbedingungen bestätigt, Abb. 35.

Zahlentafel X.

Gemessene und berichtigte Verschiebung w_B bei $p = 30$ at.
x = Abstand des Meßpunktes vom Bodenscheitel in cm.

x cm	$\sin\beta$	$u_z^* \sin\beta$ cm	w_B' cm	w_B cm
0	1,000	0,0026	0,0600	0,0570
6,9	0,996	0,0026	0,0567	0,0541
17,8	0,971	0,0026	0,0419	0,0393
24,0	0,941	0,0025	0,0305	0,0280
27,6	0,911	0,0024	0,0224	0,0200
31,3	0,866	0,0023	0,0156	0,0133
34,9	0,806	0,0021	0,0044	0,0023
40,4	0,615	0,0016	— 0,0109	— 0,0125
42,3	0,506	0,0013	— 0,0135	— 0,0148
44,6	0,349	0,0009	— 0,0134	— 0,0143
47,1	0,139	0,0004	— 0,0089	— 0,0093

Die an sich geringe Abweichung der berechneten und gemessenen Verschiebung rührt davon her, daß sich die Rechnungsergebnisse nicht auf die Schalenaußenseite, sondern auf die Schalenoberfläche beziehen. Außerdem konnten bei der Durchführung dieser Messungen die vom Werkstattbetriebe herrührenden störenden Erschütterungen des Bodens auf dem unser Messgestell ruhte, nicht ausgeschaltet werden.

c) Ermittlung des Verdrehungswinkels ϑ in der Umgebung des Schalenrandes. In der Umgebung des Schalenrandes der beiden Böden wurde der Verdrehungswinkel ϑ mittels Nadeln (siehe Seite 192) nach Gleichung (100) ermittelt. Die gemessenen Werte ϑ trägt man als Ordinate im zugehörigen Meßpunkt der abgewickelten äußeren Meridiankurve als Abszissenachse auf und erhält im Abszissenpunkt, der dem Schalenrand entspricht, den Randverdrehungswinkel ϑ^*. Berechnet man den Verdrehungswinkel, welcher den Randbedingungen Gleichung (78.6)* genügt ($\sigma_{h1e}^{0*} = 0$), so ergibt sich ein um 3,2 % kleinerer Wert. Ermittelt man an Hand von Gleichung (74.8)* mit den berechneten Randbedingungen $\sigma_{02}^{0*} = + 1065{,}2$ kg/cm², $\sigma_{h1e}^{0*} = - 197{,}4$ kg/cm² den Randver-

Zahlentafel XI.

Gemessene und berechnete Verschiebung im Scheitel der elliptischen Bodenschale $a:b = 2{,}031$; $2h = 1{,}2$ cm für $p = 30$ at.

w cm gemessen Rand bedingt drehbar $\sigma^{*}_{h1e} = -193{,}8$ kg/cm²	$\overline{w}$ cm	w^0 cm	w cm	w cm bedingt drehbar $\sigma^{0*}_{h1e} = -197{,}4$ kg/cm²
	Berechnet für frei drehbaren Rand $\sigma^{0*}_{h1} = 0$			
	Haut-verschiebung	Unstetigkeits-verschiebung	resultierendr Verschiebung	
+ 0,0570	+ 0,0659	— 0,0057	+ 0,0602	+ 0,0602

drehungswinkel, so beträgt der Unterschied gegenüber dem gemessenen Wert nur noch 2,4 %. In Wirklichkeit ist das Randbiegungsmoment dem absoluten Wert nach etwas kleiner, wie aus der Anwendung der Gleichungen (48 a)*, (48 b)* folgt. Das negative Vorzeichen besagt, daß der Verdrehungssinn so gerichtet ist, daß auf der Schalenaußenseite die Fasern gestaucht werden. Ein Ueberblick über die Versuchs- und Rechnungsergebnisse bestätigt, daß die Näherungslösung unter den angedeuteten Voraussetzungen für die Berechnung der Formänderung und Spannungen zylindrischer Behälter mit gewölbten Böden ein einfaches und praktisch brauchbares Verfahren darstellt.

Zahlentafel XII.

Berechneter und gemessener Wert des Randverdrehungswinkels ϑ^* der elliptischen Bodenschale $a:b = 2{,}031$; $2h = 1{,}2$ cm für $p = 30$ at.

Rand frei drehbar $\sigma^{0*}_{h1e} = 0$ n. Gl. (78.6)*	Rand bedingt drehbar $\sigma^{0*}_{h1e} = -197{,}4$ kg/cm² n. Gl. (74.8)*	Rand bedingt drehbar $\sigma^{0*}_{h1e} = -193{,}8$ kg/cm² gemessen	Rand fest eingespannt $\sigma^{0*}_{h1e} = +1933{,}5$ kg/cm² n. Gl. (76.3)*
$-3745 \cdot 10^{-6}$	$-3525 \cdot 10^{-6}$	$-2838 \cdot 10^{-6}$	0

19. Zusammenfassung.

Übersicht über die wichtigsten Ergebnisse.

Um dem im Kessel- und Behälterbau tätigen Ingenieur in die exakte und systematische Untersuchung der Festigkeitsaufgaben einzuführen, werden die wichtigsten Grundgleichungen der Elastizitätstheorie der Schale erläutert. Mit Rücksicht auf das Meßverfahren ist die Formänderung der Schale eingehend behandelt. Aus der Betrachtung der Verteilung der Dehnung über die Blechdicke geht hervor, daß bei verhältnismäßig dickem Blech, die Dehnung an der Schaleninnenseite unter Umständen bedeutend größer ist wie der Wert, welcher der linearen Verteilung der Dehnungen entspricht (Seite 98 u. f.). Bei linearer Verteilung der Dehnungen besteht zwischen der resultierenden Dehnung an der Schalenaußenseite, der resultierenden Dehnung an der Schaleninnenseite und der Biegungsdehnung linearer Zusammenhang, welcher in einfacher Weise gestattet, die Dehnung an der Innenseite zu berechnen, wenn die resultierende Dehnung und die Biegungsdehnung an der Schalenaußenseite z. B. an Hand von Messungen bekannt sind (Seite 102 u. f.). Ist das Verhältnis von $\varepsilon_{h1e}/\varepsilon_{e1}$ negativ oder größer wie 1, dann ist die totale Dehnung an der Innenseite größer wie auf der Außenseite der Schale. Dies trifft stets in der Krempe der Bodenschale zu, so daß an dieser Stelle des gewölbten Bodens insbesondere bei verhältnismäßig großer Blechdicke hohe Beanspruchungen zu erwarten sind (Seite 200 u. f.).

Die Randverschiebung der Boden- und Zylinderschale fällt verschieden groß aus und ist zudem gegenläufig (Seite 108 u. f.). Werden die beiden Schalen zu einem Behälter oder Kessel zusammengefügt, so muß der stetige Übergang am gemeinsamen Schalenrand erzwungen werden (Seite 109 u. f.). Die Randkräfte und Randmomente, welche zur Wahrung des stetigen Überganges erforderlich sind, bedingen ein zweites Spannungssystem. Dieses ist dem Spannungssystem zu überlagern, welches in jeder der beiden Schalen auftritt, wenn sich der Rand ungehemmt bewegen kann und die Schale allein durch den Flüssigkeitsdruck belastet ist (Seite 115 u. f.). Für die rechnerische Untersuchung der Aufgabe treffen wir die Annahme, daß dieses erste

Spannungssystem (Hautspannungen) näherungsweise ersetzt werden dürfe durch die Spannungen, welche in der Schale als Haut betrachtet, auftreten. Aus der bekannten allgemeinen Lösung der Zylinderschale ergeben sich die grundlegenden Eigenschaften über den Charakter des zweiten Spannungssystems (Unstetigkeitsspannungen). Die Gleichungen zur Berechnung der Unstetigkeitsverzerrung und der Unstetigkeitsspannungen der randeingespannten Zylinderschale für die allgemeinen Randbedingungen (Seite 123) für den frei drehbaren (Seite 127) und für den nicht drehbaren Schalenrand (Seite 129) sind übersichtlich zusammengestellt. Außerdem sind für die beiden genannten Belastungsfälle die Unstetigkeitsspannungen aufgezeichnet (Abb. 22 und 23). Zur Erleichterung der Berechnungen sind die wichtigsten Funktionswerte (Abb. 21) ermittelt. Aus den Betrachtungen folgt in Übereinstimmung mit den Ergebnissen der Messungen an zylindrischen Behältern die mit gewölbten Böden versehen sind, daß die Unstetigkeitsspannungen mit wachsender Entfernung vom Schalenrande gegen Null abklingen. Das Abklingen erfolgt um so rascher, je dünner die Schale ist. Für die im praktischen Kesselbau üblichen Behälter und Kessel sind die Unstetigkeitsspannungen in einer Entfernung gleich $a/4$ bis $a/2$ (auf der Zylinderschalenmantellinie bzw. auf dem Bodenschalenmeridian gemessen; $a =$ Halbmesser der Zylinderschale) so klein, daß sie vernachlässigt werden dürfen (Seite 125 u. f., Versuchergebnisse). Von diesem Punkte an kommen nur noch die Spannungen in Frage, die durch die Hautgleichungen gegeben sind (Seite 120 und 133).

Die sinngemäße Übertragung der Lösung der Festigkeitsaufgabe der randeingespannten von Flüssigkeitsbelastung freien Zylinderschale auf die Festigkeitsberechnung der gewölbten Böden führte in Verbindung mit den Ergebnissen der im Jahre 1923 an zwei Behältern vorgenommenen Dehnungsmessungen in unmittelbarer Folge auf eine Näherungslösung (Seite 134). An Hand dieser Näherungslösung werden die allgemeinen Gleichungen zur Berechnung der Unstetigkeitsverformung und Unstetigkeitsspannugen für die Bodenschale aufgestellt (Seite 134 u. f.). Für den Belastungsfall durch Flüssigkeitsdruck bei freibeweglichem Schalenrand wird angenommen, daß die Bodenschale als Haut betrachtet werden dürfe, deren Spannungen durch die bekannten Hautgleichungen (Seite 133) gegeben sind. Die Überlagerung dieser beiden Spannungsysteme führt zu dem in der Wirklichkeit auftretenden Spannungsverlauf. Das Näherungsverfahren ergibt für den gemeinsamen Schalenrand des zylindrischen, mit gewölbten Böden versehenen Behälters gleicher Blechdicke, die bemerkenswerte Randbedingung, daß das Randbiegungsmoment Null ist (Seite 139 u. f.). Die Versuchsergebnisse, die sowohl genietete wie stumpf geschweißte Behälter umfassen, zeigen, daß in Wirklichkeit am gemeinsamen Schalenrand Biegungsspannungen auftreten (S. 171 u. f.). Diese erreichen jedoch nur 10—20% des Wertes, wenn der Schalenrand als nicht drehbar (fest eingespannt) angesehen wird. Die tatsächlich auftretenden Randbedingungen liegen dem Belastungsfall des frei drehbaren Schalenrandes so nahe, daß die Festigkeitsberechnung mit dieser Randbedingung zu praktisch brauchbaren Ergebnissen führt.

Die an Hand der Näherungslösung zunächst durchgeführten Betrachtungen über die Festigkeit der Zylinderschale eines Behälters oder Kessels ergeben, daß die größte Beanspruchung stets an der Außenseite auftritt (Seite 142). Für Behälter mit $a/r < 4{,}38$ ist die Ringspannung die größte Beanspruchung (Gleichung 80b). Ist das Verhältnis $a/r > 4{,}38$, so wird die Meridianspannung zum Höchstwert (Gleichung 80a), und zudem rückt der Ort des Höchstwertes näher an den Schalenrand (Abb. 28). Aus den Untersuchungen über die günstigste Lage der Verbindungsstelle von Boden und Zylinderschale (Seite 180 u. f.) folgt in Übereinstimmung mit den Meßergebnissen, daß bei Behältern mit $a/r < 6$ die Schweißnaht in den Schalenrand oder in unmittelbare Nähe zu verlegen ist, damit diese der geringsten Beanspruchung ausgesetzt ist. Die Lage sowie der Wert der Beanspruchung wird durch die Gleichungen (96a) u. f. festgelegt. Die im Behälterbau allgemein geübte Gepflogenheit, die Schweißnaht an die Kante des zylindrischen Bordes der Bodenschale zu verlegen, ist zu verwerfen, da die Schweißnaht in der Regel in die Zone der größten Beanspruchung zu liegen kommt.

Die praktische Anwendung des Näherungsverfahrens zur Festigkeitsberechnung von Behältern wird an einem Beispiel, dem ein zylindrischer Behälter gleicher Blechdicke $2\,h = 1{,}2$ cm, Halbmesser $a = 39{,}4$ cm, mit elliptischen Böden vom Halbachsenverhältnis $a:b = 2{,}031:1$ zugrunde liegt, eingehend erläutert Seite 152 u. f.). Die Ergebnisse der sorgfältig durchgeführten Messungen der Dehnungen, Verschiebungen und der Randverdrehungswinkel (S. 205 u. f.) stehen mit den rechnerischen Ergebnissen in guter Übereinstimmung (Seite 169 u. f.) wenn man die durch die Herstellung des Behälters unumgänglichen Abweichungen von den Sollmaßen der Konstruktionszeichnung in Erwägung zieht. Das rechnerische Näherungsverfahren liefert somit brauchbare Ergebnisse, falls der Bodenmeridian möglichst stetige Gestalt aufweist, der Krempenhalbmesser nicht zu klein und der Scheitelkrümmungshalbmesser nicht zu groß ist (Seite 170 u. f.). Der Umstand, daß die größte Beanspruchung bei den im Kesselbau üblichen Bodenformen stets auf der Innenseite der Krempe, also in nächster Umgebung des Randes auftritt, ermöglicht eine wesentliche Kürzung des Rechnungsverfahrens (Seite 164 und 176), indem diese auf die schmale Randzone beschränkt werden kann. Der in bezug auf den gemeinsamen Schalenrandpunkt annähernd zentrisch-symmetrische Verlauf der Spannungen führt für stetig gekrümmte Böden oder für Böden, deren Meridiankurve aus einer größeren Anzahl Kreisbogen zusammengesetzt ist mit nicht zu kleinem Krempenhalbmesser zu einer einfachen Näherungsformel (Seite 177 u. f.), deren Brauchbarkeit durch die Versuchsergebnisse an drei elliptischen Böden in praktischen Grenzen bestätigt wird.*)

Aus den zur Zeit vorliegenden Ergebnissen der Messungen an gewölbten Böden und der Rechnung ergeben sich für die Gestaltung des Bodenmeridians wichtige Richtlinien (Seite 173 u. f.). Unter der Voraussetzung, daß der gewölbte Boden aus Blech hergestellt wird, d. h. überall die gleiche Dicke aufweist, muß der wellenförmige Verlauf der Spannungen (Seite 167, Abb. 37 und Seite 203, Abb. 55) und die damit notwendigerweise ungleichmäßige und unwirtschaftliche Ausnützung der Festigkeit des Materials in Kauf genommen

*) Hinsichtlich Näherungsformeln zur Berechnung korbbogenförmiger Böden verweisen wir auf die ausführlichen Untersuchungen des ersten Teiles.

werden. Die Forderung der günstigsten Beanspruchung beschränkt sich auf die Bedingung, daß die größte Beanspruchung in der Krempe und die Scheitelbeanspruchung sich möglichst wenig von einander unterscheiden sollen. Für die größte Beanspruchung in der Krempe ist vor allen Dingen die Größe des Krempenhalbmessers und die verhältnismäßige Blechdicke maßgebend. Aber auch die übrige Form des Meridians ist von Einfluß. Beschränken wir die gewonnenen Erkenntnisse nur auf die im Kesselbau besonders geläufigen Hauptabmessungen des Bodens, nämlich auf den Scheitel- und Krempenkrümmungshalbmesser, so darf der Scheitelkrümmungshalbmesser im Vergleich zum Krempenkrümmungshalbmesser nicht zu groß angenommen werden. Je flacher der Boden ist, um so größer wird die Beanspruchung, selbst in dem Falle, wo der Krempenhalbmesser im Vergleich zum Halbmesser der Zylinderschale verhältnismäßig groß ist (Seite 174, Beispiel). Diese Erkenntnis steht im Einklange mit der im ersten Teil der Studie für korbbogenförmige Böden aufgestellten Forderung, daß zwischen dem Krümmungshalbmesser der mittleren Wölbung und dem Krümmungshalbmesser der Krempe ein ausgezeichnetes Zahlenverhältnis bestehen muß, falls der korbbogenförmige Boden bei gegebenem Tiefenverhältnis die zweckmäßigste Form aufweist (Seite 82). Da jede Unstetigkeit im Verlauf der Meridiankurve in der Regel eine Spannungserhöhung an der betreffenden Stelle verursacht, so stellt die an sich zweckmäßig geformte korbbogenförmige Bodenschale infolge des sprungweisen Überganges des Krümmungshalbmessers nicht die günstigste Bodengestalt dar. Die günstigste Bodenmeridiankurve zeichnet sich streng genommen aus durch die stetige Zunahme des Krümmungshalbmessers vom Rand bis zum Bodenscheitel. Die günstigste Gestalt des Bodenmeridians liegt praktisch auch dann vor, wenn die Meridiankurve aus einer größeren Zahl von Kreisbogenstücken zusammengesetzt ist, d. h. einen unstetigen Verlauf aufweist und die Linienführung dieser Meridiankurve (und somit auch die Hauptabmessungen, Scheitelkrümmungs- und Krempenkrümmungshalbmesser und Achsenverhältnis) der idealen Meridiankurve in praktischen Grenzen möglichst nahe kommt. Die Versuche und die eingehenden Berechnungen lehren, daß der elliptische Boden mit dem Halbachsenverhältnisse von rund $a : b = 2 : 1$ **nicht** die wirtschaftlichsten Abmessungen aufweist (Seite 209). Der günstigste Boden wird nach den überschlagsmäßigen Berechnungen etwa 25% tiefer und seine größte Beanspruchung wird um **rund** 50% **geringer** ausfallen wie beim genannten elliptischen Boden (Seite 179).

Die eingehenden Messungen, die an Böden von Kesseln und Behältern ausgeführt wurden, zeigen, daß zur einwandfreien Beurteilung der Festigkeit sowohl die totalen Dehnungen und die Biegungsdehnungen mit empfindlichen Meßgeräten von kleiner Meßlänge zu ermitteln sind. Der Bau und die Handhabung solcher Meßgeräte sowie die Auswertung der Ablesungsergebnisse wird eingehend erläutert (Seite 187 u. f.). Dem Meßverfahren, dessen Anwendung an einem Beispiel (Seite 199 u. f.) ausführlich beschrieben ist, kommt praktisch sowohl sicherheitstechnisch wie wirtschaftlich eine hohe Bedeutung dann zu, wenn bei der Erhöhung des Betriebsdruckes bestehender Kessel zu entscheiden ist, ob die Böden weiter im Betriebe belassen werden dürfen oder ausgewechselt werden müssen (Seite 204 u. f.).

Anmerkungen.

[1]) Love, Deutsche Ausgabe von A. Timpe, Lehrbuch der Elastizität, Teubner 1907, Kapitel XXIV.
Föppl, Drang und Zwang, Zweiter Band, Verlag Oldenburg 1920, Seite 1 u. f.

[2]) Keller H., Berechnung gewölbter Böden. Kommissionsverlag von B. G. Teubner, Leipzig Berlin 1922.

[3]) Reissner H., Müller-Breslau-Festschrift 1912.

[4]) Meissner E., Physikal. Zeitschrift, 14. Jahrgang, 1913, Seite 343—349.

[5]) Bolle L., Festigkeitsberechnung von Kugelschalen, Dissertation. Orell Füßli, Zürich 1916.

[6]) Dubois F., Über die Festigkeit der Kegelschale, Dissertation. Orell Füßli, Zürich 1917.

[7]) Honegger E., Festigkeitsberechnung von Kegelschalen mit linear veränderlicher Wandstärke, Dissertation. Luzern 1919.

[8]) Wissler H., Festigkeitsberechnung von Ringflächenschalen, Diss. Orell Füßli, Zürich 1916.

[9]) 55. Jahresbericht des Schweiz. Vereins von Dampfkessel-Besitzern, Seite 81—83, 88 u. f.

[10]) Geckeler J., Über die Festigkeit achsensymmetrischer Schalen, V. D. I.-Verlag Berlin SW 19. 1926. Forschungsheft Nr. 276. Wir verweisen auf das ausführliche Literaturverzeichnis, in welchem eine große Zahl von Arbeiten über die Festigkeit von Schalen aufgeführt sind. Diesem Quellenverzeichnis fügen wir noch hinzu:
Pasternak P., Die praktische Berechnung biegefester Kugelschalen usw. Zeitschrift angew. Mat. u. Mech., Bd. 6, S. 1 u. f. 1926.
Pöschl Th., Berechnung von Behältern. Springer, Berlin 1926.

[11]) $\sqrt{2}\,\sin\left(kx+\frac{\pi}{4}\right) = \sin kx + \cos kx$

$$\sqrt{2}\,\cos\left(kx+\frac{\pi}{4}\right) = \cos kx - \sin kx$$

$$\delta V_x/\delta x = -\sqrt{2}\,k\,e^{-kx}\left[c_1 \sin\left(kx+\frac{\pi}{4}\right) + c_2 \cos\left(kx+\frac{\pi}{4}\right)\right]$$

$$\delta^2 V_x/\delta x^2 = 2\,k^2 e^{-kx}\,(c_1 \sin kx + c_2 \cos kx)$$

$$\delta^3 V_x / \delta x^3 = 2\sqrt{2}\, k^3 e^{-kx} \left[c_1 \cos\left(kx + \frac{\pi}{4}\right) - c_2 \sin\left(kx + \frac{\pi}{4}\right)\right]$$

$$\delta^4 V_x / \delta x^4 = -4\, k^4 e^{-kx} \left(c_1 \cos kx - c_2 \sin kx\right)$$

[12]) Meissner E., Zur Festigkeitsberechnung von Hochdruckkesseltrommeln. Schweiz. Bauzeitung, Bd. 86, 4. Juli 1925, Seite 1.

[13]) Die numerische Auswertung der Funktion e^{-kx} erfolgt in der Weise, daß man zuerst $\log e^{-kx} = [+10 - 0{,}43429\,(kx)] - 10$ ermittelt und von dieser Zahl in der Logarithmentafel den Numerus sucht.

[14]) $ctg\, a = ctg\,(a_0 - \beta) = (ctg\, a_0\, ctg\, \beta + 1) / (ctg\, \beta - ctg\, a_0)$
$\sin a = \sin (a_0 - \beta) = \sin a_0 \cos \beta - \cos a_0 \sin \beta)$
für $a_0 = \pi/2$ wird $ctg\, a = tg\, \beta$, $\sin a = \cos \beta$, $\cos a = \sin \beta$.

[15]) Der Verlauf der Funktionen $e^{-k\beta}$, $\cos k\beta$, $\sin k\beta$, $\cos (k\beta + \pi/4)$, $\sin (k\beta + \pi/4)$ usw. ist aus Abb. 21 ersichtlich, wo (kx) durch $(k\beta)$ zu ersetzen ist.

[16]) Die Ableitungen von V nach β ergeben sich aus den in Fußnote 11 angeführten Gleichungen, wenn man für x den Winkel β setzt.

[17]) Wyss T., Beitrag zur Spannungsuntersuchung an Knotenblechen eiserner Fachwerke 1923, Verlag Springer, Berlin, Seite 9.

[18]) Huggenberger A., Meßverfahren des Schweiz. Vereins von Dampfkesselbesitzern usw. Bericht der V. Tagung des allgem. Verbandes der deutschen Dampfk.-Überw.-Vereine 1926, Seite 116 u. f., Abb. 1 und 4. V. D. I.-Verlag, Berlin.

[19]) Stromeyer C. E., Experiments on strains in boilers. Memorandum by chief engineer for the year 1924 of the Manchester steam user's association. Taylor, Garnett & Co., Manchester, Blackfriars street.

[20]) Mohr G., Welche Umstände bedingen die Elastizitätsgrenze und den Bruch des Materials? V. D. I.-Zeitschrift 1900.
Guest J., Philosophical Magazine, Bd. 12, 1906.

[21]) Zum Unterschied gegenüber der Schubspannung τ^0, τ, welche in Schnitten senkrecht zur Schalenmittelfläche wirkt, bezeichnen wir die Schubspannung, welche nach Guest-Mohr in Frage kommt, mit τ_M.

[22]) Siebel und Körber, Versuche über die Anstrengung und die Formänderung gewölbter Kesselböden mit und ohne Mann-

loch bei der Beanspruchung durch inneren Druck. Abhandlung 59 und 60. Verlag Stahl und Eisen, Düsseldorf 1926.

[23]) Bach C., Versuche über die Widerstandsfähigkeit und die Formänderung gewölbter Kesselböden. V. D. I. Forschungsheft Nr. 270. V. D. I.-Verlag, Berlin 1925.

In anschaulicher Weise wurde die Flußlinienerscheinung an Böden untersucht von:

[24]) Siebel und Pomp. Der Zusammenhang zwischen der Spannungsverteilung und der Fließlinienbildung an Kesselböden usw. Mitteilungen aus dem Kaiser-Wilhelm-Institut für Eisenforschung, Abhandlung 62, Düsseldorf 1926.

[25]) Rŏs und Eichinger, Versuche zur Klärung der Bruchgefahr. Verlag Eidg. Materialprüfungsanstalt Zürich.

[26]) Lode W., Versuche über den Einfluß der mittleren Hauptspannung auf die Fließgrenze. Zeitschrift für angewandte Math. u. Mech. 5. Seite 142, 1925.

[27]) Siehe 55. Jahresbericht des Schweiz. Vereins von Dampfkessel-Besitzern, Seite 108.

[28]) Zur Erleichterung der Berechnung des Winkels, dessen Bogenmaß größer ist wie 1,5708 ($\pi/2$) dient die nachfolgende Zahlentafel. Es ist beispielsweise $k/\beta + \pi/4 = 2{,}9544 = \gamma$. Dieses Bogenmaß

Zahlentafel XIII.

Der Winkel im Bogenmaß liegt zwischen		γ	$\sin\gamma$	$\cos\gamma$	$tg\,\gamma$
0 und	1,5708	γ_0			
6,2832 „	7,8539	$\gamma_0 +$ 6,2832	$+\sin\gamma_0$	$+\cos\gamma_0$	$+ tg\,\gamma_0$
12,5664 „	14,1371	$\gamma_0 +$ 12,5664			
1,5708 „	3,1416	$\gamma_0 +$ 1,5708			
7,8539 „	9,4248	$\gamma_0 +$ 7,8539	$+\cos\gamma_0$	$-\sin\gamma_0$	$- ctg\,\gamma_0$
14,1371 „	15,7079	$\gamma_0 +$ 14,1371			
3,1416 „	4,7124	$\gamma_0 +$ 3,1416			
9,4248 „	10,9956	$\gamma_0 +$ 9,4248	$-\sin\gamma_0$	$-\cos\gamma_0$	$+ tg\,\gamma_0$
15,7079 „	17,2786	$\gamma_0 +$ 15,7079			
4,7124	6,2832	$\gamma_0 +$ 4,7124			
10,9956	12,5664	$\gamma_0 +$ 10,9956	$-\cos\gamma_0$	$+\sin\gamma_0$	$- ctg\,\gamma_0$
17,2787	18,8495	$\gamma_0 +$ 17,2787			

liegt zwischen 1,5708 und 3,1416, siehe Zahlentafel XIII. Somit ist $\gamma_0 = \gamma - 1,5708 = 1,3836$. Diesem Bogenmaß entspricht ein Winkelmaß von $\gamma_0 = 79^0\ 16'\ 42''$, womit $\sin\gamma = \cos\gamma_0 = + 0,1863$ wird (s. z. B. fünfstellige vollständige logarithmische und trigonometrische Tafeln von F. G. Gauß, Verlag Eugen Strien, Halle a. S.) Die Werte von $k\,\beta$, $k\,\beta + \pi/4$, $\sin(k\,\beta + \pi/4)$ $\cos(k\,\gamma + \pi/4)$ und $e^{-k\beta}$ sind zudem in dem Tabellenwerke enthalten:

[29]) Hayashi K., Sieben- und mehrstellige Tafeln der Kreis- und Hyperbelfunktionen. Verlag Springer, Berlin 1926.

Fortsetzung des Inhaltsverzeichnisses von Seite 3.

Druckfehler-Berichtigung.

I. Teil.

Seite 40, Zahlentafel III, Zahlenkolonne Nr. 6 und Nr. 7 für Bericht II sind zu vertauschen,

Zahlentafel IV, Boden 2: $s_K = 1{,}2 \quad s_B = 1{,}0$.

Seite 54, 6. Zeile von unten, an Stelle von ε_{e1} ist ε_{e2} zu setzen.

Seite 54. Die Gleichung soll heißen

$$\left(\frac{r}{R}\right)_{max} = \frac{\sqrt{k^2+1} - k}{\sqrt{k^2+1} - 1} = \frac{r'}{R'}$$

Seite 66, Abb. 33. Im Nullpunkt des Koordinatensystems soll es

für $\frac{r}{R}$ heißen 0,20 statt 0,02,

Seite 72, 4. Zeile, für R ist Gleichung (11) zu setzen.

Seite 77. In Abb. 38 soll der untere Ausdruck für s heißen

$$s = \frac{p\,r\,x}{2\,K\,z} \; \frac{200}{\left(20\,\frac{r}{R} + 0{,}7\right)^3}$$

statt $\left(20\,\frac{r}{R} - 0{,}7\right)^3$

II. Teil.

Seite 128, Gleichung (62a) lies $-\,0{,}585\ \sigma_{02}^{0*}$ anstatt $-\,0{,}585\ \sigma_{02}^{*}$

Seite 133, Gleichung (69b) lies $+\,R_2\,\bar{\varepsilon}_{02}$ anstatt $+\,\bar{\varepsilon}_{02}$

Seite 136, Gleichung 74.7) lies $w^0 = + \ldots$ anstatt $w^0 = - \ldots$

GPSR Compliance

The European Union's (EU) General Product Safety Regulation (GPSR) is a set of rules that requires consumer products to be safe and our obligations to ensure this.

If you have any concerns about our products, you can contact us on ProductSafety@springernature.com

In case Publisher is established outside the EU, the EU authorized representative is:

Springer Nature Customer Service Center GmbH
Europaplatz 3
69115 Heidelberg, Germany

Batch number: 10682411

Printed by Printforce, the Netherlands